U0352836

机械工程前沿著作系列
HEP Series in Mechanical Engineering Frontiers

# 润滑数值计算方法

RUNHUA SHUZHI
JISUAN FANGFA

Lubrication Numerical Calculation Methods

黄平 著

高等教育出版社·北京
HIGHER EDUCATION PRESS  BEIJING

## 内容简介

本书分四大篇。 第一篇是 Reynolds 方程数值计算方法，包括了不同工况下的 Reynolds 方程形式与离散、不可压稳态滑块润滑数值计算方法与程序、不可压稳态面接触滑块润滑计算方法与程序、不可压稳态径向滑动轴承润滑数值计算方法与程序、挤压润滑计算方法与程序、动载径向滑动轴承润滑计算方法与程序、气体润滑数值计算方法与程序、考虑稀薄效应的气体润滑计算方法与程序以及脂润滑数值计算方法与程序。 第二篇是能量方程数值计算方法，包括能量方程的不同形式与离散、温－粘方程。然后，结合 Reynolds 方程和能量方程，给出了不同工况下的热流体润滑方程计算方法与程序。 第三篇是弹性变形、弹流润滑与热弹流润滑篇，这是润滑计算中的一个难点，主要是收敛较难。 本篇通过对弹性变形方程计算，结合与 Reynolds 方程以及能量方程的联合求解介绍了等温和热弹流计算方法与程序，其中还引入了压－粘、温－粘方程，本部分还对考虑脂润滑的弹流计算方法和程序做了介绍。 第四篇是工程中的润滑计算分析，主要介绍了作者针对工程润滑问题开发的一些程序，包括微型电机人字沟轴承润滑计算程序及其优化程序、磁盘磁头超薄气体润滑计算程序以及飞行姿态计算程序。

本书可供高等学校的教师、博士生、硕士生以及工程技术人员和科研人员使用。

## 图书在版编目（CIP）数据

润滑数值计算方法/黄平著．--北京:高等教育出版社,2012.6

ISBN 978－7－04－034150－8

Ⅰ.①润… Ⅱ.①黄… Ⅲ.①润滑-数值计算 Ⅳ.①TH117.2

中国版本图书馆 CIP 数据核字（2012）第 088410'号

| | | | |
|---|---|---|---|
| 出版发行 | 高等教育出版社 | 咨询电话 | 400－810－0598 |
| 社　址 | 北京市西城区德外大街 4 号 | 网　址 | http://www.hep.edu.cn |
| 邮政编码 | 100120 | | http://www.hep.com.cn |
| 印　刷 | 北京天来印务有限公司 | 网上订购 | http://www.landraco.com |
| 开　本 | 787mm×1092mm　1/16 | | http://www.landraco.com.cn |
| 印　张 | 25.25 | 版　次 | 2012 年 6 月第 1 版 |
| 字　数 | 510 千字 | 印　次 | 2012 年 6 月第 1 次印刷 |
| 购书热线 | 010－58581118 | 定　价 | 75.00 元（含光盘） |

本书如有缺页、倒页、脱页等质量问题,请到所购图书销售部门联系调换

# 前　言

润滑计算是摩擦学研究中应用数学方法确定结果的最成功的一个领域，并在计算机技术不断发展的半个世纪多中取得了显著的成绩。

目前，绝大多数的摩擦学和润滑理论教材、专著以介绍润滑计算理论或计算方法为主。一般仅介绍了润滑计算的理论、方法和流程，很少给出计算程序，系统地给出润滑理论计算程序的专著、教材还没有。这使大量的工作投入到重复编程的过程中，无论是对研究或生产使用都不够便利。另外，由于对润滑问题的研究深度有限，有些计算还可能出现一些偏差，造成误判等。本书不同以往的教材与专著，针对 Reynolds 方程、能量方程和弹性变形方程，结合计算方法介绍实用计算程序，这是本书的特色之处。本书是作者多年在润滑计算领域实践和研究成果的体现，目前没有同类书籍。

由于润滑工况的多样性和复杂性，本书以基本的线接触、面(点)接触和径向轴承的润滑分析为例，介绍相应的计算方法和程序编制，工况主要有流体不可压与可压、等温与变温、等粘度与变粘度、牛顿流体与非牛顿流体(本书仅涉及脂润滑)，以及不考虑与考虑弹性变形等情况。

本书分四篇：

第一篇是润滑控制方程 Reynolds 的求解，这一部分是润滑分析的基本内容，主要包括了不同工况下 Reynolds 方程的形式与离散、滑块不可压稳态润滑数值计算方法与程序、径向滑动轴承润滑数值计算方法与程序、动载轴承润滑计算方法与程序、气体润滑数值计算方法与程序和脂润滑数值计算方法与程序。

第二篇介绍能量方程的数值计算方法，主要内容包括能量方程的形式与离散、温−粘方程，然后结合 Reynolds 方程和能量方程给出了不同工况下的热流体润滑方程计算方法与程序。

第三篇通过对弹性变形方程的计算，并结合与 Reynolds 方程介绍了等温弹流和热弹流计算的方法与程序，其中压−粘方程应用也是一个关键。此外，还分别对考虑温度和脂润滑的流变的计算方法和程序做了介绍。弹流润滑计算是润滑计算中的一个难点，主要是其收敛性较差。

第四篇介绍了作者为实际工程润滑问题开发的一些程序，包括微型电机人字沟轴承润滑计算程序及其优化程序、磁盘磁头超薄气体润滑计算程序、优化设计程序和磁盘磁头超薄气体动态润滑计算等程序。由于这些程序有一些特殊要求，因此为了工程人员的使用，程序增写了不少前、后处理的内容。其核心内容在前面几部分都已做过详细介绍，因此这一部分的内容主要是介绍这些程序的功能以及程序的使用方法。

　　本书之所以提供所有程序的源代码，并另附源代码程序光盘，目的是为了使读者在掌握了润滑原理后，不需再做大量的重复编程工作，特别是一些对润滑分析不熟悉的人员可以直接使用。如果读者有这方面的基础，可根据自己分析的工况改写一些预赋值参数或输入参数就可以很方便地利用这些程序计算所需的问题。这将会为研究人员和技术人员带来很大的便利。

　　在撰写本书的过程中，许多研究生参与了大量的程序调试工作，参加各章内容和程序编写的有李萍(第2、3章)，孙中华(第5、6章)，牛荣军(第8章)，汪启亮、Glenn、刘平(第10、11章)，于玫(第15、19章)，赖添茂(第16、20章)，姚华平(第21、22章)，王红志(第23、24章)，其他章节由黄平编写，并对全书进行了统稿。

　　本书可供高等学校的教师、博士生、硕士生以及工程技术人员和科研人员使用。

著　者

2011 年 8 月于广州

# 目　录

## 第一篇　Reynolds 方程数值计算方法

I

# 第二篇　能量方程数值计算方法

# 第三篇　弹性变形、弹流润滑与热弹流润滑

# 第四篇　工程中的润滑计算分析

# Contents

## Part I  Numerical method of Reynolds equation

# Part II　Numerical Method for the Energy Equation

# Part III   Elastic Deformation and Thermal EHL

Contents

# 第一篇

## Reynolds方程数值计算方法

# 第一章

# Reynolds 方程形式与离散

## ■ 1.1 一般形式的 Reynolds 方程及其定解条件

### 1. Reynolds 方程

一般形式的 Reynolds 方程如下。

$$\frac{\partial}{\partial x}\left(\frac{\rho h^3}{\eta}\frac{\partial p}{\partial x}\right) + \frac{\partial}{\partial y}\left(\frac{\rho h^3}{\eta}\frac{\partial p}{\partial y}\right) = 6\left[\frac{\partial}{\partial x}(U\rho h) + \frac{\partial}{\partial y}(V\rho h) + 2\frac{\partial \rho h}{\partial t}\right] \qquad (1.1)$$

式中，$U = U_0 - U_h$；$V = V_0 - V_h$；若认为流体密度 $\rho$ 不随时间变化，$\dfrac{\partial \rho h}{\partial t} = \rho(w_h - w_0)$。

### 2. 定解条件

Reynolds 方程的定解条件通常有：边界条件、初始条件和连接条件。

1）边界条件

求解 Reynolds 方程时，需根据压力边界条件来确定积分常数。压力边界条件一般有两种形式，即

强制边界条件 $\qquad\qquad\qquad\qquad p\big|_s = 0$

自然边界条件 $\qquad\qquad\qquad\qquad \dfrac{\partial p}{\partial n}\bigg|_s = 0$

其中，$s$ 是求解域的边界；$n$ 是边界的法向。

通常，根据几何结构和供油情况不难确定油膜入口和出口边界。但是，对于诸如滑动轴承的润滑表面，同时包含收敛和发散间隙，油膜出口边界在发散间隙的位置无法事先确定。为此，可假设在该边界上同时满足压力和压力导数为零的条件来确定其位置。这种边界条件称为 Reynolds 边界条件，其形式如下：

$$p\big|_s = 0 \quad \text{和} \quad \frac{\partial p}{\partial n}\bigg|_s = 0$$

下面给出边界条件的两个具体例子。

（1）在 $(0 \leqslant x \leqslant l)$ 区域上的一维边界条件。

当边界已知时 $\qquad\qquad\qquad p\big|_{x=0} = 0;\quad p\big|_{x=l} = 0$

当出口边界未知时 $\quad p\mid_{x=0}=0;\quad p\mid_{x=x'}=0\quad$ 和 $\quad \dfrac{\partial p}{\partial x}\bigg|_{x=x'}=0$

（2）在 $\left(0\leqslant x\leqslant l,\ -\dfrac{b}{2}\leqslant y\leqslant \dfrac{b}{2}\right)$ 长方形区域上的二维边界条件。

当边界已知时 $\quad p\mid_{x=0}=0;\quad p\mid_{x=l}=0;\quad p\mid_{y=\pm b/2}=0$

当出口边界未知时 $\quad p\mid_{x=0}=0;\quad p\mid_{x=x'}=0\quad$ 和 $\quad \dfrac{\partial p}{\partial x}\bigg|_{x=x'}=0;\quad p\mid_{y=\pm b/2}=0$

以上 $x'$ 为待定的出口边界。

2）初始条件

对于速度或载荷随时间变化的非稳态工况的润滑问题，例如内燃机曲轴轴承的流体动压润滑，Reynolds 方程含有挤压项，即式（1.1）右端的最后一项。此时润滑膜厚将随时间变化，因此需要给出方程求解的初始条件。初始条件的一般提法是

初始膜厚 $\qquad\qquad\qquad h\mid_{t=0}=h_0(x,\ y,\ 0)$

初始压力 $\qquad\qquad\qquad p\mid_{t=0}=p_0(x,\ y,\ 0)$

如果需要考虑润滑剂粘度和密度随时间的变化，也应当给出它们相应的初始条件。

3）连接条件

对膜厚突变的情况，由于式（1.1）右端的 $h$ 的导数不存在等原因，有时需要将整个润滑区域划分成多个子域进行求解。这就需要建立连接条件。常用的连接条件有：压力连续条件和流量连续条件。若在 $x'$ 处存在膜厚突变，则连接条件为

压力连续 $\qquad\qquad\qquad p\mid_{x=x'-0}=p\mid_{x=x'+0}$

流量连续 $\qquad\qquad\qquad Q\mid_{x=x'-0}=Q\mid_{x=x'+0}$

**3. 流体润滑性能计算**

由 Reynolds 方程求得压力分布以后，进而可以计算流体润滑的静态性能，包括润滑膜承载量、摩擦力、润滑剂流量等。

1）润滑膜承载量 $w$

在整个润滑区范围内将压力 $p(x,\ y)$ 积分就可求得润滑膜承载量，即

$$w=\iint p\mathrm{d}x\mathrm{d}y \tag{1.2}$$

2）摩擦力 $f$

润滑膜作用在固体表面的摩擦力可以将与表面接触的流体层中的剪应力沿整个润滑膜范围内积分而求得。流体的剪应力为

$$\tau=\eta\frac{\partial u}{\partial z}=\frac{1}{2}\frac{\partial p}{\partial x}(2z-h)+(U_h-U_0)\frac{\eta}{h} \tag{1.3}$$

对 $z=0$ 和 $z=h$ 表面上的剪应力积分，得

$$f_0=\iint \tau\mid_{z=0}\mathrm{d}x\mathrm{d}y$$
$$f_h=\iint \tau\mid_{z=h}\mathrm{d}x\mathrm{d}y \tag{1.4}$$

式中，$f_0$ 和 $f_h$ 分别是 $z=0$ 和 $z=h$ 表面上的摩擦力。

求得摩擦力之后，进而可以确定摩擦系数 $\mu = \dfrac{f}{w}$，以及摩擦功率损失和因粘性摩擦所产生的发热量。

3）润滑剂流量 $Q$

通过润滑膜边界流出的流量可以按下式计算：

$$Q_x = \int q_x \mathrm{d}y$$
$$Q_y = \int q_y \mathrm{d}x$$
（1.5）

将各个边界流出的流量加起来即求得总流量。计算总流量的必要性在于确定必需的供油量以保证润滑油填满间隙。同时，流量的大小影响对流散热的程度，根据流出流量和摩擦功率损失还可以计算润滑膜的热平衡温度。

## 1.2 其他工况下的 Reynolds 方程

1.1 节给出了一般形式的 Reynolds 方程。针对具体工程问题，一般形式的 Reynolds 方程都可以简化，从而使得求解比较容易。下面给出不同工况条件下的各种形式的 Reynolds 方程。

### 1. 滑块与止推轴承

楔形滑块是润滑设计中最简单的问题，当滑块的几何形状不十分复杂时，常常可以得到解析解。另外，通过对滑块问题的分析不仅有助于了解润滑的基本特性，而且也是推力轴承润滑设计的基础。

求解无限长滑块问题由于不考虑端泄，Reynolds 方程可简化成一维常微分方程：

$$\frac{\mathrm{d}}{\mathrm{d}x}\left(h^3 \frac{\mathrm{d}p}{\mathrm{d}x}\right) = 6U\eta \frac{\mathrm{d}h}{\mathrm{d}x}$$
（1.6）

常用的滑块问题的两种压力边界条件是

（1）$p|_{x=0}=0$；$p|_{x=x'}=0$ （$x'$为出口边界，$x'=b$，$b$ 为滑块宽度）

（2）$p|_{x=0}=0$；$p|_{x=x'}=0$ 和 $\left.\dfrac{\partial p}{\partial x}\right|_{x=x'}=0$ （$x'$为待定出口边界，$x'\leqslant b$）

膜厚函数不连续或其导数不连续时，以不连续处为分界线分别写出两边的压力方程，这样待定积分常数的个数会相应增加，因此必须在不连续处加上相应的连接条件。设不连续处的坐标为 $x^*$，则连接条件是

（1）压力连续条件

$$p|_{x=-x^*} = p|_{x=+x^*}$$
（1.7）

（2）流量连续条件

$$\left[-\frac{h^3}{12\eta}\frac{\partial p}{\partial x}+(U_1+U_2)\frac{h}{2}\right]_{x=-x^*} = \left[-\frac{h^3}{12\eta}\frac{\partial p}{\partial x}+(U_1+U_2)\frac{h}{2}\right]_{x=+x^*}$$
（1.8）

**2. 径向滑动轴承**

将径向滑动轴承沿周向展开，可以将 $x$ 变换成 $R\theta$，这样其 Reynolds 方程的一般形式为

$$\frac{\partial}{R^2\partial\theta}\left(\frac{\rho h^3}{\eta}\frac{\partial p}{\partial\theta}\right) + \frac{\partial}{\partial y}\left(\frac{\rho h^3}{\eta}\frac{\partial p}{\partial y}\right) = 6\left[\frac{\partial}{R\partial\theta}(U\rho h) + \frac{\partial}{\partial y}(V\rho h) + 2\frac{\partial\rho h}{\partial t}\right] \quad (1.9)$$

对应的间隙形状表示为

$$h = e\cos\theta + c = c(1 + \varepsilon\cos\theta) \quad (1.10)$$

式中，$e$ 为偏心；$c$ 为间隙；$\varepsilon = \dfrac{e}{c}$ 为偏心率；坐标 $\theta$ 从最大膜厚处计起。

1）无限短轴承

当轴承沿 $y$ 方向的尺寸小于沿 $x$ 方向的尺寸时，则 $\dfrac{\partial p}{\partial y}$ 远大于 $\dfrac{\partial p}{R\partial\theta}$，此时可近似地令 $\dfrac{\partial p}{R\partial\theta} = 0$。通常 $h$ 只随 $\theta$ 变化而与 $y$ 无关，则 Reynolds 方程变为

$$\frac{\mathrm{d}}{\mathrm{d}y}\left(h^3\frac{\mathrm{d}p}{\mathrm{d}y}\right) = 6U\eta\frac{\mathrm{d}h}{R\mathrm{d}\theta} \quad (1.11)$$

其侧面的边界条件为：当 $y = \pm\dfrac{l}{2}$ 时，$p = 0$；当 $y = 0$ 时，由于对称性，$\dfrac{\mathrm{d}p}{\mathrm{d}y} = 0$。

2）无限长轴承

无限长轴承可以近似地取 $\dfrac{\mathrm{d}p}{\mathrm{d}y} = 0$，即不考虑端泄，因此 Reynolds 方程成为常微分方程：

$$\frac{\mathrm{d}}{R\mathrm{d}\theta}\left(h^3\frac{\mathrm{d}p}{R\mathrm{d}\theta}\right) = 6U\eta\frac{\mathrm{d}h}{R\mathrm{d}\theta} \quad (1.12)$$

其边界条件一般采用 $p\big|_{\theta=0} = 0$；$p\big|_{\theta=\theta_2} = 0$ 和 $\dfrac{\partial p}{\partial\theta}\bigg|_{\theta=\theta_2} = 0$（$\theta_2$ 为待定出口边界，$\theta_2 \leqslant 2\pi$）。

**3. 静压润滑**

流体静压润滑的承载油膜是依靠由外界通入压力流体而强制形成的。因此，即使两润滑表面无相对运动，也可以实现良好的流体润滑。流体静压润滑具有的优点主要是：① 承载能力和油膜厚度与滑动速度无关；② 油膜刚度非常大，因而可以获得很高的支承精度；③ 较低的摩擦系数，以消除静摩擦力影响。静压润滑的主要缺点是：结构复杂，并需要配置压力油的供给系统，它往往影响静压润滑轴承的工作寿命和可靠性。

将无相对滑动速度的条件代入 Reynolds 方程（1.1）就可以得到求解静压润滑问题的 Reynolds 方程：

$$\frac{\partial}{\partial x}\left(\frac{\rho h^3}{\eta}\frac{\partial p}{\partial x}\right) + \frac{\partial}{\partial y}\left(\frac{\rho h^3}{\eta}\frac{\partial p}{\partial y}\right) = 0 \quad (1.13)$$

对矩形区间，其外压力边界条件通常为 $p\big|_{x=0} = 0$；$p\big|_{x=l} = 0$；$p\big|_{y=\pm b/2} = 0$。油腔边

界的压力边界条件为 $p = p_s$，其中 $p_s$ 为供油压力。

对径向静压轴承，可将 Reynolds 方程(1.13)、膜厚方程和边界条件化成柱坐标形式再行求解。求解上面的方程即可确定载荷与膜厚变化的关系。如果在此基础上再考虑等膜厚、不可压缩或等粘度等条件，Reynolds 方程(1.13)还可以进一步简化。

**4. 挤压轴承**

在分析挤压膜润滑时，假定支承面之间无相对滑动，Reynolds 方程(1.1)可写成

$$\frac{\partial}{\partial x}\left(\rho h^3 \frac{\partial p}{\partial x}\right) + \frac{\partial}{\partial y}\left(\rho h^3 \frac{\partial p}{\partial y}\right) = 12\eta \frac{\partial(\rho h)}{\partial t} \tag{1.14}$$

通常，矩形区间的边界条件为 $p\,|_{x=0} = 0$；$p\,|_{x=l} = 0$；$p\,|_{y=\pm b/2} = 0$。求解上面的方程即可确定载荷与膜厚变化的关系。

**5. 动载荷轴承**

实际上，许多轴承所承受的载荷大小、方向或者旋转速度等参数是随时间而变化的，这种轴承统称为非稳定载荷轴承或动载荷轴承，显然，动载荷轴承的轴心或推力盘的位置将依照一定的轨迹而运动，如果工况参数是周期性函数，则轴心运动轨迹是一条复杂的封闭曲线。

动载荷轴承就其工作原理可分为两类。第一类是轴颈不绕自身的中心转动即无相对滑动，而轴颈中心在载荷作用下沿一定的轨迹运动。此时，轴颈和轴承表面主要是沿油膜厚度方向运动，油膜压力由挤压效应产生。另一类动载荷轴承是同时存在轴颈绕自身中心转动和轴颈中心的运动。因此，油膜压力包括两种来源：轴颈转动产生的动压效应和轴心运动产生的挤压效应。

应用于液体(不可压)润滑计算的 Reynolds 方程的普遍形式是分析动载荷轴承的基本方程，可以写成

$$\frac{\partial}{\partial x}\left(\frac{h^3}{\eta}\frac{\partial p}{\partial x}\right) + \frac{\partial}{\partial y}\left(\frac{h^3}{\eta}\frac{\partial p}{\partial y}\right) = 6U\frac{\partial h}{\partial x} + 12W \tag{1.15}$$

式中，$W = w_h - w_0 = \dfrac{\partial h}{\partial t}$。方程(1.15)的右端第一项表示动压效应，第二项代表挤压效应。将 Reynolds 方程(1.15)应用于稳定载荷轴承时，可以忽略挤压效应的作用，即令 $W = 0$。

由式(1.15)计算动载荷轴承的轴心轨迹在数学上属于初值问题。根据给定的轴心初始位置，通常采用步进方法逐点确定轴心运动轨迹。

**6. 气体轴承**

气体润滑的主要特征表现为气体的可压缩性，因此必须将气体的密度作为变量来处理，即采用变密度的 Reynolds 方程。

$$\frac{\partial}{\partial x}\left(\frac{\rho h^3}{\eta}\frac{\partial p}{\partial x}\right) + \frac{\partial}{\partial y}\left(\frac{\rho h^3}{\eta}\frac{\partial p}{\partial y}\right) = 6\left[U\frac{\partial(\rho h)}{\partial x} + 2\frac{\partial(\rho h)}{\partial t}\right] \tag{1.16}$$

气体的密度随温度和压力而变化，气体状态方程式为

$$\frac{p}{\rho} = RT \tag{1.17}$$

式中，$T$ 为绝对温度；$R$ 为气体常数，对于一定的气体，其值不变。

对于通常的气体润滑问题，可以把气体润滑视为等温过程，其误差不超过百分之几。此时，状态方程变为

$$p = k\rho \tag{1.18}$$

式中，$k$ 为比例常数。

此外，对于气体润滑过程非常迅速而热量来不及传递的情况，还可以把这种过程视为绝热过程。绝热过程的气体状态方程为

$$p = k\rho^n \tag{1.19}$$

式中，$n$ 为气体的比热比，它和气体分子中的原子数有关。对于空气，$n = 1.4$。

对于等温过程的气体润滑，将方程(1.18)代入 Reynolds 方程得到

$$\frac{\partial}{\partial x}\left( h^3 p \frac{\partial p}{\partial x}\right) + \frac{\partial}{\partial y}\left( h^3 p \frac{\partial p}{\partial y}\right) = 6\eta\left[ U\frac{\partial}{\partial x}(ph) + 2\frac{\partial}{\partial t}(ph)\right] \tag{1.20}$$

方程(1.20)是气体润滑计算的基本方程。

## 1.3　Reynolds 方程的有限差分法数值解法

根据边界条件求解 Reynolds 方程，这在数学上称为边值问题。在流体润滑计算中，有限差分方法的应用最为普遍。现将有限差分法求数值解的步骤和方法说明如下。

首先，将所求解的偏微分方程量纲一化。这样做的目的是减少自变量和应变量的数目，同时用量纲一化参数表示的解具有通用性。

### 1. 方程的离散

将求解域划分成等距的或不等距的网格，图 1.1 为等距网格，在 $X$ 方向有 $m$ 个节点，$Y$ 方向有 $n$ 个节点，总计 $m \times n$ 个节点。网格划分的疏密程度根据计算精度要求确定。对于通常的润滑计算，取 $m = 12 \sim 25$、$n = 8 \sim 10$ 即可满足要求。有时为提高计算精度，可在未知量变化剧烈的区段内细化网格，即采用两种或几种不同间距的分格，或者采用按一定比例递减的分格方法。

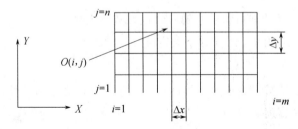

图 1.1　等距网格划分

如果用 $p$ 代表所求的未知量例如油膜压力，则变量 $p$ 在整个域内的分布可以用

各节点的 $p$ 值来表示。根据差分原理，任意节点 $O(i, j)$ 的一阶和二阶偏导数都可以由其周围节点的变量值来表示。

如图 1.2 所示，如果采用中差分公式，则变量 $\phi$ 在 $O(i, j)$ 点的偏导数为

$$\left(\frac{\partial p}{\partial x}\right)_{i,j} = \frac{p_{i+1,j} - p_{i-1,j}}{2\Delta x} \tag{1.21}$$

$$\left(\frac{\partial p}{\partial y}\right)_{i,j} = \frac{p_{i,j+1} - p_{i,j-1}}{2\Delta y}$$

$$\left(\frac{\partial^2 p}{\partial x^2}\right)_{i,j} = \frac{p_{i+1,j} + p_{i-1,j} - 2p_{i,j}}{(\Delta x)^2} \tag{1.22}$$

$$\left(\frac{\partial^2 p}{\partial y^2}\right)_{i,j} = \frac{p_{i,j+1} + p_{i,j-1} - 2p_{i,j}}{(\Delta y)^2}$$

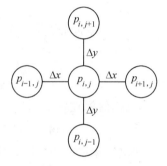

图 1.2　差分关系

在求解域的边界上或者根据计算要求也可采用前差分公式，即

$$\left(\frac{\partial p}{\partial x}\right)_{i,j} = \frac{p_{i+1,j} - p_{i,j}}{\Delta x} \tag{1.23}$$

$$\left(\frac{\partial p}{\partial y}\right)_{i,j} = \frac{p_{i,j+1} - p_{i,j}}{\Delta y}$$

或者用后差分公式，即

$$\left(\frac{\partial p}{\partial x}\right)_{i,j} = \frac{p_{i,j} - p_{i-1,j}}{\Delta x} \tag{1.24}$$

$$\left(\frac{\partial p}{\partial y}\right)_{i,j} = \frac{p_{i,j} - p_{i,j-1}}{\Delta y}$$

通常，中差分的精度最高，若采用下面的中差分表达式，则精度更高，例如

$$\left(\frac{\partial p}{\partial x}\right)_{i,j} = \frac{p_{i+1/2,j} - p_{i-1/2,j}}{\Delta x} \tag{1.25}$$

**2. 差分形式的 Reynolds 方程**

以 $p$ 表示润滑膜压力，将 Reynolds 方程写成二维二阶偏微分方程的标准形式

$$A \frac{\partial^2 p}{\partial x^2} + B \frac{\partial^2 p}{\partial y^2} + C \frac{\partial p}{\partial x} + D \frac{\partial p}{\partial y} = E \qquad (1.26)$$

其中，$A$、$B$、$C$、$D$ 和 $E$ 均为已知量。然后，将上述方程应用到各个节点，根据中差分公式(1.21)和(1.22)用差商代替偏导数，即可求得各节点的变量 $p_{i,j}$ 与相邻各节点变量的关系。这种关系可以写成

$$\tilde{p}_{i,j}^k = C_N p_{i,j+1}^k + C_S p_{i,j-1}^{k+1} + C_E p_{i+1,j}^k + C_W p_{i-1,j}^{k+1} + G \qquad (1.27)$$

式中，带有上标 $k$ 的压力是未修正的压力，带有上标 $k+1$ 的压力是已修正的压力，将用于下一轮迭代；$C_N = \dfrac{\frac{B}{\Delta y^2} + \frac{D}{2\Delta y}}{K}$；$C_S = \dfrac{\frac{B}{\Delta y^2} - \frac{D}{2\Delta y}}{K}$；$C_E = \dfrac{\frac{A}{\Delta x^2} + \frac{C}{2\Delta x}}{K}$；$C_W = \dfrac{\frac{A}{\Delta x^2} - \frac{C}{2\Delta x}}{K}$；$G = -\dfrac{E}{K}$；$K = 2\left(\dfrac{A}{\Delta x^2} + \dfrac{B}{\Delta y^2}\right)$。

式(1.27)中各系数值将随节点位置而改变。

### 3. 差分方程的迭代求解

方程(1.27)是有限差分法的计算方程，对于每个节点都可以写出一个方程，而在边界上的节点变量应满足边界条件，它们的数值是已知量。这样，就可以求得一组线性代数方程。方程与未知量数目相一致，所以可以求解。采用消去法或迭代法求解代数方程组，并使计算结果满足一定的收敛精度，最终求得整个求解域上各节点的变量值。

迭代时，为了保证收敛性，常采用松弛、超松弛等方法。也就是将由式(1.27)得到的压力 $\tilde{p}_{i,j}^k$ 和未修正前的压力 $p_{i,j}^k$ 加权相加作为用于判断收敛和下一轮迭代的新压力 $p_{i,j}^{k+1}$，即

$$p_{i,j}^{k+1} = (1 - \alpha) p_{i,j}^k + \alpha \tilde{p}_{i,j}^k \qquad (1.28)$$

式中，$p_{i,j}^k$ 为当前压力；$p_{i,j}^{k+1}$ 为新压力；$\tilde{p}_{i,j}^k$ 为由式(1.27)得到的压力；$\alpha$ 为大于 0 的正数，一般小于 1。

### 4. 迭代收敛条件

由于用于迭代的差分式(1.27)是通过新、旧节点压力组合计算求得的下一轮节点压力，因此当润滑区上全部节点修正完成后，由于节点压力的更新，事实上式(1.27)并不满足。但是，通过不断迭代，压力一般会向真解收敛。判断迭代过程是否达到精度要求的方法一般有两种：绝对精度判断准则和相对精度判断准则。

1）绝对精度判断准则

当新一轮迭代结束后，改写式(1.27)如下：

$$r_{i,j}^{k+1} = p_{i,j}^{k+1} - C_N p_{i,j+1}^{k+1} - C_S p_{i,j-1}^{k+1} - C_E p_{i+1,j}^{k+1} - C_W p_{i-1,j}^{k+1} - G \qquad (1.29)$$

式中，$r_{i,j}^{k+1}$ 为 $(i, j)$ 节点的差分方程的残差。

绝对精度判断准则就是所有节点的残差小于给定的一个足够小的正数 $\varepsilon_1$，即

$$|r_{i,j}^{k+1}| \leqslant \varepsilon_1 \qquad (1.30)$$

有时为了方便，也可以利用两次迭代得到的压力差作为判断绝对精度的收敛准则，即

$$\left| p_{i,j}^{k+1} - p_{i,j}^{k} \right| \leqslant \varepsilon_2 \tag{1.31}$$

式中，$\varepsilon_2$ 是给定的一个足够小的正数。

2）相对精度判断准则

由于方程的残差的大小可能随具体问题而变化，因此一般而言，正确给出正数 $\varepsilon_1$ 或 $\varepsilon_2$ 的大小比较困难，因此在实际中常采用相对精度判断准则。

常用的相对精度判断准则有两个，较严的是使每个节点的压力满足相对精度，即

$$\left| \frac{p_{i,j}^{k+1} - p_{i,j}^{k}}{p_{i,j}^{k+1}} \right| \leqslant \varepsilon_3 \tag{1.32}$$

较宽松的相对精度判断准则是，两次迭代的载荷满足相对精度，具体做法是：

$$\frac{\sum \sum \left| p_{i,j}^{k+1} - p_{i,j}^{k} \right|}{\sum \sum p_{i,j}^{k+1}} \leqslant \varepsilon_4 \tag{1.33}$$

在式(1.32)式(1.33)中，由于 $\varepsilon_3$ 和 $\varepsilon_4$ 都是相对精度，因此较好选择，根据问题的收敛难易，常取 $0.01 \sim 10^{-6}$，即相对收敛精度为到百分之一至百万分之一。

以下以流体静压润滑轴承为例介绍流体润滑问题的有限差分法求解。

在稳定工况下流体静压润滑的油膜厚度 $h$ 为常数，若不考虑相对滑动和热效应，则粘度 $\eta$ 也是常数。这时 Reynolds 方程可简化为 Laplace 方程，即

$$\boldsymbol{\nabla}^2 p = \frac{\partial^2 p}{\partial x^2} + \frac{\partial^2 p}{\partial y^2} = 0 \tag{1.34}$$

将上式量纲一化，令 $x = XA$，$y = YB$，$A$、$B$ 为几何尺寸；$p = Pp_s$，$p_s$ 为油腔压力；$\alpha = \dfrac{A^2}{B^2}$；则 Reynolds 方程(1.34)的量纲一化形式为

$$\frac{\partial^2 P}{\partial X^2} + \alpha \frac{\partial^2 P}{\partial Y^2} = 0 \tag{1.35}$$

求解方程(1.35)的边界条件为

（1）在油腔内　　　$P = 1$

（2）在四周边缘上　　$P = 0$

将中差分公式(1.22)代入基本方程(1.35)得

$$\frac{P_{i+1,j} + P_{i-1,j} - 2P_{i,j}}{\Delta X^2} + \alpha \frac{P_{i,j+1} + P_{i,j-1} - 2P_{i,j}}{\Delta Y^2} = 0 \tag{1.36}$$

或

$$P_{i,j} = \frac{P_{i+1,j} + P_{i-1,j} + \alpha(\Delta X/\Delta Y)^2 P_{i,j+1} + P_{i,j-1}}{2[1 + \alpha(\Delta X/\Delta Y)^2]} \tag{1.37}$$

给出边界条件。由方程(1.37)利用迭代法可求得油膜压力分布的数值解。

# 第二章
# 不可压稳态滑块润滑数值计算方法与程序

## 2.1  线接触滑块润滑基本方程

滑块润滑计算是润滑计算中最简单的问题。当滑块的几何形状不十分复杂时，常常可以得到解析解。另外，通过对滑块问题的分析不仅有助于了解润滑的基本特性，而且也是止推轴承润滑计算的基础。典型的滑块运动简图，如图 2.1 所示。

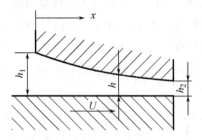

图 2.1  滑块运动简图

求解无限宽滑块问题由于不考虑端泄，Reynolds 方程简化成一维常微分方程。当膜厚方程已知时，常可以求得压力的通解。再代入边界条件和连接条件得到具体工况下的压力分布。利用求得的压力分布可以进一步求出载荷、摩擦力和流量等润滑特性参数。

### 1. Reynolds 方程

求解滑块问题的 Reynolds 方程为

$$\frac{\mathrm{d}}{\mathrm{d}x}\left(\frac{h^3}{\eta}\frac{\mathrm{d}p}{\mathrm{d}x}\right) = 6U\frac{\mathrm{d}h}{\mathrm{d}x} \tag{2.1}$$

### 2. 边界条件

常用压力边界条件是

$$p\,|_{x=0} = 0$$
$$p\,|_{x=l} = 0 \tag{2.2}$$

### 3. 连接条件

膜厚函数不连续或其导数不连续时，设不连续处的坐标为 $x'$，则连接条件是

1）压力连续条件

$$p\big|_{x=x'-0} = p\big|_{x=x'+0} \tag{2.3}$$

2）流量连续条件

$$\left(-\frac{h^3}{12\eta}\frac{\partial p}{\partial x} + \frac{Uh}{2}\right)_{x=x'-0} = \left(-\frac{h^3}{12\eta}\frac{\partial p}{\partial x} + \frac{Uh}{2}\right)_{x=x'+0} \tag{2.4}$$

## ■ 2.2 不可压稳态线接触滑块润滑计算方法

除了直线滑块外，其他类型的滑块有曲面滑块、组合滑块和阶梯滑块等。其特征主要取决于膜厚 $h$ 的表达式。

### 1. Reynolds 方程

对不可压稳态等密度、等粘度的线接触滑块问题，其量纲一化的 Reynolds 方程为

$$\frac{\mathrm{d}}{\mathrm{d}X}\left(H^3\frac{\mathrm{d}P}{\mathrm{d}X}\right) = \frac{\mathrm{d}H}{\mathrm{d}X} \tag{2.5}$$

式中，$x = Xl$，$l$ 为滑块长；$p = P\dfrac{6\eta Ul}{h_2^2}$；$h = Hh_2$。

量纲一化的边界条件：

$$\begin{aligned} P\big|_{X=0} &= 0 \\ P\big|_{X=1} &= 0 \end{aligned} \tag{2.6}$$

应用等距差分公式得出式（2.5）形式的计算方程如下：

$$\frac{H_{i+1/2}^3 P_{i+1} - (H_{i+1/2}^3 + H_{i-1/2}^3)P_i + H_{i-1/2}^3 P_{i-1}}{(\Delta X)^2} = -\frac{H_{i+1} - H_{i-1}}{2\Delta X} \tag{2.7}$$

式中，$H_{i+1/2} = \dfrac{H_{i+1} + H_i}{2}$；$H_{i-1/2} = \dfrac{H_i + H_{i-1}}{2}$；边界条件为 $P_1 = 0$，$P_N = 0$。

$$P_i = \frac{\Delta X(H_{i+1} - H_{i-1})/2 + H_{i+1/2}^3 P_{i+1} + H_{i-1/2}^3 P_{i-1}}{H_{i+1/2}^3 + H_{i-1/2}^3} \tag{2.8}$$

解出各节点压力 $P_i$ 后，可以利用数值方法计算各润滑性能，如载荷、压力中心、摩擦力和流量等。具体算式如下。

### 2. 载荷

单位长度载荷为

$$w = \int_0^l p\,\mathrm{d}x = \sum_{i=1}^N p_i\Delta x \tag{2.9}$$

### 3. 压力中心

压力中心可通过对原点取矩求得。设压力中心与原点的距离为 $x_0$，则有

$$x_0 = \frac{1}{w}\int_0^l px\,\mathrm{d}x = \frac{\sum\limits_{i=1}^{N} p_i x_i \Delta x}{\sum\limits_{i=1}^{N} p_i \Delta x} \tag{2.10}$$

### 4. 摩擦力

表面上的剪应力为

$$\tau\big|_{z=h,0} = \eta\frac{\partial u}{\partial z} = \pm\frac{\partial p}{\partial x}\frac{h}{2} + \frac{\eta}{h}U = \pm\frac{p_{i+1}-p_i}{\Delta x}\frac{h_i}{2} + \frac{\eta U}{h_i} \tag{2.11}$$

因此，摩擦力为

$$f_{h,0} = \int_0^l \tau_{h,0}\,\mathrm{d}x = \int_0^l\left(\pm\frac{\partial p}{\partial x}\frac{h}{2} + \eta\frac{U}{h}\right)\mathrm{d}x = \sum_{i=1}^{N}\left(\pm\frac{p_{i+1}-p_i}{\Delta x}\frac{h_i}{2} + \frac{\eta U}{h_i}\right)\Delta x \tag{2.12}$$

式中，$\tau_h$、$f_h$ 和 $\tau_0$、$f_0$ 分别为 $z=h$ 和 $z=0$ 表面上的剪应力与摩擦力。

### 5. 流量

由于无限宽滑块不存在端泄流量，对宽度为 $b$ 的滑块来说，流量为

$$Q_x = \int_0^b q_x\,\mathrm{d}y = \int_0^b\left(-\frac{h^3}{12\eta}\frac{\mathrm{d}p}{\mathrm{d}x} + \frac{Uh}{2}\right)\mathrm{d}y \approx \left(-\frac{h_i^3}{12\eta}\frac{p_{i+1}-p_i}{\Delta x} + \frac{Uh_i}{2}\right)b \tag{2.13}$$

## ■ 2.3　不可压稳态线接触滑块润滑计算程序

### 1. 程序介绍

不可压稳态线接触滑块润滑计算程序包括一个主程序和三个子程序：膜厚计算子程序 SUBH、压力计算子程序 SUBP 和输出程序 OUTPUT。

在主程序中功能包括：

1）预赋值参数

节点数 $N=121$、速度 $U=1.0$、量纲一化起始坐标 $X1=0.0$、量纲一化终点坐标 $X2=1.0$、量纲一化最大膜厚 $H1=1.0$、量纲一化最小膜厚 $H2=0.5$、润滑油粘度 $EDA=0.02\ \mathrm{Pa\cdot s}$、滑块长 $AL=0.01\ \mathrm{m}$。

预赋值参数可以根据具体情况修改，但需要重新编译和连接后方可运行。

2）输入参数

程序给出的两个算例分别是直线滑块和曲线滑块，对应需要输入控制参数 $KG$。$KG=1$（以及 $KG\neq2$）给出线性滑块计算结果，并给出对应的解析解；$KG=2$ 给出曲线为对称抛物线滑块，因为有发散区，部分节点压力将置 0。

3）输出参数

计算结束后，在屏幕输出节点数 $N$、载荷 $ALOAD$ 和载荷中心 $X0$。

在输出文件 SLIDER. DAT 中，按列分别给出量纲一化坐标 $X(I)$、量纲一化膜厚 $H(I)$ 和量纲一化压力 $P(I)$。如果计算的是线性滑块，在最后一列另给出量纲一化解析解压 $P0(I)$。

**2. 程序框图**（图 2.2）

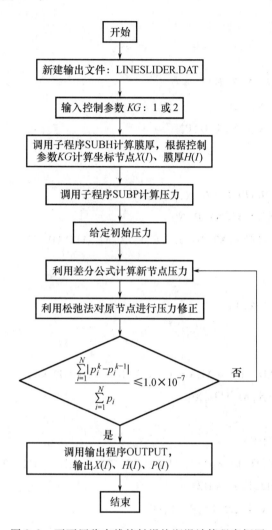

图 2.2　不可压稳态线接触滑块润滑计算程序框图

**3. 源程序**

```
PROGRAM SLIDER
DIMENSION X(121),H(121),P(121)
COMMON /COM1/X1,X2,H1,H2,U,EDA,AL,ALOAD,DX
DATA N,U,X1,X2,H1,H2,EDA,AL/121,1.0,0.0,1.0,1.0,0.5,0.02,0.01/
OPEN(7,FILE ='SLIDER. DAT',STATUS ='UNKNOWN')
WRITE( * , * )'If KG =1: Straight slider; KG =2: Curve slider; Input KG ='
READ( * , * )KG
IF(KG. EQ. 2)THEN
X1 = -1.0
```

```
      X2 = 1. 0
      ELSE
      KG = 1
      ENDIF
      CALL SUBH( KG,N,X,H)
      CALL SUBP( N,X,H,P)
      CALL OUTPUT( KG,N,X,H,P)
      STOP
      END
      SUBROUTINE OUTPUT( KG,N,X,H,P)
      DIMENSION X( N),H( N),P( N)
      COMMON /COM1/X1,X2,H1,H2,U,EDA,AL,ALOAD,DX
      X0 = 0. 0
      DO I = 1,N
      X0 = X0 + P( I) * X( I)
      ENDDO
      X0 = X0 * AL
      ALOAD = ALOAD * DX * AL * 6. 0 * U * EDA * AL/H2 ** 2
      WRITE( * , * ) N,ALOAD,X0
      DO I = 1,N
      IF( KG. EQ. 1) THEN
      P0 = - ( - 1. 0/( H( I) * H2) + H1 * H2/( H1 + H2)/( H2 * H( I)) ** 2 + 1. 0/
( H1 + H2))/( H1/H2. 1. 0) * H2
      WRITE( 7,40) X( I),H( I),P( I),P0
      ELSE
      WRITE( 7,40) X( I),H( I),P( I)
      ENDIF
      ENDDO
40    FORMAT( 1X,4( E12. 6,1X))
      RETURN
      END
      SUBROUTINE SUBH( KG,N,X,H)
      DIMENSION X( N),H( N)
      COMMON /COM1/X1,X2,H1,H2,U,EDA,AL,ALOAD,DX
      DX = 1. /( N - 1. 0)
      DO I = 1,N
```

```
IF( KG. EQ. 1 ) THEN
X( I ) = X1 - ( I - 1 ) * DX * ( X1 - X2 )
H( I ) = H1/H2. ( H1/H2. 1. 0 ) * X( I )
ELSE
X( I ) = X1 - ( I - 1 ) * DX * ( X1 - X2 )
H( I ) = 1. 0 + ( H1/H2. 1. 0 ) * X( I ) * X( I )
ENDIF
ENDDO
RETURN
END
SUBROUTINE SUBP( N, X, H, P )
DIMENSION X( N ), H( N ), P( N )
COMMON /COM1/X1, X2, H1, H2, U, EDA, AL, ALOAD, DX
DO I = 2, N - 1
P( I ) = 0. 5
ENDDO
P( 1 ) = 0. 0
P( N ) = 0. 0
IK = 0
10  C1 = 0. 0
ALOAD = 0. 0
DO I = 2, N - 1
A1 = ( 0. 5 * ( H( I + 1 ) + H( I ) ) ) ** 3
A2 = ( 0. 5 * ( H( I ) + H( I - 1 ) ) ) ** 3
PD = P( I )
P( I ) = ( - 0. 5 * DX * ( H( I + 1 ) - H( I - 1 ) ) + A1 * P( I + 1 ) + A2 * P( I - 1 ) )/
( A1 + A2 )
P( I ) = 0. 3 * PD + 0. 7 * P( I )
IF( P( I ). LT. 0. 0 ) P( I ) = 0. 0
C1 = C1 + ABS( P( I ) - PD )
ALOAD = ALOAD + P( I )
ENDDO
ERO = C1/ALOAD
IK = IK + 1
IF( ERO. GT. 1. E - 7 ) GOTO 10
RETURN
```

END

### 4. 算例计算结果

图 2.3 是按程序中给定的工况计算得到的线性滑块 ( $KG = 1$ ) 和曲线滑块 ( $KG = 2$ ) 的量纲一化的压力分布结果。

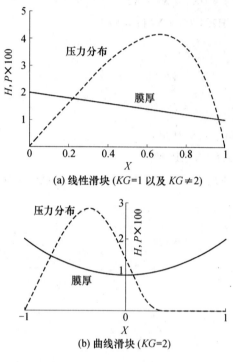

(a) 线性滑块 ( $KG=1$ 以及 $KG \neq 2$ )

(b) 曲线滑块 ( $KG=2$ )

图 2.3 滑块计算结果

# 第三章

# 不可压稳态面接触滑块润滑计算方法与程序

## ■ 3.1 面接触滑块润滑基本方程

求解二维稳态面接触滑块润滑问题的 Reynolds 方程为

$$\frac{\partial}{\partial x}\left(\frac{\rho h^3}{6\eta}\frac{\partial p}{\partial x}\right) + \frac{\partial}{\partial y}\left(\frac{\rho h^3}{6\eta}\frac{\partial p}{\partial y}\right) = -U\frac{\partial(\rho h)}{\partial x} \tag{3.1}$$

若 $l$ 为滑块长度，$b$ 为滑块宽度，其边界条件为

$$p\big|_{x=0} = 0$$
$$p\big|_{x=l} = 0 \tag{3.2}$$
$$p\big|_{y=\pm b/2} = 0$$

设密度 $\rho$ 和粘度 $\eta$ 为常量，则量纲一化 Reynolds 方程为

$$\frac{\partial}{\partial X}\left(H^3\frac{\partial P}{\partial X}\right) + \alpha\frac{\partial}{\partial Y}\left(H^3\frac{\partial P}{\partial Y}\right) = -\frac{\partial H}{\partial X} \tag{3.3}$$

式中，$X = \dfrac{x}{l}$；$Y = \dfrac{y}{b}$；$\alpha = \dfrac{l^2}{b^2}$；$P = p\dfrac{h_2^3}{6\eta Ul}$；$H = \dfrac{h}{h_2}$。

对应的量纲一化边界条件为

$$P\big|_{X=0} = 0$$
$$P\big|_{X=1} = 0 \tag{3.4}$$
$$P\big|_{Y=\pm\frac{1}{2}} = 0$$

## ■ 3.2 Reynolds 方程的差分形式

应用等距差分公式可得出以下形式的计算方程：

$$\frac{H_{i+1/2,j}^3 P_{i+1,j} - (H_{i+1/2,j}^3 + H_{i-1/2,j}^3)P_{i,j} + H_{i-1/2,j}^3 P_{i-1,j}}{\Delta X^2}$$

$$+ \alpha\frac{H_{i,j+1/2}^3 P_{i,j+1} - (H_{i,j+1/2}^3 + H_{i,j-1/2}^3)P_{i,j} + H_{i,j-1/2}^3 P_{i,j-1}}{\Delta Y^2}$$

$$= -\frac{H_{i+1,j} - H_{i-1,j}}{2\Delta X} \tag{3.5}$$

或

$$P_{i,j} = \frac{\Delta X(H_{i+1,j} - H_{i-1,j})/2 + H_{i+1/2,j}^3 P_{i+1,j} + H_{i-1/2,j}^3 P_{i-1,j} + \alpha(\Delta X/\Delta Y)^2 (H_{i,j+1/2}^3 P_{i,j+1} + H_{i,j-1/2}^3 P_{i,j-1})}{H_{i+1/2,j}^3 + H_{i-1/2,j}^3 + \alpha(\Delta X/\Delta Y)^2 (H_{i,j+1/2}^3 + H_{i,j-1/2}^3)}$$

$$\tag{3.6}$$

离散后的边界条件为:

滑块长度方向: 起始压力边界条件为 $P_{1,j} = 0$; 终止压力边界条件应同时满足 $P_{i,j} = 0$ 及 $\frac{\partial P}{\partial X} = 0$ 两个条件。由于终止压力边界是变化的,在实际迭代中,是通过对 $P_{i,j} < 0$ 的节点令 $P_{i,j} = 0$,这样最终可以确定油膜终点位置。

滑块宽度方向: $P_{i,1} = 0$; 利用对称性(即求解一半区域)满足 $\left.\frac{\partial P}{\partial Y}\right|_{Y=0} = 0$ 条件。

## ■ 3.3 不可压稳态面接触滑块润滑计算程序

### 1. 程序介绍

不可压稳态面接触滑块润滑计算程序包括一个主程序和三个子程序:膜厚计算子程序 SUBH、压力计算子程序 SUBP 和输出程序 OUTPUT。

在主程序中功能包括:

1)预赋值参数

节点数 $N \times M = 121 \times 121$、速度 $U = 1.0$、量纲一化起始坐标 $X1 = 0.0$、量纲一化终点坐标 $X2 = 1.0$、量纲一化最大膜厚 $H1 = 0.1$、量纲一化最小膜厚 $H2 = 0.05$、润滑油粘度 $EDA = 0.02$ Pa·s、滑块长 $ALX = 0.03$ m、滑块宽 $ALY = 0.024$ m。

预赋值参数可以根据具体情况修改,需要重新编译和连接后方可运行。

2)输入参数

程序给出的两个算例分别是直线滑块和曲线滑块,对应需要输入控制参数 $KG$。$KG = 1$ 给出平面滑块计算结果,并给出对应的解析解;$KG = 2$ 给出曲面为对称抛物线滑块,因为有发散区,部分节点压力将置0。

3)输出参数

计算结束后,在输出文件 PRESSURE. DAT 中,按列为量纲一化坐标 $X(I)$,按行为量纲一化坐标 $Y(J)$ 输出量纲一化压力 $P(I, J)$;在输出文件 FILM. DAT 中,按列为量纲一化坐标 $X(I)$,按行为量纲一化坐标 $Y(J)$ 输出量纲一化膜厚 $H(I, J)$。

**2. 程序框图（图 3.1）**

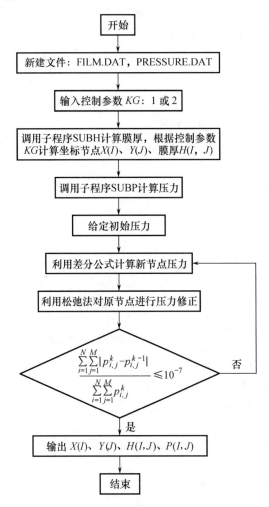

图 3.1 不可压稳态线接触滑块润滑计算程序框图

**3. 源程序**

PROGRAM SURFACESLIDER

DIMENSION X(121),Y(121),H(121,121),P(121,121)

COMMON /COM1/DX,DY,ALFA,X1,X2,Y1,Y2,H1,H2,ALOAD,U,EDA,ALX,ALY,ALENDA

DATA N,M,EDA,ALX,ALY,U,H1,H2,X1,X2,Y1,Y2/121,121,0.02,0.03,0.024,1.0,0.1,0.05,0.0,1.0,−0.5,0.5/

OPEN(8,FILE ='PRESSURE. DAT',STATUS ='UNKNOWN')

OPEN(9,FILE ='FILM. DAT',STATUS ='UNKNOWN')

WRITE( * , * )'If KG = 1: Plane surface; KG = 2: Curve surface; Input KG ='

READ( * , * )KG

```
CALL SUBH(KG,N,M,X,Y,H)
CALL SUBP(N,M,X,Y,H,P)
CALL OUTPUT(N,M,X,Y,H,P)
STOP
END
SUBROUTINE SUBH(KG,N,M,X,Y,H)
DIMENSION X(N),Y(N),H(N,M)
COMMON /COM1/DX,DY,ALFA,X1,X2,Y1,Y2,H1,H2,ALOAD,U,EDA,ALX,
ALY,ALENDA
IF(KG.EQ.2)THEN
X1 = -1.0
X2 = 1.0
Y1 = -1.0
Y2 = 1.0
ELSE
KG = 1
ENDIF
DX = 1.0/(N-1.0)
DY = 1.0/(M-1.0)
ALFA = (ALX/ALY)**2
DO I = 1,N
X(I) = X1 - (I-1)*DX*(X1-X2)
ENDDO
DO J = 1,M
IF(KG.EQ.1)Y(J) = -0.5 - (J-1)*DY*(Y1-Y2)
IF(KG.EQ.2)Y(J) = -1.0 - (J-1)*DY*(Y1-Y2)
ENDDO
DO I = 1,N
DO J = 1,M
IF(KG.EQ.1)H(I,J) = H1/H2 - X(I)*(H1/H2-1.0)
IF(KG.EQ.2)H(I,J) = 1.0 + (X(I)*X(I)+Y(J)*Y(J))*(H1/H2-1.0)
ENDDO
ENDDO
RETURN
END
SUBROUTINE SUBP(N,M,X,Y,H,P)
DIMENSION X(N),Y(N),H(N,M),P(N,M)
```

```
     COMMON /COM1/DX,DY,ALFA,X1,X2,Y1,Y2,H1,H2,ALOAD,U,EDA,ALX,
ALY,ALENDA
     DO I = 1,N
     P(I,1) = 0.0
     P(I,N) = 0.0
     ENDDO
     DO J = 1,M
     P(1,J) = 0.0
     P(N,J) = 0.0
     ENDDO
     DO I = 2,N - 1
     DO J = 2,M - 1
     P(I,J) = 0.05
     ENDDO
     ENDDO
     IK = 0
10   C1 = 0.0
     ALOAD = 0.0
     DO I = 2,N - 1
     I1 = I - 1
     I2 = I + 1
     DO J = 2,M - 1
     J1 = J - 1
     J2 = J + 1
     PD = P(I,J)
     A1 = (0.5 * (H(I2,J) + H(I,J))) ** 3
     A2 = (0.5 * (H(I,J) + H(I1,J))) ** 3
     A3 = ALFA * (0.5 * (H(I,J2) + H(I,J))) ** 3
     A4 = ALFA * (0.5 * (H(I,J) + H(I,J1))) ** 3
     P(I,J) = ( - 0.5 * DX * (H(I2,J) - H(I1,J)) + A1 * P(I2,J) + A2 * P(I1,J) +
A3 * P(I,J2) + A4 * P(I,J1))/(A1 + A2 + A3 + A4)
     P(I,J) = 0.5 * PD + 0.5 * P(I,J)
     IF(P(I,J). LT. 0.0)P(I,J) = 0.0
     C1 = C1 + ABS(P(I,J) - PD)
     ALOAD = ALOAD + P(I,J)
     ENDDO
     ENDDO
```

```
        IK = IK + 1
        C1 = C1/ALOAD
        WRITE( * , * )IK,C1,ALOAD
        IF(C1. GT. 1. E −7)GOTO 10
        RETURN
        END
        SUBROUTINE OUTPUT(N,M,X,Y,H,P)
        DIMENSION X(N),Y(M),H(N,M),P(N,M)
        COMMON /COM1/DX,DY,ALFA,X1,X2,Y1,Y2,H1,H2,ALOAD,U,EDA,ALX,
ALY,ALENDA
        ALENDA =6.0 * U * EDA * ALX/H2 ** 2
        ALOAD = ALOAD * ALENDA * DX * DY * ALX * ALY/(N −1.0)/(M −1.0)
        WRITE(8,40)Y(1),(Y(J),J =1,M)
        DO I =1,N
        WRITE(8,40)X(I),(P(I,J),J =1,M)
        ENDDO
        WRITE(9,40)Y(1),(Y(J),J =1,M)
        DO I =1,N
        WRITE(9,40)X(I),(H(I,J),J =1,M)
        ENDDO
40      FORMAT(122(E12. 6,1X))
        STOP
        END
```

### 4. 算例计算结果

按程序中给定的工况条件计算得到的平面滑块结果如图 3.2 所示，曲面滑块结果如图 3.3 所示。

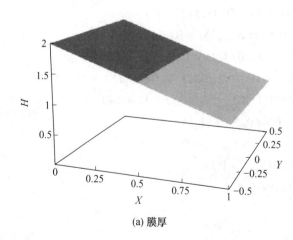

(a) 膜厚

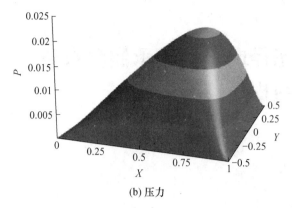

(b) 压力

图 3.2　平面滑块膜厚与压力分布计算结果

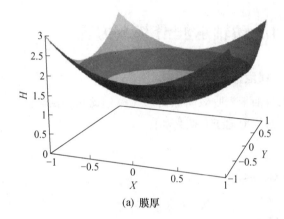

(a) 膜厚

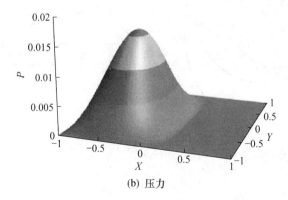

(b) 压力

图 3.3　曲面滑块膜厚与压力分布计算结果

# 第四章

# 不可压稳态径向滑动轴承润滑数值计算方法与程序

## ◼ 4.1 径向滑动轴承润滑基本方程

### 1. 轴心位置与间隙形状

轴颈旋转将润滑油带入收敛间隙而产生流体动压，油膜压力的合力与轴颈上的载荷相平衡，其平衡位置偏于一侧，如图 4.1 所示。

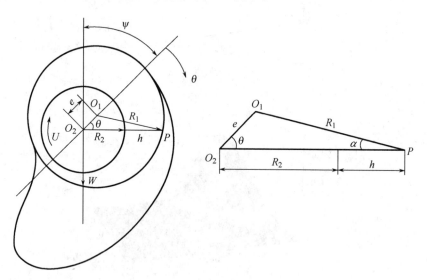

图 4.1　轴心位置

轴心 $O_2$ 的平衡位置通过两个参数可以完全确定，即偏位角 $\psi$ 和偏心率 $\varepsilon$。偏位角 $\psi$ 为轴承与轴颈的连心线 $O_1O_2$ 与载荷 $W$ 的作用线之间的夹角。而偏心率 $\varepsilon = \dfrac{e}{c}$，$e$ 为偏心距，$c = R_1 - R_2$ 为半径间隙。

由图 4.2 可知：间隙 $h$ 是 $\theta$ 的函数。在 $\triangle O_1O_2P$ 中，按正弦定律得

$$\frac{e}{\sin\alpha} = \frac{R_1}{\sin\theta} \quad 即 \quad \sin\alpha = \frac{e}{R_1}\sin\theta \tag{4.1}$$

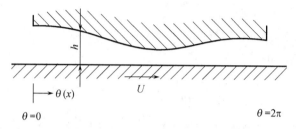

图 4.2　径向轴承展开

又

$$\cos\alpha = (1 - \sin^2\alpha)^{1/2} = \left(1 - \frac{e^2}{R_1^2}\sin^2\theta\right)^2 = 1 - \frac{e^2}{2R_1^2}\sin^2\theta + \cdots \tag{4.2}$$

通常 $\frac{e}{R_1} \ll 1$，忽略高阶微量可取 $\cos\alpha = 1$。

由几何关系
$$h + R_2 = e\cos\theta + R_1\cos\alpha = e\cos\theta + R_1$$
$$h = e\cos\theta + c = c(1 + \varepsilon\cos\theta) \tag{4.3}$$

式(4.3)表示的轴承的间隙形状为余弦函数，该表达式的误差仅为 0.1%。

## 2. Reynolds 方程

等粘度计算的 Reynolds 方程为

$$\frac{\partial}{\partial x}\left(\frac{h^3}{6\eta}\frac{\partial p}{\partial x}\right) + \frac{\partial}{\partial y}\left(\frac{h^3}{6\eta}\frac{\partial p}{\partial y}\right) = U\frac{\mathrm{d}h}{\mathrm{d}x} \tag{4.4}$$

用柱坐标表示 Reynolds 方程，设 $x = R\theta$，$\mathrm{d}x = R\mathrm{d}\theta$，则 Reynolds 方程变为

$$\frac{\partial}{R^2\partial\theta}\left(\frac{h^3}{6\eta}\frac{\partial p}{\partial\theta}\right) + \frac{h^3}{6\eta}\frac{\partial^2 p}{\partial y^2} = U\frac{\mathrm{d}h}{R\mathrm{d}\theta} \tag{4.5}$$

对于径向轴承，方程(4.5)中两个自变量的变化范围是：在轴向中间断面上 $y = 0$，在边缘上 $y = \pm\frac{b}{2}$，而 $\theta$ 在 $0 \sim 2\pi$ 之间变化。这一问题的边界条件为

1）轴向方向

在边缘 $y = \pm\frac{b}{2}$ 处，$p = 0$；在中间断面 $y = 0$ 上，$\frac{\partial p}{\partial y} = 0$。

2）圆周方向

按 Reynolds 边界条件：即油膜起点在 $\theta = 0$ 处，取 $p = 0$；油膜终点在发散区间内符合 $p = 0$ 及 $\frac{\partial p}{\partial\theta} = 0$ 的地方。油膜终点的位置必须在求解过程中加以确定，是浮动边界条件。即应用迭代法求解代数方程组时，在每次迭代过程中，对于 $p < 0$ 的各节点令 $p = 0$，最终可以自然地确定油膜终点位置。

## ■ 4.2 不可压稳态径向滑动轴承润滑计算方法

**1. 量纲一化 Reynolds 方程**

量纲一化 Reynolds 方程为

$$\frac{\partial}{\partial \theta}\left(H^3 \frac{\partial P}{\partial \theta}\right) + \alpha H^3 \frac{\partial^2 P}{\partial Y^2} = -\varepsilon \sin\theta \tag{4.6}$$

式中，$R$ 为轴承半径；$b$ 为轴承宽度；$Y = \dfrac{y}{b}$；$\alpha = \left(\dfrac{R}{b}\right)^2$；$P = \dfrac{pc^2}{6U\eta R}$；$H = \dfrac{h}{c} = 1 + \varepsilon\cos\theta$。

对应的量纲一化边界条件为：

1）轴向方向

$$P\big|_{Y=\pm 1/2} = 0 \tag{4.7}$$

2）圆周方向

$$
\begin{aligned}
& P\big|_{\theta=0} = 0 \\
& P\big|_{\theta=\theta_2} = 0 \\
& \frac{\partial P}{\partial \theta}\bigg|_{\theta=\theta_2} = 0
\end{aligned}
\tag{4.8}
$$

迭代中，对 $P<0$ 的节点令 $P=0$，最终确定油膜终点位置。

**2. Reynolds 方程的差分形式**

应用等距差分公式得出式（4.6）形式的计算方程如下：

$$\frac{H_{i+1/2}^3(P_{i+1,j} - P_{i,j}) - H_{i-1/2}^3(P_{i,j} - P_{i-1,j})}{\Delta\theta^2} + \alpha H_i^3 \frac{(P_{i,j+1} - 2P_{i,j} + P_{i,j-1})}{\Delta Y^2}$$

$$= -\varepsilon\sin\theta_i$$

$$\tag{4.9}$$

式中，
$$H_{i+1/2} = \left[1 + \varepsilon\cos\left(\frac{\theta_i + \theta_{i+1}}{2}\right)\right] \approx \frac{H_{i+1} + H_i}{2};$$

$$H_{i-1/2} = \left[1 - \varepsilon\cos\left(\frac{\theta_i + \theta_{i-1}}{2}\right)\right] \approx \frac{H_i + H_{i-1}}{2}.$$

离散后的边界条件为：

（1）轴向方向：$P_{i,1} = 0$；利用对称性（即求解一半区域）满足 $\dfrac{\partial P}{\partial Y}\bigg|_{Y=0} = 0$ 条件。

（2）圆周方向：起始压力边界条件为 $P_{1,j} = 0$；终止压力边界条件应同时满足 $P_{i,j} = 0$ 及 $\dfrac{\partial P}{\partial \theta} = 0$ 两个条件。由于终止压力边界是变化的，在实际迭代中，是通过对 $P_{i,j} < 0$ 的节点令 $P_{i,j} = 0$，这样最终可以确定油膜终点位置。

## 4.3 不可压稳态径向滑动轴承润滑计算程序

**1. 程序框图（图 4.3）**

不可压稳态径向滑动轴承润滑计算程序包括一个主程序和三个子程序：膜厚计算子程序 SUBH、压力计算子程序 SUBP 和输出子程序 OUTPUT。

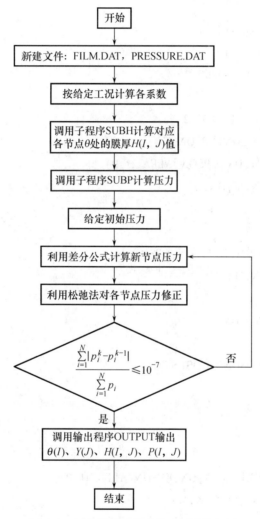

图 4.3　径向滑动轴承流体动压计算框图

主程序的功能主要是预参数赋值：轴承宽度 $B = 0.06$ m、轴承半径 $R = 0.025$ m、半径间隙 $C0 = 5.0 \times 10^{-5}$ m、转速 $AN = 60\,000$ r·min$^{-1}$、润滑油粘度 $EDA = 0.05$ Pa·s、偏心率 $EPSON = 0.7$。

**2. 源程序**

PROGRAM JOURNAL

```fortran
DIMENSION H(61,21),P(61,21)
DATA B,R,C0,AN,EDA,EPSON/60.0E-3,25.0E-3,5.0E-5,6.0E4,0.05,0.7/
OPEN(9,FILE='PRESSURE.DAT',STATUS='UNKNOWN')
OPEN(8,FILE='FILM.DAT',STATUS='UNKNOWN')
PI=3.1415926
N=61
M=21
DX=2.0*PI/FLOAT(N-1)
DY=1./FLOAT(M-1)
OMEGA=AN*2.0*PI/60.0
U=OMEGA*R
ALFA=(R/B*DX/DY)**2
CALL SUBH(N,M,DX,EPSON,H)
CALL SUBP(N,M,DX,EPSON,ALFA,H,P)
CALL OUTPUT(N,M,DX,DY,H,P)
STOP
END
SUBROUTINE SUBH(N,M,DX,EPSON,H)
DIMENSION H(N,M)
DO I=1,N
SETA=(I-1.0)*DX
DO J=1,M
H(I,J)=1.0+EPSON*COS(SETA)
ENDDO
ENDDO
RETURN
END
SUBROUTINE SUBP(N,M,DX,EPSON,ALFA,H,P)
DIMENSION H(N,M),P(N,M)
DO I=1,N
DO J=2,M-1
P(I,J)=0.5
ENDDO
ENDDO
DO J=1,M
P(1,J)=0.0
```

```
          P(N,J) = 0.0
          ENDDO
          DO I = 1,N
          P(I,1) = 0.0
          P(I,M) = 0.0
          ENDDO
          IK = 0
   10     C1 = 0.0
          ALOAD = 0.0
          DO I = 2,N - 1
          I1 = I - 1
          I2 = I + 1
          DO J = 2,M - 1
          PD = P(I,J)
          J1 = J - 1
          J2 = J + 1
          A1 = (0.5 * (H(I2,J) + H(I,J))) ** 3
          A2 = (0.5 * (H(I,J) + H(I1,J))) ** 3
          A3 = ALFA * (0.5 * (H(I,J2) + H(I,J))) ** 3
          A4 = ALFA * (0.5 * (H(I,J) + H(I,J1))) ** 3
          P(I,J) = ( - DX * (H(I2,J) - H(I1,J)) + A1 * P(I2,J) + A2 * P(I1,J) + A3 *
      P(I,J2) + A4 * P(I,J1))/(A1 + A2 + A3 + A4)
          P(I,J) = 0.7 * PD + 0.3 * P(I,J)
          IF(P(I,J). LT. 0.0)P(I,J) = 0.0
          C1 = C1 + ABS(P(I,J) - PD)
          ALOAD = ALOAD + P(I,J)
   20     CONTINUE
          ENDDO
          ENDDO
          IK = IK + 1
          C1 = C1/ALOAD
          WRITE( * , * )IK,C1,ALOAD
          IF(C1. GT. 1. E - 7)GOTO 10
          RETURN
          END
          SUBROUTINE OUTPUT(N,M,DX,DY,H,P)
```

```
DIMENSION Y(21),H(N,M),P(N,M)
DO J = 1,M
Y(J) = (J - 1.) * DY - 0.5
ENDDO
WRITE(8,40)Y(1),(Y(J),J = 1,M)
WRITE(9,40)Y(1),(Y(J),J = 1,M)
DO I = 1,N
AX = (I - 1.0) * 360.0/(N - 1.0)
WRITE(8,40)AX,(H(I,J),J = 1,M)
WRITE(9,40)AX,(P(I,J),J = 1,M)
ENDDO
40    FORMAT(22(E12.6,1X))
STOP
END
```

**3. 计算结果**

按程序中给定工况计算得到的径向轴承润滑膜厚和压力分布结果如图4.4所示。

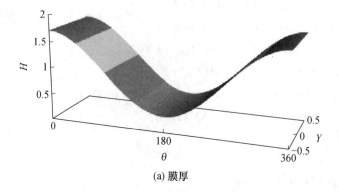

(a) 膜厚

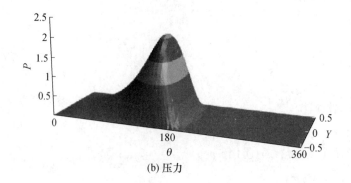

(b) 压力

图4.4 径向滑动轴承润滑膜厚与压力分布计算结果

# 第五章

# 挤压润滑计算方法与程序

## ■ 5.1 挤压润滑基本方程

### 1. 概述

载荷大小和方向都不变化的稳定载荷轴承在给定的工况参数下，径向轴承的轴颈或者推力轴承的推力盘就处于一个确定的位置并保持不变，所以这类轴承所包含的参数可以认为与时间无关。

### 2. Reynolds 方程

挤压膜是润滑膜的一个重要组成部分。应用普遍形式的 Reynolds 方程可分析挤压效应。这时的 Reynolds 方程可写成：

$$\frac{\partial}{\partial x}\left(h^3\frac{\partial p}{\partial x}\right) + \frac{\partial}{\partial y}\left(h^3\frac{\partial p}{\partial y}\right) = 6\eta U\frac{\partial h}{\partial x} + 12W \tag{5.1}$$

式中，$U$ 为切向速度；$W$ 为法向速度。式(5.1)的右端第一项表示动压效应，第二项代表挤压效应。

将 Reynolds 方程应用于稳定载荷轴承时，可以忽略挤压效应的作用，即令 $W=0$。

如果载荷沿膜厚方向变化，支承面之间的润滑剂就会受到挤压作用。当载荷变化的速度较快时，支承面间的润滑剂来不及被全部挤出，从而可形成挤压润滑膜，它能承受很大的载荷。

## ■ 5.2 矩形平面挤压膜轴承

### 1. 基本方程

对于平面挤压问题，两块平行板在载荷 $w$ 作用下相互靠近，间隙中充满粘性润滑剂，可在两板之间形成挤压润滑膜，如图 5.1 所示。

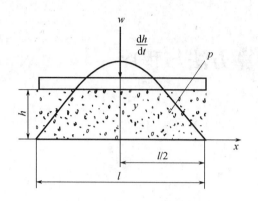

图 5.1　平面挤压膜轴承示意图

在分析挤压膜润滑时，若假定支承面之间无相对滑动，润滑剂的粘度 $\eta$ 为常数。这时的 Reynolds 方程(5.1)可写成：

$$\frac{\partial}{\partial x}\left(h^3 \frac{\partial p}{\partial x}\right) + \frac{\partial}{\partial y}\left(h^3 \frac{\partial p}{\partial y}\right) = 12\eta \frac{\partial h}{\partial t} \tag{5.2}$$

边界条件为 $p\big|_{x=\pm\frac{l}{2}}=0$ 和 $p\big|_{y=\pm\frac{b}{2}}=0$。

量纲一化式(5.2)可得

$$\frac{\partial}{\partial X}\left(\frac{\partial P}{\partial X}\right) + \alpha \frac{\partial}{\partial Y}\left(\frac{\partial P}{\partial Y}\right) = \frac{1}{H^3}\frac{\partial H}{\partial t} \tag{5.3}$$

式中，$l$ 为平板宽度；$b$ 为平板长度；$X=\dfrac{x}{l}$；$Y=\dfrac{y}{b}$；$H=\dfrac{h}{l}$；$P=\dfrac{p}{12\eta}$；$\alpha=\left(\dfrac{l}{b}\right)^2$。

对应的量纲一化边界条件为

$$P\big|_{X=\pm\frac{1}{2}} = 0$$

$$P\big|_{Y=\pm\frac{1}{2}} = 0$$

### 2. 数值方法

Reynolds 方程(5.3)的差分形式为

$$\frac{P_{i+1,j} + P_{i-1,j} - 2P_{i,j}}{\Delta X^2} + \alpha \frac{P_{i,j+1} + P_{i,j-1} - 2P_{i,j}}{\Delta Y^2} = \frac{1}{H^3}\frac{\mathrm{d}H}{\mathrm{d}t} \tag{5.4}$$

该程序从两方面来计算：1）给定膜厚和载荷挤压速度计算瞬时压力分布和载荷；2）给定初始膜厚和变化的载荷，计算在一个时间段内的膜厚变化过程。

### 3. 程序框图（图 5.2）

### 4. 源程序

1）预赋值参数

润滑油粘度 $EDA=0.02$ Pa·s、平板宽度 $L=30$ mm、平板长度 $B=24$ mm。预赋值参数可以根据具体情况修改，需要重新编译和连接后方可运行。

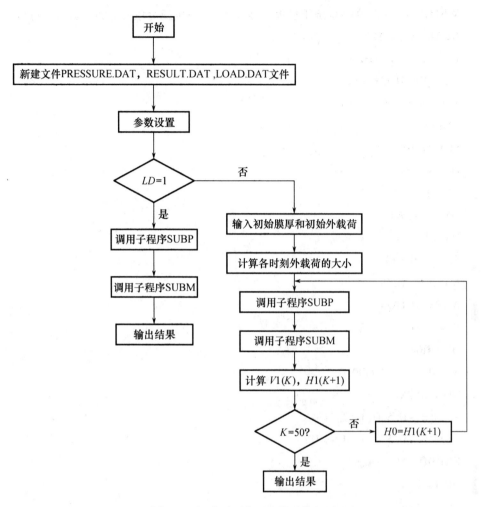

图 5.2　矩形平面挤压润滑计算框图

2）输出参数

压力分布　$P(I, J)$　在文件 PRESSURE. DAT 中

承载力　$SUM1$　在文件 LOAD. DAT 中

各时刻计算　$W$、$H$、$V$　在文件 RESULT. DAT 中

PROGRAM SQUARESQUEEZE

DIMENSION X(121),Y(121),P(121,121),PD(121,121),H1(51),T(51),V1(51),W(51)

DATA N,N1,N2,N3/121,120,51,50/

DATA AL,B,EDA,PI/30.0,24.0,0.02,3.14159265/

OPEN(8,FILE ='PRESSURE. DAT',STATUS ='UNKNOWN')

OPEN(9,FILE ='RESULT. DAT',STATUS ='UNKNOWN')

OPEN(10,FILE ='LOAD. DAT',STATUS ='UNKNOWN')

```
WRITE( * , * )'LD = 0 挤压过程计算;LD = 1 挤压瞬时压力分布与载荷计算?'
READ( * , * )LD
IF( LD. EQ. 1 )THEN
H0 = 0. 641032E - 02
V = - 0. 194504E - 01
ELSE
SUM0 = 1000. 0
H0 = 0. 05
ENDIF
DX = 1. 0/N1
DY = 1. 0/N1
PI2 = 2. 0 * PI
RATIO = AL/B
ALF = RATIO ** 2
V = V/AL
H0 = H0/AL
S = AL * B/1000000. 0
DO I = 1 , N
X( I ) = - 0. 5 + ( I - 1 ) * DX
Y( I ) = - 0. 5 + ( I - 1 ) * DY
ENDDO
DO I = 1 , N
DO J = 1 , N
P( I,J ) = 0. 0
ENDDO
ENDDO
IF( LD. EQ. 1 )THEN
SUM0 = 0. 0
GOTO 70
ELSE
GOTO 50
ENDIF
50   U = PI2/50. 0
DO I = 1 , N2
W( I ) = SUM0 * ( 1. 0 + SIN( U * ( I - 1 ) ) )
ENDDO
```

```
     H1(1) = H0
     DO K = 1, N3
     V = -1.0
     V = V/AL
     DT = 0.001
     CALL SUBP
     CALL SUBM
     ALENDA = 12.0 * EDA
     SUM1 = ALENDA * S * SUM1
     V1(K) = W(K) * V/SUM1
     H1(K + 1) = H1(K) + V1(K) * DT
     WRITE( * , * )SUM1, V1(K), H1(K + 1)
     H0 = H1(K + 1)
     ENDDO
     H0 = H1(N2)
     V = -1.0
     V = V/AL
     CALL SUBP
     CALL SUBM
     ALENDA = 12.0 * EDA
     SUM1 = ALENDA * S * SUM1
     V1(N2) = W(N2) * V/SUM1
     WRITE(9,"('时间 T 载荷 W 膜厚 H 挤压速度 V')")
     DO I = 1, N2
     WRITE(9,40)DT * I, W(I), H1(I) * AL, V1(I) * AL
     ENDDO
     STOP
40   FORMAT(122(E12.6,1X))
70   CALL SUBP
     CALL SUBM
     ALENDA = 12.0 * EDA
     SUM1 = ALENDA * S * SUM1
     WRITE(8,40)Y(1),(Y(I),I = 1,N)
     DO I = 1, N
     WRITE(8,40)X(I),(P(I,J),J = 1,N)
     ENDDO
```

```
        WRITE(10, * )'承载力 W '
        WRITE(10, * )SUM1
        CONTAINS
        SUBROUTINE SUBP
        DO I = 1,N
        DO J = 1,N
        PD(I,J) = P(I,J)
        ENDDO
        ENDDO
        IK = 0
        TEMP = DX ** 2
        H = H0 ** 3
20      C1 = 0. 0
        DO I = 2,N1
        I1 = I - 1
        I2 = I + 1
        DO J = 2,N1
        P(I,J) = ((P(I2,J) + P(I1,J) + ALF * P(I,J + 1) + ALF * P(I,J - 1) - TEMP *
V/H))/(2 + 2 * ALF)
        C1 = C1 + ABS(P(I,J) - PD(I,J))
        PD(I,J) = P(I,J)
        ENDDO
        ENDDO
        IK = IK + 1
        IF(C1. GT. 1. E - 20. AND. IK. LE. 20000)GOTO 20
        RETURN
        END SUBROUTINE SUBP
        SUBROUTINE SUBM
        SUM2 = 0. 0
        DO I = 1,N
        DO J = 1,N
        SUM2 = SUM2 + P(I,J) * DX * DY
        ENDDO
        ENDDO
        SUM1 = SUM2
        RETURN
```

END SUBROUTINE SUBM

END

**5. 计算结果**

按程序中给定的工况参数和载荷的变化形式，所求得的时间 $t$ 为 $0 \sim 0.05$ s 的挤压膜变化情况如图 5.3 所示。在程序中给定瞬时速度和膜厚的条件下，计算得到的压力分布如图 5.4 所示。

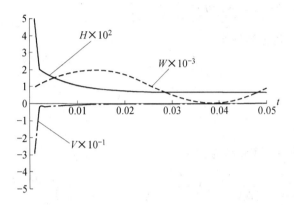

图 5.3　矩形平面挤压过程计算结果

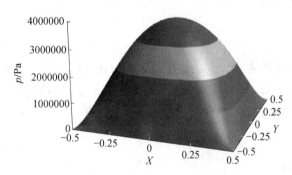

图 5.4　矩形平面挤压瞬时压力分布计算结果

# 5.3　圆盘挤压计算方法与程序

**1. 基本方程**

为了分析半径为 $a$ 的圆盘挤压润滑，将 Reynolds 方程转换为极坐标形式，即

$$\frac{\partial}{\partial r}\left( rh^3 \frac{\partial p}{\partial r} \right) + \frac{\partial}{r\partial\theta}\left( h^3 \frac{\partial p}{\partial\theta} \right) = 12r\eta\frac{\partial h}{\partial t} \tag{5.5}$$

由于对称性，有 $\dfrac{\partial p}{\partial\theta} = 0$，且 $h$ 与 $r$ 无关，故 Reynolds 方程简化为

$$\frac{\mathrm{d}}{\mathrm{d}r}\left( r\frac{\mathrm{d}p}{\mathrm{d}r} \right) = \frac{12\eta r}{h^3}\frac{\mathrm{d}h}{\mathrm{d}t} \tag{5.6}$$

边界条件为

$$\frac{\mathrm{d}p}{\mathrm{d}r}\Big|_{r=0} = 0, \quad p\Big|_{r=a} = 0$$

量纲一化式(5.6)为

$$\frac{\mathrm{d}}{\mathrm{d}R}\left(R\,\frac{\mathrm{d}P}{\mathrm{d}R}\right) = \frac{R}{H^3}\,\frac{\mathrm{d}H}{\mathrm{d}t} \tag{5.7}$$

式中，$a$ 为圆盘半径；$R = \dfrac{r}{a}$；$H = \dfrac{h}{a}$；$P = \dfrac{p}{12\eta}$。

对应的量纲一化边界条件为

$$P\Big|_{R=1} = 0$$

$$\frac{\mathrm{d}P}{\mathrm{d}R}\Big|_{R=0} = 0$$

**2. 计算方法**

差分 Reynolds 方程(5.7)为

$$\frac{P_{i+1} - P_i}{\Delta X} + X_i\,\frac{P_{i+1} + P_{i-1} - 2P_i}{\Delta X^2} = X_i\,\frac{1}{H^3}\,\frac{\mathrm{d}H}{\mathrm{d}t} \tag{5.8}$$

相应的差分边界条件为

$$P_N = 0$$

$$P_2 - P_1 = 0$$

该程序从两个方面来计算，一是给定膜厚和载荷挤压速度计算承载力；二是给定初始膜厚和初始外载荷在一个时间段内计算各个时刻的膜厚和挤压速度。

**3. 程序框图(图5.5)**

**4. 源程序**

1)预赋值参数

润滑油粘度 $EDA = 0.02$ Pa·s、圆盘半径 $a = 15$ mm。预赋值参数可以根据具体情况修改，需要重新编译和连接后方可运行。

2)输出参数

压力分布　$P(I)$　在文件 PRESSURE. DAT 中

承载力　$SUM1$　在文件 LAOD. DAT 中

各时刻计算　$W$、$H$、$V$　在文件 RESULT. DAT 中

```
PROGRAM CIRCULARSQUEEZE
DIMENSION X(121),P(121),PD(121),W(101),V1(101),T(101),H1(101)
DATA N,N1,N2,N3,EDA,H0,PI,R,SUM0,V/121,120,101,100,0.02,0.05,
3.14159265,15.0,1000.0, -0.804146E -01/
OPEN(8,FILE ='RESULT. DAT',STATUS ='UNKNOWN')
OPEN(9,FILE ='LOAD. DAT',STATUS ='UNKNOWN')
```

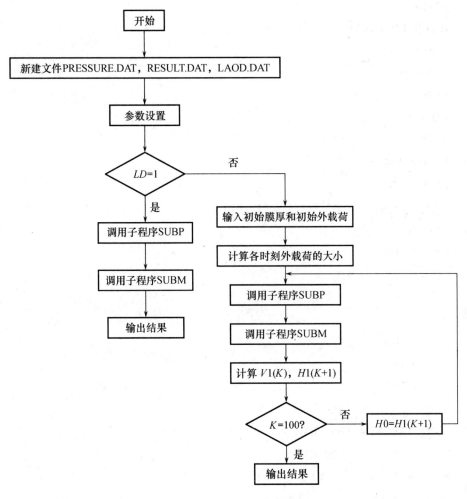

图 5.5　圆盘挤压润滑计算框图

WRITE( ＊, ＊)' LD ＝0 挤压过程计算;LD ＝1 挤压瞬时压力分布与载荷计算? '

READ( ＊, ＊ )LD

DX ＝1. 0/N1

PI2 ＝2. 0 ＊ PI

S ＝ PI ＊ R ＊＊2/1000000. 0

V ＝ V/R

H0 ＝ H0/R

DO I ＝1, N

X( I) ＝( I － 1 ) ＊ DX

ENDDO

DO I ＝1, N

P( I) ＝0. 0

```
        ENDDO
        IF( LD. EQ. 1 ) THEN
        SUM0 = 0. 0
        GOTO 70
        ELSE
        GOTO 50
        ENDIF
50      U = PI2/100. 0
        DO I = 1 , N2
        W( I ) = SUM0 * ( 1. 0 + SIN( U * ( I - 1 ) ) )
        ENDDO
        H1( 1 ) = H0
        DO K = 1 , N3
        V = - 1. 0
        V = V/R
        DT = 0. 001
        CALL SUBP
        CALL SUBM
        ALENDA = 12. 0 * EDA
        SUM1 = ALENDA * S * SUM1
        V1( K ) = W( K ) * V/SUM1
        H1( K + 1 ) = H1( K ) + V1( K ) * DT
        H0 = H1( K + 1 )
        ENDDO
        H0 = H1( N2 )
        V = - 1. 0
        V = V/R
        CALL SUBP
        CALL SUBM
        ALENDA = 12. 0 * EDA
        SUM1 = ALENDA * S * SUM1
        V1( N2 ) = W( N2 ) * V/SUM1
        WRITE( 8 , "( '时间 T 载荷 W 膜厚 H 挤压速度 V' )" )
        DO I = 1 , N2
        WRITE( 8 ,40 ) DT * I , W( I ) , H1( I ) * R , V1( I ) * R
        ENDDO
```

```
        STOP
40      FORMAT(4(E12.6,1X))
70      CALL SUBP
        CALL SUBM
        ALENDA = 12.0 * EDA
        SUM1 = ALENDA * S * SUM1
        WRITE(8,"('坐标 X 压力 P')")
        DO I = 1,N
        WRITE(8,40)X(I),P(I)
        ENDDO
        WRITE(9, * )'承载力 W'
        WRITE(9, * )SUM1
        CONTAINS
        SUBROUTINE SUBP
        DO I = 1,N
        PD(I) = P(I)
        ENDDO
        IK = 0
        TEMP = DX * DX
        H = H0 * H0 * H0
20      C1 = 0.0
        DO I = 2,N1
        TEMP1 = (X(I) + DX)/(DX + 2.0 * X(I))
        TEMP0 = X(I)/(DX + 2.0 * X(I))
        P(I) = TEMP1 * P(I + 1) + P(I - 1) * TEMP0 - (TEMP0 * V * TEMP)/H
        C1 = C1 + ABS(P(I) - PD(I))
        PD(I) = P(I)
        ENDDO
        P(1) = P(2)
        P(N) = 0.0
        PD(1) = PD(2)
        PD(N) = 0.0
        IK = IK + 1
        IF(C1. GT. 1. E - 20. AND. IK. LE. 20000)GOTO 20
        RETURN
        END SUBROUTINE SUBP
```

```
SUBROUTINE SUBM
SUM1 = 0. 0
DO I = 1,N
SUM1 = SUM1 + P(I) * X(I) * DX * PI2
ENDDO
RETURN
END SUBROUTINE SUBM
END
```

**5. 计算结果**

按程序中给定的工况参数和载荷的变化形式，所求得的时间 $t$ 为 $0 \sim 0.1\ \text{s}$ 的挤压膜变化情况如图 5.6 所示。在程序中给定瞬时速度和膜厚的条件下，计算得到压力分布如图 5.7 所示。

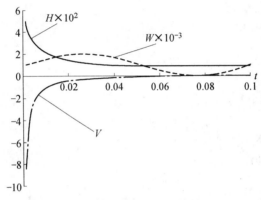

图 5.6　圆盘挤压过程计算结果

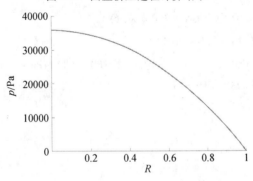

图 5.7　圆盘挤压瞬时压力分布计算结果

## ■ 5.4　径向轴承挤压计算方法与程序

**1. 基本方程**

径向轴承的挤压示意图如图 5.8 所示，径向轴承在载荷 $w$ 作用下形成挤压润滑时，轴心移动速度为

$$\frac{\mathrm{d}e}{\mathrm{d}t} = c\frac{\mathrm{d}\varepsilon}{\mathrm{d}t} \tag{5.9}$$

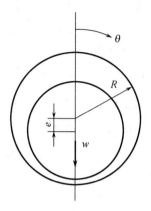

图 5.8　径向轴承的挤压示意图

而膜厚变化率依各点位置而不同，即

$$\frac{\mathrm{d}h}{\mathrm{d}t} = c\cos\theta\frac{\mathrm{d}\varepsilon}{\mathrm{d}t} \tag{5.10}$$

显然，在 $\frac{\pi}{2} < \theta < \frac{3\pi}{2}$ 范围内，$\frac{\mathrm{d}h}{\mathrm{d}t}$ 为负值。

有限宽径向轴承挤压润滑方程为

$$\frac{\partial}{\partial x}\left(h^3\frac{\partial p}{\partial x}\right) + \frac{\partial}{\partial y}\left(h^3\frac{\partial p}{\partial y}\right) = 12\eta\frac{\partial h}{\partial t} \tag{5.11}$$

用柱坐标表示，$x = R\theta$，$\mathrm{d}x = R\mathrm{d}\theta$ 则方程（5.11）变为

$$\frac{\partial}{\partial\theta}\left(h^3\frac{\partial p}{\partial\theta}\right) + R^2\frac{\partial}{\partial y}\left(h^3\frac{\partial p}{\partial y}\right) = 12\eta R^2\frac{\partial h}{\partial t} \tag{5.12}$$

式中，$h = c(1 + \varepsilon\cos\theta)$。

边界条件为

$$\theta = 0, \quad p = 0$$

$$\theta = \pi, \quad \frac{\partial p}{\partial\theta} = 0$$

量纲一化式（5.12）为

$$\frac{\partial}{\partial\theta}\left(H^3\frac{\partial P}{\partial\theta}\right) + \alpha\frac{\partial}{\partial Y}\left(H^3\frac{\partial P}{\partial Y}\right) = \frac{\partial H}{\partial t} = \dot{\varepsilon}\cos\theta \tag{5.13}$$

式中，$R$ 为轴承半径；$b$ 为轴承宽度；$Y = \frac{y}{b}$；$h = cH$，$H = 1 + \varepsilon\cos\theta$；$P = \frac{pc^2}{(12\eta R^2)}$；$\alpha = \left(\frac{R}{b}\right)^2$。

## 2. 数值方法

差分 Reynolds 方程（5.13）为

$$\frac{H_{i+1/2,j}^3\left(P_{i+1,j} - P_{i,j}\right) - H_{i-1/2,j}^3\left(P_{i,j} - P_{i-1,j}\right)}{\Delta\theta^2}$$

$$+ \alpha\,\frac{H_{i,j+1/2}^3\left(P_{i,j+1} - P_{i,j}\right) - H_{i,j-1/2}^3\left(P_{i,j} - P_{i,j-1}\right)}{\Delta Y^2}$$

$$= \dot{\varepsilon}\cos\left[(i - 1)\Delta\theta\right] \tag{5.14}$$

该程序从两个方面来计算：（1）给定初始偏心距 $e$ 和轴心移动速度 $\dfrac{\mathrm{d}e}{\mathrm{d}t}$ 计算压力分布；（2）给定初始偏心距 $e$ 和变化的载荷，计算在一个时间段内各个时刻的偏心距、膜厚、轴心移动速度和挤压速度等。

### 3. 程序框图（图5.9）

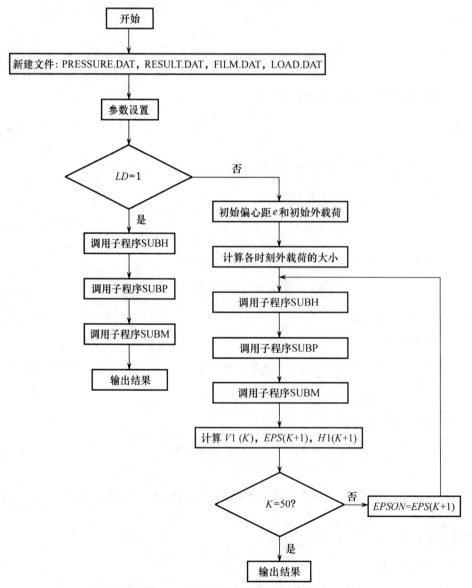

图5.9　径向轴承挤压润滑计算框图

#### 4. 源程序

1）预赋值参数

润滑油粘度 $EDA = 0.02$ Pa·s、轴径直径 $DD = 0.02992$ m、轴承直径 $D = 0.03$ m、轴承宽度 $B = 0.024$ m。预赋值参数可以根据具体情况修改，需要重新编译和连接后方可运行。

2）输出参数

压力分布　$P(I)$　在文件 PRESSURE. DAT 中

承载力　$SUM1$　在文件 LOAD. DAT 中

各时刻计算　$W$、$e$、$\dfrac{\mathrm{d}e}{\mathrm{d}t}$、$\dfrac{\mathrm{d}h}{\mathrm{d}t}$　在文件 RESULT. DAT 中

```
PROGRAM JOURNALSQUEEZE
DIMENSION X(121),Y(121),H(121,121),P(121,121),PD(121,121),HH
(121)
DIMENSION HXY(121,121),HXF(121,121),HXB(121,121),HYF(121,121),
HYB(121,121)
DIMENSION H1(51),T(51),V1(51),W(51),EPS(51)
DATA N,N1,N2,N3/121,120,51,50/
DATA B,D,DD,E,EDA,PI,V/0.024,0.030,0.02992,0.328999E-04,0.02,
3.14159265,0.342583E-03/
OPEN(8,FILE='PRESSURE. DAT',STATUS='UNKNOWN')
OPEN(9,FILE='FILM. DAT',STATUS='UNKNOWN')
OPEN(13,FILE='RESULT. DAT',STATUS='UNKNOWN')
OPEN(14,FILE='LOAD. DAT',STATUS='UNKNOWN')
PI2=2.0*PI
R=D/2
C=(D-DD)/2
DX=PI2/N1
DY=1.0/N1
RATIO=(PI2*R)/B
ALFA=RATIO**2
DXDY=PI2/(N1*N1)
V=V/C
EPSON=E/C
S=D*B
DO I=1,N
```

```
       X(I) = (I - 1) * DX
       Y(I) = -0.5 + (I - 1) * DY
       DO J = 1, N
       P(I,J) = 0.0
       ENDDO
       ENDDO
       WRITE( * , * )'LD = 0 挤压过程计算;LD = 1 挤压瞬时压力分布与载荷计算?'
       READ( * , * )LD
       IF(LD.EQ.1)THEN
       SUM0 = 0.0
       GOTO 70
       ELSE
       SUM0 = 1000.0
       E = 0.00001
       GOTO 50
       ENDIF
  50   U = PI2/50.0
       DO I = 1, N2
       W(I) = SUM0 * (1.0 + SIN(U * (I - 1)))
       ENDDO
       EPS(1) = EPSON
       H1(1) = 1 - EPS(1)
       DO K = 1, N3
       V = 1.0
       V = V/C
       DT = 0.001
       WRITE( * , * )K,V,EPSON
       CALL SUBH
       CALL SUBP
       CALL SUBM
       ALENDA = (12.0 * EDA * R ** 2)/C ** 2
       SUM1 = ALENDA * S * SUM1
       WRITE( * , * )SUM1
       V1(K) = W(K) * V/SUM1
       WRITE( * , * )V1(K)
       EPS(K + 1) = EPS(K) + V1(K) * DT
```

```
          H1(K+1) = 1 - EPS(K+1)
          EPSON = EPS(K+1)
          WRITE( * , * )EPSON
          ENDDO
          EPSON = EPS(N2)
          V = 1.0
          V = V/C
          CALL SUBH
          CALL SUBP
          CALL SUBM
          ALENDA = (12.0 * EDA * R * * 2)/C * * 2
          SUM1 = ALENDA * S * SUM1
          V1(N2) = W(N2) * V/SUM1
          WRITE(13,"('时间 T 载荷 W 偏心距 E 轴心移动速度 de/dt 挤压速度 dh/dt')")
          DO I = 1,N2
          WRITE(13,40)DT * I,W(I),EPS(I),V1(I) * C, - V1(I) * C
          ENDDO
          STOP
70        CALL SUBH
          CALL SUBP
          CALL SUBM
          CALL SUBMAX
          ALENDA = (12.0 * EDA * R * * 2)/C * * 2
          SUM1 = ALENDA * S * SUM1
          WRITE(8,40)Y(1),(Y(I),I = 1,N)
          DO I = 1,N
          WRITE(8,40)X(I) * 180.0/PI,(P(I,J),J = 1,N)
          ENDDO
          WRITE(9,40)Y(1),(Y(I),I = 1,N)
          DO I = 1,N
          WRITE(9,40)X(I) * 180.0/PI,(H(I,J),J = 1,N)
          ENDDO
          WRITE(14, * )'承载力 W'
          WRITE(14, * )SUM1
          WRITE( * , * )AIMAX,J_MAX,I_MAX
40        FORMAT(122(E12.6,1X))
```

```
CONTAINS
SUBROUTINE SUBH
DO I = 1,N
DO J = 1,N
H(I,J) = 1.0 + EPSON * COS((I-1) * DX)
ENDDO
ENDDO
DO I = 1,N
I1 = I - 1
I2 = I + 1
IF(I. EQ. 1)I1 = N1
IF(I. EQ. N)I2 = 2
DO J = 2,N1
HXF(I,J) = (0.5 * (H(I2,J) + H(I,J))) ** 3
HXB(I,J) = (0.5 * (H(I1,J) + H(I,J))) ** 3
HYF(I,J) = ALFA * (0.5 * (H(I,J+1) + H(I,J))) ** 3
HYB(I,J) = ALFA * (0.5 * (H(I,J-1) + H(I,J))) ** 3
HXY(I,J) = 1.0/(HXF(I,J) + HXB(I,J) + HYF(I,J) + HYB(I,J))
ENDDO
ENDDO
RETURN
END SUBROUTINE SUBH
SUBROUTINE SUBP
DO I = 1,N
DO J = 1,N
PD(I,J) = P(I,J)
ENDDO
ENDDO
IK = 0
TEMP0 = DX ** 2 * V
10   C1 = 0.0
DO I = 1,N1
I1 = I - 1
I2 = I + 1
IF(I1. EQ. 0)I1 = N1
IF(I2. EQ. N)I2 = 1
```

DO J = 2 , N1

$$P(I,J) = (HXF(I,J) * P(I2,J) + HXB(I,J) * P(I1,J) + HYF(I,J) * P(I,J+1)$$
$$+ HYB(I,J) * P(I,J-1) - TEMP0 * COS((I-1) * DX)) * HXY(I,J)$$

IF(P(I,J). LE. 0. 0)P(I,J) = 0. 0

C1 = C1 + ABS(P(I,J) - PD(I,J))

PD(I,J) = P(I,J)

ENDDO

ENDDO

DO J = 2 , N1

P(N,J) = P(1,J)

PD(N,J) = PD(1,J)

ENDDO

IK = IK + 1

IF(C1. GT. 1. E - 20. AND. IK. LE. 20000)GOTO 10

RETURN

END SUBROUTINE SUBP

SUBROUTINE SUBM

PX = 0. 0

PY = 0. 0

TEMP = PI/60. 0

DO I = 1 , N1

AI = (I - 1) * TEMP

DO J = 1 , N

PX = PX - P(I,J) * COS(AI) * DXDY

PY = PY + P(I,J) * SIN(AI) * DXDY

ENDDO

ENDDO

SUM1 = SQRT(PX * PX + PY * PY)

RETURN

END SUBROUTINE SUBM

SUBROUTINE SUBMAX

TEMP0 = PI2/N1

PMAX = P(2,2)

DO I = 1 , N

DO J = 1 , N

```
IF(P(I,J). GE. PMAX)THEN
PMAX = P(I,J)
I_MAX = I
J_MAX = J
ENDIF
ENDDO
ENDDO
AIMAX = (I_MAX - 1) * TEMP0 * 180/PI
RETURN
END SUBROUTINE SUBMAX
END
```

**5. 计算结果**

按程序中给定的工况参数和载荷的变化形式,所求得的时间 $t$ 为 $0 \sim 0.05$ s 的挤压膜变化情况如图 5.10 所示。在程序中给定瞬时速度和膜厚的条件下,计算得到压力分布如图 5.11 所示。

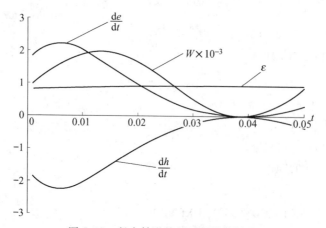

图 5.10　径向轴承挤压过程计算结果

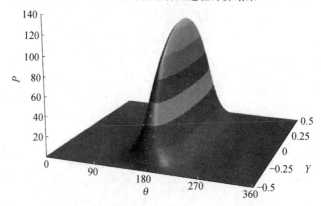

图 5.11　径向轴承挤压瞬时压力分布计算结果

# 第六章
# 动载径向滑动轴承润滑计算方法与程序

## ■ 6.1 承载油膜的压力分布与承载力

如图 6.1 所示的有限长圆形动载滑动轴承，润滑油在轴承间隙中的流动服从如下的 Reynolds 方程：

$$\frac{\partial}{\partial x}\left(h^3\frac{\partial p}{\partial x}\right)+\frac{\partial}{\partial y}\left(h^3\frac{\partial p}{\partial y}\right)=6\eta(U_j+U_b)\frac{\partial h}{\partial x}+12\eta\frac{\partial h}{\partial t} \qquad (6.1)$$

式中，$h=c(1+\varepsilon\cos\theta)$；$c$ 为轴承与轴径的半径间隙；$\eta$ 为润滑油粘度；轴颈速度为 $U_j=R_j\omega_j=\approx R_b\omega_j$；轴承速度为 $U_b=R_b\omega_b$；$R$ 为半径；$\omega$ 为角速度；其中下标 j 代表轴颈；下标 b 代表轴承。

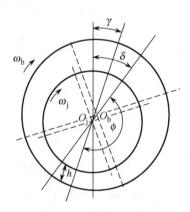

图 6.1 动载滑动轴承

引入量纲一化变量：$\theta=\dfrac{x}{R_b}$；$H=\dfrac{h}{c}=1+\varepsilon\cos\theta$；$Y=\dfrac{y}{b}$；$\alpha=\left(\dfrac{R_b}{b}\right)^2$；$P=\dfrac{pc^2}{6\omega R_b{}^2\eta}$。其中，$b$ 为轴承的宽度；$\omega=\omega_j+\omega_b$。

将上述量纲一化变量代入到式(6.1)中得到一般形式的量纲一化 Reynolds 方程：

$$\frac{\partial}{\partial\theta}\left(H^3\frac{\partial P}{\partial\theta}\right)+\alpha\frac{\partial}{\partial Y}\left(H^3\frac{\partial P}{\partial Y}\right)=-\varepsilon\sin\theta+\frac{2\varepsilon}{\omega}\sin\theta\frac{d\delta}{dt}+\frac{2}{\omega}\cos\theta\frac{d\varepsilon}{dt} \qquad (6.2)$$

方程(6.2)的右侧三项分别表示形成承载油膜的三种效应：$-\varepsilon\sin\theta$ 为角速度 $\omega$ 所产生的旋转效应；$\dfrac{2\varepsilon}{\omega}\sin\theta\dfrac{\mathrm{d}\delta}{\mathrm{d}t}$ 为轴颈中心沿偏位线 $O_j O_b$ 垂直方向的运动角速度 $\dfrac{\mathrm{d}\delta}{\mathrm{d}t}$ 所产生的旋转效应；$\dfrac{2}{\omega}\cos\theta\dfrac{\mathrm{d}\varepsilon}{\mathrm{d}t}$ 为轴颈中心沿偏位线方向的运动速度 $\dfrac{\mathrm{d}\varepsilon}{\mathrm{d}t}$ 所产生的挤压效应。

将方程(6.2)右侧的第一项和第二项合并，得到

$$-\frac{\varepsilon}{\omega}\sin\theta\left(\omega - 2\frac{\mathrm{d}\delta}{\mathrm{d}t}\right) = -\frac{\varepsilon}{\omega}\sin\theta\left(\omega_j + \omega_b - 2\frac{\mathrm{d}\delta}{\mathrm{d}t}\right) = -\frac{\varepsilon}{\omega}\sin\theta\left(\omega - 2\frac{\mathrm{d}\delta}{\mathrm{d}t}\right) \quad (6.3)$$

记

$$\omega^* = \omega_j + \omega_b - 2\frac{\mathrm{d}\delta}{\mathrm{d}t} = \omega - 2\frac{\mathrm{d}\delta}{\mathrm{d}t} \quad (6.4)$$

显然，$\omega^*$ 称为有效角速度。

因此，方程(6.2)右侧第一、二项为轴承有效角速度 $\omega^*$ 所产生的旋转效应。

再次引入量纲一化参数

$$q = \frac{2}{\omega^*}\frac{\mathrm{d}\varepsilon}{\mathrm{d}t}$$

$$P = \frac{c^2 p}{6\omega^* R_b^2 \eta} \quad (6.5)$$

式中，$q$ 称为动力参数。

由式(6.3)和式(6.5)得到式(6.2)的 Reynolds 方程的量纲一化形式：

$$\frac{\partial}{\partial\theta}\left(H^3\frac{\partial P}{\partial\theta}\right) + \alpha\frac{\partial}{\partial Y}\left(H^3\frac{\partial P}{\partial Y}\right) = -\varepsilon\sin\theta + q\cos\theta \quad (6.6)$$

边界条件为

1）轴向方向

$$p\big|_{y=\pm b/2} = 0; \qquad \frac{\partial p}{\partial y}\bigg|_{y=0} = 0。$$

2）圆周方向

按 Reynolds 边界条件：即油膜起点在 $\theta = 0$ 处，取 $p = 0$；油膜终点在发散区间内符合 $p = 0$ 及 $\dfrac{\partial p}{\partial\theta} = 0$ 的地方。油膜终点的位置必须在求解过程中加以确定，是浮动边界条件。即应用迭代法求解代数方程组时，在每次迭代过程中，对于 $p < 0$ 的各节点令 $p = 0$，最终可以自然地确定油膜终点位置。

式(6.6)为线性偏微分方程，按照线性叠加原理，对方程(6.6)的求解可以分成对以下方程的分别求解

$$P = P_1 + qP_2 \quad (6.7)$$

$$\frac{\partial}{\partial\theta}\left(H^3\frac{\partial P_1}{\partial\theta}\right) + \alpha\frac{\partial}{\partial Y}\left(H^3\frac{\partial P_1}{\partial Y}\right) = -\varepsilon\sin\theta \quad (6.8)$$

$$\frac{\partial}{\partial\theta}\left(H^3\frac{\partial P_2}{\partial\theta}\right) + \alpha\frac{\partial}{\partial Y}\left(H^3\frac{\partial P_2}{\partial Y}\right) = \cos\theta \quad (6.9)$$

其中，$q = \dfrac{2}{\omega^*}\dfrac{\mathrm{d}\varepsilon}{\mathrm{d}t}$，当 $q = 0$ 时适合纯旋转状态，当 $q$ 趋于无穷大时，则油膜反力相对于轴心的偏心位置趋于 $0°$ 和 $180°$，即相对于正向和反向的纯挤压状态。

这里采用差分法对两个微分方程 $(6.8)$ 和 $(6.9)$ 进行求解。差分式 $(6.8)$ 可得：

$$\frac{H_{i+1/2,j}^3(P_{i+1,j} - P_{i,j}) - H_{i-1/2,j}^3(P_{i,j} - P_{i-1,j})}{\Delta\theta^2}$$

$$+ \alpha\frac{H_{i,j+1/2}^3(P_{i,j+1} - P_{i,j}) - H_{i,j-1/2}^3(P_{i,j} - P_{i,j-1})}{\Delta Y^2} \tag{6.10}$$

$$= -\varepsilon\sin((i - 1)\Delta\theta)$$

$$H_{i,j} = 1 + \varepsilon\cos((i - 1)\Delta\theta)$$

令

$$A = H_{i+1/2,j}^3 = (0.5 * (H_{i+1,j} + H_{i,j}))^3$$

$$B = H_{i-1/2,j}^3 = (0.5 * (H_{i-1,j} + H_{i,j}))^3$$

$$C = \alpha\left(\frac{\Delta\theta}{\Delta Y}\right)^2(0.5 * (H_{i,j+1} + H_{i,j}))^3$$

$$D = \alpha\left(\frac{\Delta\theta}{\Delta Y}\right)^2(0.5 * (H_{i,j-1} + H_{i,j}))^3$$

$$E = A + B + C + D$$

整理得

$$(P_1)_{i,j} = \frac{1}{E}(A(P_1)_{i+1,j} + B(P_1)_{i-1,j} + C(P_1)_{i,j+1} + D(P_1)_{i,j-1} + \Delta\theta^2\varepsilon\sin(i - 1)\Delta\theta)$$

$$\tag{6.11}$$

同理差分式 $(6.9)$ 可得

$$(P_2)_{i,j} = \frac{1}{E}(A(P_2)_{i+1,j} + B(P_2)_{i-1,j} + C(P_2)_{i,j+1} + D(P_2)_{i,j-1} - \Delta\theta^2\cos(i - 1)\Delta\theta)$$

$$\tag{6.12}$$

当 $\omega^* = 0$ 时，令

$$P = \frac{pc^2}{12\eta R_b^2 \dfrac{\mathrm{d}\varepsilon}{\mathrm{d}t}} \tag{6.13}$$

则 $(6.2)$ 式化成

$$\frac{\partial}{\partial\theta}\left(H^3\frac{\partial P}{\partial\theta}\right) + \alpha\frac{\partial}{\partial Y}\left(H^3\frac{\partial P}{\partial Y}\right) = \cos\theta \tag{6.14}$$

可见当 $\omega^* = 0$ 时轴心运动仅仅是径向运动，方程 $(6.9)$ 和 $(6.14)$ 相同，因此它们的解也相同，所以此时 $P_{i,j} = (P_2)_{i,j}$。因而可以减少求取方程 $(6.14)$ 数值解的计算工作量。

注意：求解 $(P_1)_{i,j}$ 和 $(P_2)_{i,j}$ 与求解静载有限宽轴承情况不同，这里当节点内的 $(P_1)_{i,j}$ 和 $(P_2)_{i,j}$ 有负值出现时不采用负值置零的方法而是保持原值。把所得各节点内的 $(P_1)_{i,j}$ 和 $(P_2)_{i,j}$ 代入式 $(6.7)$ 进行叠加，再令所得的负压为零便得到不同 $q$ 值下压

力 $P(I, J)$ 的分布。将 $P(I, J)$ 采用相应的边界条件进行积分可求得油膜力的量纲一化承载力 $S$，那么油膜的实际有量纲承载力 $P$ 为

$$P = \frac{6BD\eta \, | \, \omega^* \, |}{\left(\dfrac{c}{R_b}\right)^2} S \tag{6.15}$$

$$P = \frac{12BD\eta}{\left(\dfrac{c}{R_b}\right)^2} \left| \frac{d\varepsilon}{dt} \right| S \quad \omega^* = 0 \tag{6.16}$$

## ■ 6.2 轴心轨迹的计算方法

### 1. 概述

通常，求解动载滑动轴承的轴心轨迹的方法有移动率法、Hahn 法、Holland 法。本书采用的是 Hahn 法，是将动载荷轴承油膜压力视为动压效应和挤压效应产生的压力叠加。在油膜承载区内对 $P(I, J)$ 进行积分，从而建立载荷与 $\dfrac{d\varepsilon}{dt}$、$\dfrac{d\delta}{dt}$ 之间的关系。这样根据已知的载荷变化可以计算各个瞬时的运动速度，随后采用步进方法可确定轴心轨迹曲线。

由上可知 $\phi = \phi(\varepsilon, q)$，$S = S(\varepsilon, q)$。在求解轴心轨迹之前，轴承的润滑油粘度 $EDA$，轴径直径 $DD$，轴承直径 $D$，轴承宽度 $B$，轴颈转速 $\omega_j$，轴承转速 $\omega_b$，载荷 $F$ 的大小、方向角为给定值，先假定轴心的初始位置 $(\varepsilon, \delta)$，根据载荷方向角求出油膜承载力的作用角 $\phi = 180 - (\delta - \gamma)$。由载荷与油膜力的平衡关系可知 $F = P$。由此可知 $\phi$ 和 $P$ 为已知数，然后由数组 $\phi = \phi(\varepsilon, q)$，已知 $\varepsilon$ 和 $\phi$ 值，可以解出 $q$，然后在 $S = S(\varepsilon, q)$ 中可以求出 $S$ 值，把所得 $S$ 值代入到式 (6.14) 和式 (6.4) 中则可求解出 $\dfrac{d\delta}{dt}$，然后代入到 $q = \dfrac{2}{\omega^*} \dfrac{d\varepsilon}{dt}$ 中求解出 $\dfrac{d\varepsilon}{dt}$，此时确定轴心瞬时速度所需的 $\dfrac{d\varepsilon}{dt}$ 和 $\dfrac{d\delta}{dt}$ 都已求出。则经过时间间隔 $\Delta T$ 后，轴心新位置为

$$\varepsilon + \Delta\varepsilon = \varepsilon + \dot{\varepsilon}\Delta t$$
$$\delta + \Delta\delta = \delta + \dot{\delta}\Delta t \tag{6.17}$$

根据上述方法反复迭代得出一系列轴心位置。由此解出动载滑动轴承的轴心轨迹。

### 2. 计算步骤

（1）取任一点的轴承载荷 $F_0$ 及其作用角 $\gamma_0$ 为计算的起始点，并假设一个初始的 $(\varepsilon_0, \delta_0)$；

（2）根据 $\gamma$ 和 $\delta$ 算出 $\phi$，$\phi = 180 - (\delta - \gamma)$；

（3）根据 $\varepsilon$ 和 $\phi$ 采用二元插值求出对应的 $q$，然后根据 $q$ 插值求出相应的承载力 $P$，再求得 $\dot{\varepsilon}$、$\dot{\delta}$。

按照作用角 $\phi$ 值的不同，分四种情况：

（a）当 $0° < \phi < 180°$ 时，则 $\omega^* > 0$，按照 $\omega^* > 0$ 的基本数组 $AM1(K, L)$、$S1(K, L)$ 由 $\varepsilon$ 和 $\phi$ 插值求出 $q$，然后再求得承载力 $S$，若 $|q| > 25$ 则认为 $\omega^* = 0$，因为 $F = P$，故 $\omega^* = \dfrac{F}{S} \dfrac{(c/R_b)^2}{6\eta bD}$，得到

$$\dot{\delta} = 0.5 * (\omega_j + \omega_b - \omega^*)$$

$$\dot{\varepsilon} = \frac{q\omega^*}{2} \tag{6.18}$$

（b）当 $180° < \phi < 360°$ 时，则 $\omega^* < 0$，按照 $\omega^* < 0$ 的基本数组 $AM2(K, L)$、$S2(K, L)$ 由 $\varepsilon$ 和 $\phi$ 插值求出 $q$，然后求得承载力 $S$，$\omega^* = -\dfrac{F}{S} \dfrac{(c/R_b)^2}{6\eta bD}$，从而求得 $\dot{\varepsilon}$、$\dot{\delta}$。

（c）当 $\phi = 180°$ 时，则 $\omega^* = 0$，此时 $\dot{\varepsilon} > 0$，按 $\omega^* = 0$ 时的基本数组 $S3(K)$ 求出承载力 $S$，然后根据 $\dot{\varepsilon} = \dfrac{F}{S} \dfrac{(c/R_b)^2}{12\eta BD}$、$\dot{\delta} = \dfrac{\omega_j + \omega_b}{2}$，求出 $\dot{\varepsilon}$、$\dot{\delta}$。

（d）当 $\phi = 0°$ 时，则 $\omega^* = 0$，即 $\dot{\varepsilon} < 0$，按 $\omega^* = 0$ 时的基本数组 $S4(K)$ 求出承载力 $S$，然后根据 $\dot{\varepsilon} = -\dfrac{F}{S} \dfrac{(c/R_b)^2}{12\eta BD}$、$\dot{\delta} = \dfrac{\omega_j + \omega_b}{2}$，求出 $\dot{\varepsilon}$、$\dot{\delta}$。

（4）由 $\dot{\varepsilon}$、$\dot{\delta}$ 及时间间隔 $\Delta t$ 根据式子 $\varepsilon + \Delta \varepsilon = \varepsilon + \dot{\varepsilon} \Delta t$，$\delta + \Delta \delta = \delta + \dot{\delta} \Delta t$，求得下一点的 $\varepsilon$、$\delta$。

（5）比较一轮循环始点与终点的差值 $|\varepsilon_N - \varepsilon_0|$、$|\delta_N - \delta_0|$，若差值满足要求则停止，反之以 $\varepsilon_N$ 和 $\delta_N$ 为新一轮的初始值重复计算，直到满足要求为止。

## 6.3 动载径向滑动轴承润滑计算程序

动载径向滑动轴承润滑数值计算程序包括两个主程序：求解承载力、求解轴心轨迹；包括六个子程序：膜厚计算子程序 SUBH，压力计算子程序 SUBP1、SUBP2，压力合力计算子程序 SUBM，最大压力点计算程序 SUBMAX，插值计算动力参数 q 子程序 SUBQ，插值计算量纲一化承载力 S 子程序 SUBSUM1。

1）预赋值参数

润滑油粘度 $EDA = 0.02$ Pa · s、轴径直径 $DD = 0.02992$ m、轴承直径 $D = 0.03$ m、轴承宽度 $B = 0.024$ m、轴颈转速 $\omega_j = 3000$ r/min、轴承转速 $\omega_b = 2000$ r/min、预赋值参数可以根据具体情况修改，需要重新编译和连接后方可运行。

2）输入数组文件

各个情况的承载力作用角 $\phi$ $\quad AM1(K, L)$、$AM2(K, L)$ 在文件 ANGLE. DAT 中

各个情况的承载力 $SUM1$ $\quad S1(K, L)$、$S2(K, L)$、$S3(K)$、$S4(K)$ 在文件 LOAD. DAT 中。

3）输出参数

压力分布 $\quad P(I, J)$ $\quad$ 在文件 PRESSURE. DAT 中

膜厚　$H(I, J)$　在文件 FILM. DAT 中

各时刻计算　$EPSON$、$E$、$AIMAX$、$PMAX$、$SUM1$、$AI$　在文件 RESULT. DAT 中

轴心轨迹　偏心率 $\varepsilon$、固定轴 $X$ 与最大膜厚的正角度 $\delta$　在文件 TRACE. DAT 中

各时刻轴心速度　偏心率 $\varepsilon$、$\dfrac{\mathrm{d}\delta}{\mathrm{d}t}$、$\dfrac{\mathrm{d}\varepsilon}{\mathrm{d}t}$　在文件 VELOCITY. DAT 中

## 1. 程序框图（图 6.2）

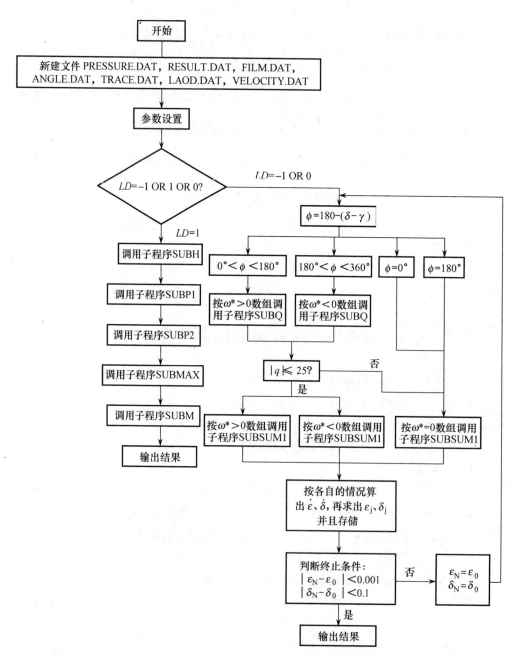

图 6.2　程序框图

**2. 源程序**

```
PROGRAM DYNAMICBEARING
REAL * 4,ALLOCATABLE::DEE(:),DFF(:),VDDET(:),VDECC(:)
DIMENSION X(121),Y(121),H(121,121),P1(121,121),PD(121,121),
P2(121,121),PE(121,121)
DIMENSION P(121,121),P3(121,121),QQ(41),DE(121),DF(121)
DIMENSION HXY(121,121),HXF(121,121),HXB(121,121),HYF(121,121),
HYB(121,121)
DIMENSION AM(11,41),AM1(11,41),AM2(11,41),S(11,41),S1(11,41),
S2(11,41),S3(11),S4(11),EPS(11)
CHARACTER * 1 O,O1,O2
DATA N,B,D,DD,EDA,PI/121,0.024,0.03,0.02992,0.02,3.14159265/,O1,O2/
1HY,1Hy/
DATA DDET, DECC, DET, EPSON, RI, SUM, WB, WJ, WL/0.104717E + 03,
0.927026E - 03,30.0,0.656199E + 00,40.0,1500.0,2000.0,3000.0,1000.0/
DATA EPS/0.05,0.1,0.2,0.3,0.4,0.5,0.6,0.7,0.8,0.9,0.995/
OPEN(8,FILE = 'PRESSURE.DAT',STATUS = 'UNKNOWN')
OPEN(9,FILE = 'FILM.DAT',STATUS = 'UNKNOWN')
OPEN(13,FILE = 'RESULT.DAT',STATUS = 'UNKNOWN')
OPEN(14,FILE = 'ANGLE.DAT',STATUS = 'UNKNOWN')
OPEN(15,FILE = 'TRACE.DAT',STATUS = 'UNKNOWN')
OPEN(16,FILE = 'LOAD.DAT',STATUS = 'UNKNOWN')
OPEN(17,FILE = 'VELOCITY.DAT',STATUS = 'UNKNOWN')
WRITE( * , * )'压力计算:LD = 1;旋转载荷:LD = - 1;突加载荷 LD = 0. 请输入
LD ='
READ( * , * )LD
WRITE( * , * )'是否按给定数据演示算例（输入 Y or N）？'
READ( * ,'(A)')O
IF(O. EQ. O1. OR. O. EQ. O2)GOTO 10
WRITE( * , * )'请输入轴承角速度:'
READ( * , * )WB
WRITE( * , * )'请输入轴颈角速度:'
READ( * , * )WJ
IF(LD. EQ. - 1)THEN
WRITE( * , * )'请输入外载荷和载荷角速度'
READ( * , * )SUM,WL
```

```
        WRITE( * , * )'请输入轴心的初始位置 ε,δ'
        READ( * , * )EPSON,DET
        ENDIF
        IF( LD. EQ. 1 )THEN
        WRITE( * , * )'请输入偏心率、轴心运动参数 DDET,DECC'
        READ( * , * )EPSON,DDET,DECC
        ENDIF
        IF( LD. EQ. 0 )THEN
        WRITE( * , * )'请输入轴心的初始位置 ε,δ'
        READ( * , * )EPSON,DET
        WRITE( * , * )'请输入突加外载荷和载荷方向角'
        READ( * , * )SUM,RI
        ENDIF
10      N1 = N - 1
        N2 = N1/2 + 1
        PI2 = 2. 0 * PI
        R = D/2
        C = ( D - DD )/2. 0
        PESAI = ( D - DD )/D
        DX = PI2/N1
        DY = 1. 0/N1
        RATIO = PI2 * R/B
        ALFA = RATIO ** 2
        WB = WB * PI2/60. 0
        WJ = WJ * PI2/60. 0
        WL = WL * PI2/60. 0
        DET = DET * PI/180. 0
        RI = RI * PI/180. 0
        W = WB + WJ - 2. 0 * DDET
        CC = EPSON
        BB = DET
        AA = RI
        DXDY = PI2/( N1 * N1 )
        DO I = 1,N
        X( I ) = ( I - 1 ) * DX
        Y( I ) = - 0. 5 + ( I - 1 ) * DY
```

```
ENDDO
DO I = 1 , N
DO J = 1 , N
P( I , J ) = 0. 0
P1( I , J ) = 0. 0
P2( I , J ) = 0. 0
P3( I , J ) = 0. 0
ENDDO
ENDDO
IF( LD. EQ. 1 ) THEN
SUM = 0. 0
GOTO 70
ENDIF
DO K = 1 , 11
WRITE( * , * ) K
EPSON = EPS( K )
WRITE( * , * ) EPSON
CALL SUBH
CALL SUBP1
CALL SUBP2
DO L = 1 , 41
QQ( L ) = - 20. 0 + L - 1
DO I = 1 , N
DO J = 1 , N
P3( I , J ) = P1( I , J ) + QQ( L ) * P2( I , J )
IF( P3( I , J ). LE. 0. 0 ) P3( I , J ) = 0. 0
P( I , J ) = P3( I , J )
ENDDO
ENDDO
CALL SUBM
IF( PX. GT. 0. 0 ) THEN
AI = 180. 0 - 180. 0 * ATAN( PY/PX )/PI
ELSE
AI = - 180. 0 * ATAN( PY/PX )/PI
ENDIF
AM1( K , L ) = AI
```

```
S1(K,L) = SUM1
DO I = 1,N
DO J = 1,N
P3(I,J) = - (P1(I,J) + QQ(L) * P2(I,J))
IF(P3(I,J).LE.0.0)P3(I,J) = 0.0
P(I,J) = P3(I,J)
ENDDO
ENDDO
CALL SUBM
IF(PX.GT.0.0)THEN
AI = 180.0 - 180.0 * ATAN(PY/PX)/PI
ELSE
AI = 360.0 - 180.0 * ATAN(PY/PX)/PI
ENDIF
AM2(K,L) = AI
S2(K,L) = SUM1
DO I = 1,N
DO J = 1,N
P3(I,J) = P2(I,J)
IF(P3(I,J).LE.0.0)P3(I,J) = 0.0
P(I,J) = P3(I,J)
ENDDO
ENDDO
CALL SUBM
S3(K) = SUM1
DO I = 1,N
DO J = 1,N
P3(I,J) = - P2(I,J)
IF(P3(I,J).LE.0.0)P3(I,J) = 0.0
P(I,J) = P3(I,J)
ENDDO
ENDDO
CALL SUBM
S4(K) = SUM1
ENDDO
ENDDO
```

```
100  FORMAT(122(E12.6,1X))
     WRITE(14,100)AM1,AM2
     WRITE(16,100)S1,S2,S3,S4
     DO L=1,41
     QQ(L) = -20.0+L-1
     ENDDO
     EPSON=CC
     DET=BB
     DDT=PI/(WJ*60.0)
     DE(1)=CC
     DF(1)=BB
     KK=1
30   DO II=1,120
     KK=KK+1
     IF(WL.EQ.0.0)THEN
     RI=AA
     ELSE
     RI=(KK-2)*WL*DDT
     ENDIF
     RI=MOD(RI,PI2)
     ZZ=DET
     DET=MOD(ZZ,PI2)
     RI=DET-RI
     AII=ABS(180.0-180.0*RI/PI)
     IF(EPSON.LE.0.05)THEN
     K=1
     AKL=0.0
     ENDIF
     IF(EPSON.GE.0.995)THEN
     K=11
     AKL=0.0
     ENDIF
     IF((EPSON.GT.0.05).AND.(EPSON.LT.0.995))THEN
     AKL=10*EPSON+1
     K=FLOOR(AKL)
     AKL=ABS(K-AKL)
```

```
ENDIF
IF( ABS( AII – 180. 0). LE. 0. 05)THEN
CALL SUBSUM1
DECC = (SUM * PESAI ** 2)/(12. 0 * EDA * SUM1 * B * D)
DDET = 0. 5 * (WB + WJ)
ENDIF
IF( ( ABS( AII). LE. 0. 05). OR. ( ABS( AII – 360. 0). LE. 0. 05) )THEN
CALL SUBSUM1
DECC = ( – SUM * PESAI ** 2)/(12. 0 * EDA * SUM1 * B * D)
DDET = 0. 5 * (WB + WJ)
ENDIF
IF( ( AII. GT. 0. 05). AND. ( AII. LT. 179. 95) )THEN
DO I = 1,11
DO J = 1,41
AM(I,J) = AM1(I,J)
ENDDO
ENDDO
CALL SUBQ
IF( ABS( Q). LE. 25. 0)THEN
DO I = 1,11
DO J = 1,41
S(I,J) = S1(I,J)
ENDDO
ENDDO
ENDIF
CALL SUBSUM1
IF( Q. GT. 25. 0)THEN
DECC = (SUM * PESAI ** 2)/(12. 0 * EDA * SUM1 * B * D)
DDET = 0. 5 * (WB + WJ)
ENDIF
IF( Q. LT. – 25. 0)THEN
DECC = ( – SUM * PESAI ** 2)/(12. 0 * EDA * SUM1 * B * D)
DDET = 0. 5 * (WB + WJ)
ENDIF
IF( ABS( Q). LE. 25. 0)THEN
W = (SUM * PESAI ** 2)/(6. 0 * EDA * SUM1 * B * D)
```

DDET $= 0.5 * ($ WB $+$ WJ $-$ W $)$

DECC $= 0.5 * $ Q $* $ W

ENDIF

ENDIF

IF$( ($ AII. GT. 180. 05 $)$. AND. $($ AII. LT. 359. 95 $) )$ THEN

DO I $= 1,11$

DO J $= 1,41$

AM$($ I,J $) = $ AM2$($ I,J $)$

ENDDO

ENDDO

CALL SUBQ

IF$($ ABS$($ Q $)$. LE. 25. 0 $)$ THEN

DO I $= 1,11$

DO J $= 1,41$

S$($ I,J $) = $ S2$($ I,J $)$

ENDDO

ENDDO

ENDIF

CALL SUBSUM1

IF$($ Q. GT. 25. 0 $)$ THEN

DECC $= ( - $ SUM $* $ PESAI $** 2 )/( 12. 0 * $ EDA $* $ SUM1 $* $ B $* $ D $)$

DDET $= 0.5 * ($ WB $+$ WJ $)$

ENDIF

IF$($ Q. LT. $- 25. 0 )$ THEN

DECC $= ($ SUM $* $ PESAI $** 2 )/( 12. 0 * $ EDA $* $ SUM1 $* $ B $* $ D $)$

DDET $= 0.5 * ($ WB $+$ WJ $)$

ENDIF

IF$($ ABS$($ Q $)$. LE. 25. 0 $)$ THEN

W $= ($ SUM $* $ PESAI $** 2 )/( 6. 0 * $ EDA $* $ SUM1 $* $ B $* $ D $)$

DDET $= 0.5 * ($ WB $+$ WJ $+$ W $)$

DECC $= - 0.5 * $ Q $* $ W

ENDIF

ENDIF

EPSON $= $ EPSON $+ $ DECC $* $ DDT

DET $= $ ZZ $+ $ DDET $* $ DDT

IF$($ EPSON. LT. 0. 0 $)$ THEN

```
EPSON = - EPSON
DET = DET + PI
ENDIF
DE(II + 1) = EPSON
DF(II + 1) = DET
ALLOCATE(DEE(KK))
ALLOCATE(DFF(KK))
ALLOCATE(VDDET(KK - 1))
ALLOCATE(VDECC(KK - 1))
IF(KK. EQ. 2)THEN
DEE(1) = DE(1)
DFF(1) = DF(1)
DEE(KK) = DE(II + 1)
DFF(KK) = DF(II + 1)
WRITE(15,"('偏心率 ε          固定轴 X 与最大膜厚的正角度 δ')")
WRITE(15,100)DEE(1),DFF(1) * 180. 0/PI
WRITE(15,100)DEE(KK),DFF(KK) * 180. 0/PI
ELSE
DEE(KK) = DE(II + 1)
DFF(KK) = DF(II + 1)
WRITE(15,100)DEE(KK),DFF(KK) * 180. 0/PI
ENDIF
VDDET(KK - 1) = DDET
VDECC(KK - 1) = DECC
IF(KK. EQ. 2)THEN
WRITE(17,"('偏心率 ε           dδ/dt           dε/dt')")
WRITE(17,100)DEE(1),VDDET(1),VDECC(1)
ELSE
WRITE(17,100)DEE(KK),VDDET(KK - 1),VDECC(KK - 1)
ENDIF
IF(II. EQ. 120)THEN
ANBA = DEE(KK)
CBA = DFF(KK)
ENDIF
XX = MOD(CBA,PI2)
Y1 = ABS(ANBA - CC)
```

```
Y2 = ABS( XX - BB )
AT = CBA
DEALLOCATE( DEE )
DEALLOCATE( DFF )
DEALLOCATE( VDDET )
DEALLOCATE( VDECC )
IF( WL. EQ. 0. 0 ) THEN
AB = ABS( DE( II + 1 ) - DE( II ) )
AC = ABS( DF( II + 1 ) - DF( II ) )
IF( ( AB. EQ. 0. 0 ). AND. ( AC. EQ. 0. 0 ) ) THEN
WRITE( * , * )' End of TRACE CALCULATION '
STOP
ENDIF
ENDIF
IF( ( Y1. LE. 0. 001 ). AND. ( Y2. LE. 0. 1 ) ) EXIT
ENDDO
IF( ( KK. GE. 1081 ). AND. ( AT. GE. 2 * PI2 ) ) THEN
WRITE( * , * )' End of TRACE CALCULATION '
STOP
ENDIF
EPSON = ANBA
DET = CBA
IF( ( Y1. GT. 0. 001 ). OR. ( Y2. GT. 0. 1 ). OR. ( AT. LE. 2 * PI2 ) ) GOTO 30
70   CALL SUBH
CALL SUBP1
CALL SUBP2
IF( W. NE. 0 ) THEN
Q = 2 * DECC/W
IF( W. GT. 0. 0 ) THEN
DO I = 1 , N
DO J = 1 , N
P3( I,J ) = P1( I,J ) + Q * P2( I,J )
IF( P3( I,J ). LE. 0. 0 ) P3( I,J ) = 0. 0
P( I,J ) = P3( I,J )
ENDDO
ENDDO
```

```
ELSE
DO I = 1 , N
DO J = 1 , N
P3( I,J) = - ( P1( I,J) + Q * P2( I,J) )
IF( P3( I,J). LE. 0. 0) P3( I,J) = 0. 0
P( I,J) = P3( I,J)
ENDDO
ENDDO
ENDIF
CALL SUBMAX
CALL SUBM
E = EPSON * C * 1. 0E3
HMIN = C * ( 1. 0 - EPSON)
ALENDA = ( 6. 0 * EDA * W) / ( PESAI ** 2)
SUM1 = ABS( ALENDA) * B * D * SUM1
IF( W. GT. 0. 0) THEN
IF( PX. GT. 0. 0) THEN
AI = 180. 0 - 180. 0 * ATAN( PY/PX) /PI
ELSE
AI = - 180. 0 * ATAN( PY/PX) /PI
ENDIF
ENDIF
IF( W. LT. 0. 0) THEN
IF( PX. GT. 0. 0) THEN
AI = 180. 0 - 180. 0 * ATAN( PY/PX) /PI
ELSE
AI = 360. 0 - 180. 0 * ATAN( PY/PX) /PI
ENDIF
ENDIF
ENDIF
IF( W. EQ. 0) THEN
IF( DECC. GT. 0. 0) THEN
DO I = 1 , N
DO J = 1 , N
P3( I,J) = P2( I,J)
IF( P3( I,J). LE. 0. 0) P3( I,J) = 0. 0
```

```
P(I,J) = P3(I,J)
ENDDO
ENDDO
ELSE
DO I = 1,N
DO J = 1,N
P3(I,J) = - P2(I,J)
IF(P3(I,J).LE.0.0)P3(I,J) = 0.0
P(I,J) = P3(I,J)
ENDDO
ENDDO
ENDIF
CALL SUBMAX
CALL SUBM
E = EPSON * C * 1.0E3
HMIN = C * (1.0 - EPSON)
AI = 180.0 * ATAN(PY/PX)/PI
ALENDA = (12.0 * EDA * DECC)/(PESAI ** 2)
SUM1 = ABS(ALENDA) * B * D * SUM1
ENDIF
WRITE(8,40)Y(1),(Y(I),I = 1,N)
DO I = 1,N
WRITE(8,40)X(I) * 180/PI,(P(I,J) * ALENDA,J = 1,N)
ENDDO
WRITE(9,40)Y(1),(Y(I),I = 1,N)
DO I = 1,N
WRITE(9,40)X(I) * 180/PI,(H(I,J) * C,J = 1,N)
ENDDO
40   FORMAT(122(E12.6,1X))
IF(LL.EQ.0)      WRITE(13,*)'ε e ψmax,Pmax W,ψ'
LL = LL + 1
WRITE(13,*)EPSON,E,AIMAX,PMAX,SUM1,AI
CONTAINS
SUBROUTINE SUBH
DO I = 1,N
DO J = 1,N
```

```
        H(I,J) = 1.0 + EPSON * COS((I - 1) * DX)
        ENDDO
        ENDDO
        DO I = 1, N
        I1 = I - 1
        I2 = I + 1
        IF(I. EQ. 1)I1 = N1
        IF(I. EQ. N)I2 = 2
        DO J = 2, N1
        HXF(I,J) = (0.5 * (H(I2,J) + H(I,J))) ** 3
        HXB(I,J) = (0.5 * (H(I1,J) + H(I,J))) ** 3
        HYF(I,J) = ALFA * (0.5 * (H(I,J + 1) + H(I,J))) ** 3
        HYB(I,J) = ALFA * (0.5 * (H(I,J - 1) + H(I,J))) ** 3
        HXY(I,J) = 1.0/(HXF(I,J) + HXB(I,J) + HYF(I,J) + HYB(I,J))
        ENDDO
        ENDDO
        RETURN
        END SUBROUTINE SUBH
        SUBROUTINE SUBP1
        DO I = 1, N
        DO J = 1, N
        PD(I,J) = P1(I,J)
        ENDDO
        ENDDO
        IK = 0
        TEMP0 = DX ** 2 * EPSON
10      C1 = 0.0
        DO I = 1, N1
        I1 = I - 1
        I2 = I + 1
        IF(I1. EQ. 0)I1 = N1
        IF(I2. EQ. N)I2 = 1
        DO J = 2, N1
        P1(I,J) = (HXF(I,J) * P1(I2,J) + HXB(I,J) * P1(I1,J) + HYF(I,J) * P1(I,
J + 1) + HYB(I,J) * P1(I,J - 1) + TEMP0 * SIN((I - 1) * DX)) * HXY(I,J)
        C1 = C1 + ABS(P1(I,J) - PD(I,J))
```

```
     PD(I,J) = P1(I,J)
     ENDDO
     ENDDO
     DO J = 2,N1
     P1(N,J) = P1(1,J)
     PD(N,J) = PD(1,J)
     ENDDO
     IK = IK + 1
     IF(C1. GT. 1. E - 20. AND. IK. LE. 20000)GOTO 10
     RETURN
     END SUBROUTINE SUBP1
     SUBROUTINE SUBP2
     DO I = 1,N
     DO J = 1,N
     PE(I,J) = P2(I,J)
     ENDDO
     ENDDO
     IK = 0
     TEMP1 = DX ** 2
20   C1 = 0. 0
     DO I = 1,N1
     I1 = I - 1
     I2 = I + 1
     IF(I1. EQ. 0)I1 = N1
     IF(I2. EQ. N)I2 = 1
     DO J = 2,N1
     P2(I,J) = (HXF(I,J) * P2(I2,J) + HXB(I,J) * P2(I1,J) + HYF(I,J) * P2(I,
J + 1) + HYB(I,J) * P2(I,J - 1) - TEMP1 * COS((I - 1) * DX)) * HXY(I,J)
     C1 = C1 + ABS(P2(I,J) - PE(I,J))
     PE(I,J) = P2(I,J)
     ENDDO
     ENDDO
     DO J = 2,N1
     P2(N,J) = P2(1,J)
     PE(N,J) = PE(1,J)
     ENDDO
```

```
IK = IK + 1
IF( C1. GT. 1. E – 20. AND. IK. LE. 20000 ) GOTO 20
RETURN
END SUBROUTINE SUBP2
SUBROUTINE SUBMAX
TEMP0 = PI2/N1
PMAX = P( 1 ,1 )
DO I = 1 ,N
DO J = 1 ,N
IF( P( I ,J ). GE. PMAX ) THEN
PMAX = P( I ,J )
I_MAX = I
J_MAX = J
ENDIF
ENDDO
ENDDO
AIMAX = ( ( I_MAX – 1 ) * TEMP0 * 180 )/PI
RETURN
END SUBROUTINE SUBMAX
SUBROUTINE SUBM
PX = 0. 0
PY = 0. 0
TEMP = PI/60. 0
DO I = 1 ,N
AI = ( I – 1 ) * TEMP
DO J = 1 ,N
PX = PX – P( I ,J ) * COS( AI ) * DXDY
PY = PY + P( I ,J ) * SIN( AI ) * DXDY
ENDDO
ENDDO
SUM1 = SQRT( PX * PX + PY * PY )
RETURN
END SUBROUTINE SUBM
SUBROUTINE SUBQ
Q = 0. 0
QI1 = 0. 0
```

QI2 = 0. 0

IF( AII. LT. AM( K,1) )THEN

QI1 = QQ( 1) * ( AII − AM( K,2) )/( AM( K,1) − AM( K,2) ) + QQ( 2) * ( AII −
AM( K,1) )/( AM( K,2) − AM( K,1) )

ENDIF

IF( AII. GT. AM( K,41) )THEN

QI1 = QQ( 41) * ( AII − AM( K,40) )/( AM( K,41) − AM( K,40) ) + QQ ( 40) *
( AII − AM( K,41) )/( AM( K,40) − AM( K,41) )

ENDIF

IF( ( AII. GT. AM( K,1) ). AND. ( AII. LT. AM( K,41) ) )THEN

DO L = 1,40

IF( ( AII. GE. AM( K,L) ). AND. ( AII. LE. AM( K,L + 1) ) )THEN

J = L

ENDIF

ENDDO

QI1 = QQ( J) * ( AII − AM( K,J + 1) )/( AM( K,J) − AM( K,J + 1) ) + QQ( J + 1) *
( AII − AM( K,J) )/( AM( K,J + 1) − AM( K,J) )

ENDIF

IF( AKL. NE. 0. 0) THEN

IF( AII. LT. AM( K + 1,1) )THEN

QI2 = QQ( 1) * ( AII − AM( K + 1,2) )/( AM( K + 1,1) − AM( K + 1,2) ) + QQ( 2) *
( AII − AM( K + 1,1) )/( AM( K + 1,2) − AM( K + 1,1) )

ENDIF

IF( AII. GT. AM( K + 1,41) )THEN

QI2 = QQ( 41) * ( AII − AM( K + 1,40) )/( AM( K + 1,41) − AM( K + 1,40) ) +
QQ( 40) * ( AII − AM( K + 1,41) )/( AM( K + 1,40) − AM( K + 1,41) )

ENDIF

IF( ( AII. GT. AM( K + 1,1) ). AND. ( AII. LT. AM( K + 1,41) ) )THEN

DO L = 1,40

IF( ( AII. GE. AM( K + 1,L) ). AND. ( AII. LE. AM( K + 1,L + 1) ) )THEN

I = L

ENDIF

ENDDO

QI2 = QQ( I) * ( AII − AM( K + 1,I + 1) )/( AM( K + 1,I) − AM( K + 1,I + 1) ) +
QQ( I + 1) * ( AII − AM( K + 1,I) )/( AM( K + 1,I + 1) − AM( K + 1,I) )

ENDIF

Q = − QI1 * ( EPSON − 0. 1 * ( K + 1 ) ) * 10. 0 + QI2 * ( EPSON − 0. 1 * K ) * 10. 0

ENDIF

IF( AKL. EQ. 0. 0 ) THEN

Q = QI1

ENDIF

RETURN

END SUBROUTINE SUBQ

SUBROUTINE SUBSUM1

SUM1 = 0. 0

SUMY1 = 0. 0

SUMY2 = 0. 0

IF( ABS( AII ). LE. 0. 05 ) THEN

SUM1 = S4( K ) * ( EPSON − EPS( K + 1 ) )/( EPS( K ) − EPS( K + 1 ) ) + S4( K + 1 ) * ( EPSON − EPS( K ) )/( EPS( K + 1 ) − EPS( K ) )

ENDIF

IF( ABS( AII − 180. 0 ). LE. 0. 05 ) THEN

SUM1 = S3( K ) * ( EPSON − EPS( K + 1 ) )/( EPS( K ) − EPS( K + 1 ) ) + S3( K + 1 ) * ( EPSON − EPS( K ) )/( EPS( K + 1 ) − EPS( K ) )

ENDIF

IF( ( AII. GT. 0. 05 ). AND. ( AII. LT. 179. 95 ) ) THEN

IF( Q. LT. − 25. 0 ) THEN

SUM1 = S4( K ) * ( EPSON − EPS( K + 1 ) )/( EPS( K ) − EPS( K + 1 ) ) + S4( K + 1 ) * ( EPSON − EPS( K ) )/( EPS( K + 1 ) − EPS( K ) )

ENDIF

IF( Q. GT. 25. 0 ) THEN

SUM1 = S3( K ) * ( EPSON − EPS( K + 1 ) )/( EPS( K ) − EPS( K + 1 ) ) + S3( K + 1 ) * ( EPSON − EPS( K ) )/( EPS( K + 1 ) − EPS( K ) )

ENDIF

ENDIF

IF( ( AII. GT. 180. 05 ). AND. ( AII. LT. 359. 95 ) ) THEN

IF( Q. LT. − 25. 0 ) THEN

SUM1 = S3( K ) * ( EPSON − EPS( K + 1 ) )/( EPS( K ) − EPS( K + 1 ) ) + S3( K + 1 ) * ( EPSON − EPS( K ) )/( EPS( K + 1 ) − EPS( K ) )

ENDIF

IF( Q. GT. 25. 0 ) THEN

SUM1 = S4( K ) * ( EPSON − EPS( K + 1 ) )/( EPS( K ) − EPS( K + 1 ) ) + S4( K + 1 ) *

( EPSON − EPS( K ))/( EPS( K + 1 ) − EPS( K ))

  ENDIF

  ENDIF

  IF( ABS( Q ). LE. 25. 0 )THEN

  IF( Q. LT. − 20. 0 )THEN

  SUMY1 = S( K ,1 ) ∗ ( Q − QQ( 2 ))/( QQ( 1 ) − QQ( 2 )) + S( K ,2 ) ∗ ( Q − QQ( 1 ))/

( QQ( 2 ) − QQ( 1 ))

  SUMY2 = S( K + 1,1 ) ∗ ( Q − QQ( 2 ))/( QQ( 1 ) − QQ( 2 )) + S( K + 1,2 ) ∗ ( Q −

QQ( 1 ))/( QQ( 2 ) − QQ( 1 ))

  SUM1 = SUMY1 ∗ ( EPSON − EPS( K + 1 ))/( EPS( K ) − EPS( K + 1 )) + SUMY2 ∗

( EPSON − EPS( K ))/( EPS( K + 1 ) − EPS( K ))

  ENDIF

  IF( Q. GT. 20. 0 )THEN

  SUMY1 = S( K ,41 ) ∗ ( Q − QQ( 40 ))/( QQ( 41 ) − QQ( 40 )) + S( K ,40 ) ∗ ( Q −

QQ( 41 ))/( QQ( 40 ) − QQ( 41 ))

  SUMY2 = S( K + 1,41 ) ∗ ( Q − QQ( 40 ))/( QQ( 41 ) − QQ( 40 )) + S( K + 1,40 ) ∗

( Q − QQ( 41 ))/( QQ( 40 ) − QQ( 41 ))

  SUM1 = SUMY1 ∗ ( EPSON − EPS( K + 1 ))/( EPS( K ) − EPS( K + 1 )) + SUMY2 ∗

( EPSON − EPS( K ))/( EPS( K + 1 ) − EPS( K ))

  ENDIF

  IF(( Q. GE. − 20. 0 ). AND. ( Q. LE. 20. 0 ))THEN

  QZ = Q + 21

  J = FLOOR( QZ )

  SUMY1 = S( K ,J + 1 ) ∗ ( Q − QQ( J ))/( QQ( J + 1 ) − QQ( J )) + S( K ,J ) ∗ ( Q −

QQ( J + 1 ))/( QQ( J ) − QQ( J + 1 ))

  SUMY2 = S( K + 1,J + 1 ) ∗ ( Q − QQ( J ))/( QQ( J + 1 ) − QQ( J )) + S( K + 1,J ) ∗

( Q − QQ( J + 1 ))/( QQ( J ) − QQ( J + 1 ))

  SUM1 = SUMY1 ∗ ( EPSON − EPS( K + 1 ))/( EPS( K ) − EPS( K + 1 )) + SUMY2 ∗

( EPSON − EPS( K ))/( EPS( K + 1 ) − EPS( K ))

  ENDIF

  ENDIF

  RETURN

  END SUBROUTINE SUBSUM1

  END

**3. 计算结果**

按程序中给定的工况参数和载荷的变化形式，求得动载滑动轴承的轴心轨迹如

图 6.3 ~ 图 6.6 所示，在程序中给定瞬时速度和偏心率，计算得到的压力分布如图 6.7 所示。

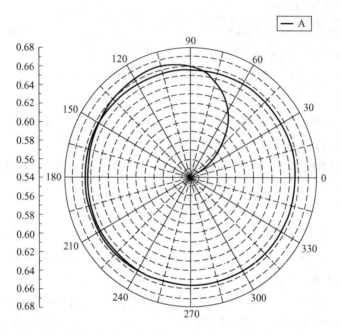

图 6.3　旋转载荷下的轴心轨迹（初始 $\varepsilon_0 = 0.55$，$\delta_0 = 30°$，$W = 1500$）

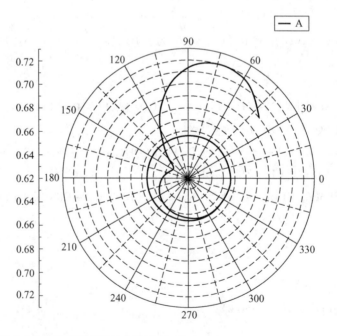

图 6.4　旋转载荷下的轴心轨迹（初始 $\varepsilon_0 = 0.7$，$\delta_0 = 40°$，$W = 1500$）

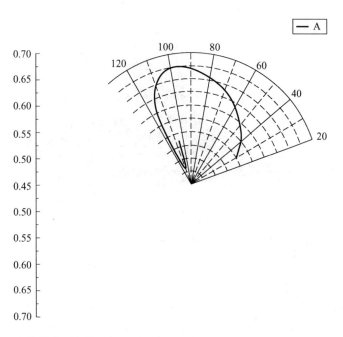

图 6.5　突加载荷下的轴心轨迹(初始 $\varepsilon_0 = 0.55$，$\delta_0 = 30°$，$W = 1500$，$\gamma = 40°$)

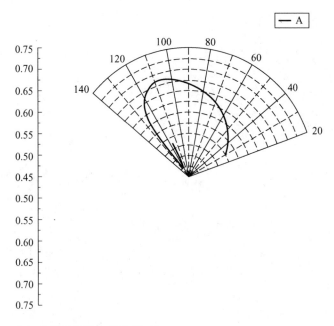

图 6.6　突加载荷下的轴心轨迹(初始 $\varepsilon_0 = 0.55$，$\delta_0 = 30°$，$W = 1500$，$\gamma = 50°$)

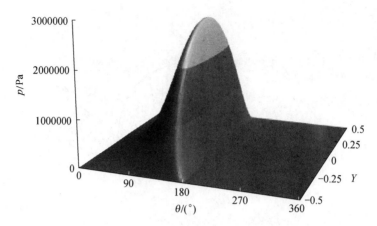

图 6.7 动载径向轴承瞬时压力分布计算结果

# 第七章

# 气体润滑数值计算方法与程序

## ■ 7.1 气体润滑基本方程

为了推导出可压缩气体 Reynolds 方程，首先进行如下假设：

（1）间隙内流体为完全发展的层流；

（2）流体具有粘性，符合牛顿粘性定律；

（3）气膜膜厚与其他几何尺寸（滑块的宽度和长度）相比非常小，其比率一般小于 $10^{-4}$；

（4）流体视为等温理想气体；

（5）在气体-固体边界处，流体满足非滑移边界条件。

气体润滑基本方程可以从普遍形式的 Reynolds 方程推导得出：

$$\frac{\partial}{\partial x}\left(\frac{\rho h^3}{\mu}\frac{\partial p}{\partial x}\right) + \frac{\partial}{\partial y}\left(\frac{\rho h^3}{\mu}\frac{\partial p}{\partial y}\right) = 6U\frac{\partial}{\partial x}(\rho h) + 6V\frac{\partial}{\partial y}(\rho h) + 12\frac{\partial(\rho h)}{\partial t} \quad (7.1)$$

若考虑等温理想气体，气体的状态方程可由下式给出：

$$\frac{p}{\rho} = gRT \quad (7.2)$$

式中，$R$ 是气体常数；$T$ 为绝对温度；$g$ 为重力加速度。

因为密度可以用压力表示，因此可压缩气体的 Reynolds 方程可表示为

$$\frac{\partial}{\partial x}\left(ph^3\frac{\partial p}{\partial x}\right) + \frac{\partial}{\partial y}\left(ph^3\frac{\partial p}{\partial y}\right) = 6\mu U\frac{\partial(ph)}{\partial x} + 6\mu V\frac{\partial(ph)}{\partial y} + 12\mu\frac{\partial(ph)}{\partial t} \quad (7.3)$$

在实际的工程应用中，常采用量纲一化的气体润滑 Reynolds 方程如下：

$$\frac{\partial}{\partial X}\left(PH^3\frac{\partial P}{\partial X}\right) + A^2\frac{\partial}{\partial Y}\left(PH^3\frac{\partial P}{\partial Y}\right) = \Lambda_x\frac{\partial(PH)}{\partial X} + \Lambda_y\frac{\partial(PH)}{\partial Y} + \sigma\frac{\partial(PH)}{\partial T} \quad (7.4)$$

式中，$P$ 为量纲一化压力，$P = \dfrac{p}{p_a}$；$p_a$ 为环境气压；$H$ 为量纲一化膜厚，$H = \dfrac{h}{h_0}$；$h_0$ 为特征膜厚；$X$、$Y$ 分别为量纲一化坐标 $X = \dfrac{x}{l}$、$Y = \dfrac{y}{b}$；$A$ 为滑块长度与宽度的比

率，$A = \dfrac{l}{b}$；$\Lambda$ 为轴承数，$\Lambda_x = \dfrac{6\mu Ul}{p_a h_0^2}$ 和 $\Lambda_y = \dfrac{6\mu Val}{p_a h_0^2}$；$\mu$ 为气体粘性系数；$T$ 为量纲一化

时间，$T = \dfrac{t}{\omega_0}$；$\omega_0$ 为特征频率；$\sigma$ 为挤压数，$\sigma = \dfrac{12\mu \omega_0 l^2}{p_a h_0^2}$。

## ■ 7.2 气体动压润滑数值计算方法

### □ 7.2.1 基本方程

稳态等温过程的气体动压问题的 Reynolds 方程可写成

$$\frac{\partial}{\partial x}\left(ph^3 \frac{\partial p}{\partial x}\right) + \frac{\partial}{\partial y}\left(ph^3 \frac{\partial p}{\partial y}\right) = 6\eta U \frac{\partial(ph)}{\partial x} \tag{7.5}$$

经量纲一化处理，式(7.5)可写成

$$\frac{\partial}{\partial X}\left(H^3 \frac{\partial P^2}{\partial X}\right) + \alpha \frac{\partial}{\partial Y}\left(H^3 \frac{\partial P^2}{\partial Y}\right) = \Lambda \frac{\partial(PH)}{\partial X} \tag{7.6}$$

式中，$\Lambda = \dfrac{6\eta Ul}{p_a h_0^2}$ 为轴承数或可压缩系数；$\alpha = \left(\dfrac{l}{b}\right)^2$。

若略去式(7.5)或式(7.6)左端含 $Y$ 项，就可以得到一维气体润滑方程。

对径向滑动轴承，可用圆柱坐标表示 Reynolds 方程，并进行量纲一化处理，取 $p = Pp_a$、$h = Hc$、$x = R\theta$、$y = Yb$，则 Reynolds 方程变为

$$\frac{\partial}{\partial \theta}\left(H^3 \frac{\partial P^2}{\partial \theta}\right) + \alpha \frac{\partial}{\partial Y}\left(H^3 \frac{\partial P^2}{\partial Y}\right) = \Lambda \frac{\partial(PH)}{\partial \theta} \tag{7.7}$$

式中，$\Lambda$ 为轴承数或可压缩系数，$\Lambda = \dfrac{6\eta UR}{p_a c^2}$；$H$ 为量纲一化膜厚，$H = 1 + \varepsilon \cos\theta$；

$\alpha = \left(\dfrac{R}{b}\right)^2$。

另外，特别需要指出：计算气体润滑问题时，压力边界条件不能使用 $P = 0$ 的相对边界条件，而应为 $P = 1$ 的绝对边界条件，即对应 1 个大气压（$1.013 \times 10^5$ Pa）。

### □ 7.2.2 数值方法

1）线接触气体动压润滑数值方程

应用等距差分公式，略去式(7.6)中的 $Y$ 方向项得线接触气体动压数值计算方程如下：

$$\frac{H_{i+1/2}^3 P_{i+1}^2 - (H_{i+1/2}^3 + H_{i-1/2}^3)P_i^2 + H_{i-1/2}^3 P_{i-1}^2}{\Delta X^2} = -\frac{P_{i+1}H_{i+1} - P_{i-1}H_{i-1}}{\Delta X} \tag{7.8}$$

对应的迭代公式为

$$P_i^2 = \frac{\Delta X(P_{i+1}H_{i+1} - P_{i-1}H_{i-1}) + H_{i+1/2}^3 P_{i+1}^2 + H_{i-1/2}^3 P_{i-1}^2}{H_{i+1/2}^3 + H_{i-1/2}^3} \tag{7.9}$$

2）面接触气体动压润滑数值方程

应用等距差分公式得出式(7.6)形式的差分计算方程如下：

$$\frac{H_{i+1/2,j}^3 P_{i+1,j}^2 - (H_{i+1/2,j}^3 + H_{i-1/2,j}^3)P_{i,j}^2 + H_{i-1/2,j}^3 P_{i-1,j}^2}{\Delta X^2}$$

$$+\alpha \frac{H_{i,j+1/2}^3 P_{i,j+1}^2 - (H_{i,j+1/2}^3 + H_{i,j-1/2}^3)P_{i,j}^2 + H_{i,j-1/2}^3 P_{i,j-1}^2}{\Delta Y^2} = -\frac{P_{i+1,j}H_{i+1,j} - P_{i-1,j}H_{i-1,j}}{\Delta X} \tag{7.10}$$

对应的迭代公式为

$$P_{i,j}^2 = \frac{\begin{array}{c}\Delta X(P_{i+1,j}H_{i+1,j} - P_{i-1,j}H_{i-1,j}) + H_{i+1/2,j}^3 P_{i+1,j}^2 + H_{i-1/2,j}^3 P_{i-1,j}^2 \\ + \alpha(\Delta X/\Delta Y)^2(H_{i,j+1/2}^3 P_{i,j+1}^2 + H_{i,j-1/2}^3 P_{i,j-1}^2)\end{array}}{H_{i+1/2,j}^3 + H_{i-1/2,j}^3 + \alpha(\Delta X/\Delta Y)^2(H_{i,j+1/2}^3 + H_{i,j-1/2}^3)} \tag{7.11}$$

3）径向气体动压轴承润滑数值方程

应用等距差分公式，径向气体动压轴承润滑数值计算方程如下：

$$\frac{H_{i+1/2,j}^3 P_{i+1,j}^2 - (H_{i+1/2,j}^3 + H_{i-1/2,j}^3)P_{i,j}^2 + H_{i-1/2,j}^3 P_{i-1,j}^2}{\Delta \theta^2}$$

$$+\alpha \frac{H_{i,j+1/2}^3 P_{i,j+1}^2 - (H_{i,j+1/2}^3 + H_{i,j-1/2}^3)P_{i,j}^2 + H_{i,j-1/2}^3 P_{i,j-1}^2}{\Delta Y^2} = -\frac{P_{i+1,j}H_{i+1,j} - P_{i-1,j}H_{i-1,j}}{\Delta \theta} \tag{7.12}$$

对应的迭代公式为

$$P_{i,j}^2 = \frac{\begin{array}{c}\Delta \theta(P_{i+1,j}H_{i+1,j} - P_{i-1,j}H_{i-1,j}) + H_{i+1/2,j}^3 P_{i+1,j}^2 + H_{i-1/2,j}^3 P_{i-1,j}^2 \\ + \alpha(\Delta \theta/\Delta Y)^2(H_{i,j+1/2}^3 P_{i,j+1}^2 + H_{i,j-1/2}^3 P_{i,j-1}^2)\end{array}}{H_{i+1/2,j}^3 + H_{i-1/2,j}^3 + \alpha(\Delta \theta/\Delta Y)^2(H_{i,j+1/2}^3 + H_{i,j-1/2}^3)} \tag{7.13}$$

在采用迭代法求解非线性方程组时，须给定边上每个节点上的初始压力值都为大气压力 $p_a$，其量纲一化形式为 $P = 1$。

## 7.3　气体动压润滑数值计算程序

### 7.3.1　线接触气体动压润滑问题的求解程序与数值解

与液体动压润滑类似，下面的程序只是改变了以下几点：① 压力迭代式；② 粘度改成空气粘度 $\eta = 1.79 \times 10^{-6}$ Pa·s；③ 边界条件 $P = 1$。在程序中，$KG = 1$ 对应线性滑块气体润滑问题，$KG = 2$ 对应曲线滑块气体润滑问题。该程序框图与图 2.2 类似，线接触气体动压润滑滑块解如图 7.1 所示。

```
PROGRAM GASSLIDER
DIMENSION X(121),H(121),P(121)
```

```
COMMON /COM1/X1,X2,H1,H2,U,EDA,AL,ALOAD,DX
DATA N,U,X1,X2,H1,H2,EDA,AL/121,1.0,0.0,1.0,1.0,0.5,1.79E-5,0.01/
OPEN(7,FILE='SLIDER. DAT',STATUS='UNKNOWN')
WRITE( * , * )'If KG=1: Straight slider; KG=2: Curve slider; Input KG='
READ( * , * )KG
IF(KG. EQ. 2)THEN
X1=-1.0
X2=1.0
ELSE
KG=1
ENDIF
CALL SUBH(KG,N,X,H)
CALL SUBP(N,X,H,P)
CALL OUTPUT(KG,N,X,H,P)
STOP
END
SUBROUTINE OUTPUT(KG,N,X,H,P)
DIMENSION X(N),H(N),P(N)
COMMON /COM1/X1,X2,H1,H2,U,EDA,AL,ALOAD,DX
X0=0.0
DO I=1,N
X0=X0+P(I)*X(I)
ENDDO
X0=X0*AL
ALOAD=ALOAD*DX*AL*6.0*U*EDA*AL/H2**2
WRITE( * , * )N,ALOAD,X0
DO I=1,N
IF(KG. EQ. 1)THEN
P0=-(-1.0/(H(I)*H2)+H1*H2/(H1+H2)/(H2*H(I))**2+1.0/(H1+
H2))/(H1/H2-1.0)*H2
WRITE(7,40) X(I),H(I),P(I),P0
ELSE
WRITE(7,40) X(I),H(I),P(I)
ENDIF
END DO
40    FORMAT(1X,4(E12.6,1X))
```

```
RETURN
END
SUBROUTINE SUBH(KG,N,X,H)
DIMENSION X(N),H(N)
COMMON /COM1/X1,X2,H1,H2,U,EDA,AL,ALOAD,DX
DX = 1./(N - 1.0)
DO I = 1,N
IF(KG.EQ.1) THEN
X(I) = X1 - (I - 1) * DX * (X1 - X2)
H(I) = H1/H2 - (H1/H2 - 1.0) * X(I)
ELSE
X(I) = X1 - (I - 1) * DX * (X1 - X2)
H(I) = 1.0 + (H1/H2 - 1.0) * X(I) * X(I)
ENDIF
ENDDO
RETURN
END
SUBROUTINE SUBP(N,X,H,P)
DIMENSION X(N),H(N),P(N)
COMMON /COM1/X1,X2,H1,H2,U,EDA,AL,ALOAD,DX
DO I = 2,N - 1
P(I) = 0.5
ENDDO
P(1) = 1.0
P(N) = 1.0
IK = 0
10    C1 = 0.0
ALOAD = 0.0
DO I = 2,N - 1
A1 = (0.5 * (H(I + 1) + H(I))) ** 3
A2 = (0.5 * (H(I) + H(I - 1))) ** 3
PD = P(I)
P(I) = ( - DX * (P(I + 1) * H(I + 1) - P(I - 1) * H(I - 1)) + A1 * P(I + 1) ** 2 +
A2 * P(I - 1) ** 2)/(A1 + A2)
IF(P(I).LT.0.0)P(I) = 0.0
P(I) = SQRT(P(I))
```

```
P(I) = 0.5 * PD + 0.5 * P(I)
C1 = C1 + ABS(P(I) - PD)
ALOAD = ALOAD + P(I)
ENDDO
ERO = C1/ALOAD
IK = IK + 1
IF(ERO. GT. 1. E - 7)GOTO 10
RETURN
END
```

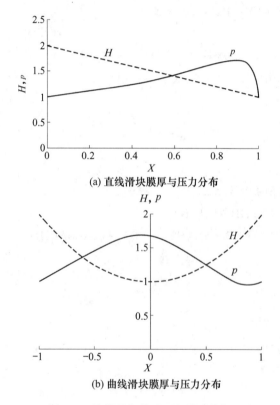

(a) 直线滑块膜厚与压力分布

(b) 曲线滑块膜厚与压力分布

图 7.1　线接触气体动压润滑滑块解

## □ 7.3.2　面接触气体动压润滑问题的求解程序与数值解

　　类似液体润滑问题，利用相应的膜厚方程，可以得到面接触气体动压润滑问题的求解程序与数值解。在程序中，$KG = 1$ 为平面滑块问题，$KG = 2$ 为曲面滑块问题。该程序框图与图 3.1 类似，只是迭代公式和边界条件不同，面接触气体动压润滑滑块解如图 7.2 所示。

```
PROGRAM GASSURFACE
DIMENSION X(121),Y(121),H(121,121),P(121,121)
COMMON/COM1/DX,ALFA,X1,X2,H1,H2,ALOAD,U,EDA,ALX,ALY,ALENDA
DATA N,EDA,ALX,ALY,U,H1,H2,X1,X2/121,1.79E-5,0.03,0.024,1.0,
0.1,0.05,0.0,1.0/
OPEN(8,FILE='PRESSURE.DAT',STATUS='UNKNOWN')
OPEN(9,FILE='FILM.DAT',STATUS='UNKNOWN')
WRITE(*,*)'If KG=1：Plane surface；KG=2：Curve surface；Input KG='
READ(*,*)KG
CALL SUBH(KG,N,X,Y,H)
CALL SUBP(N,X,Y,H,P)
CALL OUTPUT(N,X,Y,H,P)
STOP
END
SUBROUTINE SUBH(KG,N,X,Y,H)
DIMENSION X(N),Y(N),H(N,N)
COMMON/COM1/DX,ALFA,X1,X2,H1,H2,ALOAD,U,EDA,ALX,ALY,ALENDA
IF(KG.EQ.2)THEN
X1=-1.0
X2=1.0
ELSE
KG=1
ENDIF
DX=1.0/(N-1.0)
ALFA=(ALX/ALY)**2
DO I=1,N
X(I)=X1-(I-1)*DX*(X1-X2)
IF(KG.EQ.1)Y(I)=-0.5-(I-1)*DX*(X1-X2)
IF(KG.EQ.2)Y(I)=-1.0-(I-1)*DX*(X1-X2)
ENDDO
DO I=1,N
DO J=1,N
IF(KG.EQ.1)H(I,J)=H1/H2-X(I)*(H1/H2-1.0)
IF(KG.EQ.2)H(I,J)=1.0+(X(I)*X(I)+Y(J)*Y(J))*(H1/H2-1.0)
ENDDO
```

```
        ENDDO
        RETURN
        END
        SUBROUTINE SUBP(N,X,Y,H,P)
        DIMENSION X(N),Y(N),H(N,N),P(N,N)
        COMMON/COM1/DX,ALFA,X1,X2,H1,H2,ALOAD,U,EDA,ALX,ALY,ALENDA
        DATA PA/1.013E5/
        ALENDA = 6.0 * EDA * U * ALX/PA/(H2 * 1.0E - 5) ** 2
        DO I = 1,N
        P(I,1) = 1.0
        P(I,N) = 1.0
        P(1,I) = 1.0
        P(N,I) = 1.0
        ENDDO
        DO I = 2,N - 1
        DO J = 2,N - 1
        P(I,J) = 1.5
        ENDDO
        ENDDO
        IK = 0
10      C1 = 0.0
        ALOAD = 0.0
        DO I = 2,N - 1
        I1 = I - 1
        I2 = I + 1
        DO J = 2,N - 1
        J1 = J - 1
        J2 = J + 1
        PD = P(I,J)
        A1 = (0.5 * (H(I2,J) + H(I,J))) ** 3
        A2 = (0.5 * (H(I,J) + H(I1,J))) ** 3
        A3 = ALFA * (0.5 * (H(I,J2) + H(I,J))) ** 3
        A4 = ALFA * (0.5 * (H(I,J) + H(I,J1))) ** 3
        P(I,J) = ( - DX * ALENDA * (P(I + 1,J) * H(I + 1,J) - P(I - 1,
J)) + A1 * P(I2,J) ** 2 + A2 * P(I1,J) ** 2 + A3 * P(I,J2) ** 2 + A4 * P(I,J1) ** 2)/
```

```
   (A1 + A2 + A3 + A4)
      IF(P(I,J).LT.0.0)P(I,J) = 0.0
      P(I,J) = SQRT(P(I,J))
      P(I,J) = 0.7 * PD + 0.3 * P(I,J)
      IF(P(I,J).LT.0.0)P(I,J) = 0.0
      C1 = C1 + ABS(P(I,J) - PD)
      ALOAD = ALOAD + P(I,J)
      ENDDO
      ENDDO
      IK = IK + 1
      C1 = C1/ALOAD
      WRITE( * , * )IK,C1,ALOAD
      IF(C1.GT.1.E-7)GOTO 10
      RETURN
      END
      SUBROUTINE OUTPUT(N,X,Y,H,P)
      DIMENSION X(N),Y(N),H(N,N),P(N,N)
      COMMON/COM1/DX,ALFA,H1,H2,ALOAD,U,EDA,ALX,ALY,ALENDA
      ALENDA = 6.0 * U * EDA * ALX/H2 ** 2
      ALOAD = ALOAD * ALENDA * DX * DX * ALX * ALY/(N - 1.0)/(N - 1.0)
      WRITE(8,40)Y(1),(Y(I),I = 1,N)
      DO I = 1,N
      WRITE(8,40)X(I),(P(I,J),J = 1,N)
      ENDDO
      WRITE(9,40)Y(1),(Y(I),I = 1,N)
      DO I = 1,N
      WRITE(9,40)X(I),(H(I,J),J = 1,N)
      ENDDO
40    FORMAT(122(E12.6,1X))
      STOP
      END
```

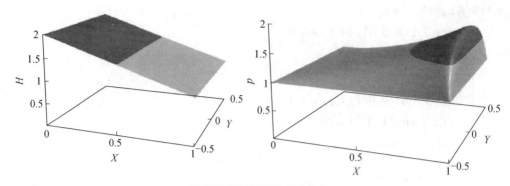

(a) 平面滑块的膜厚与压力分布

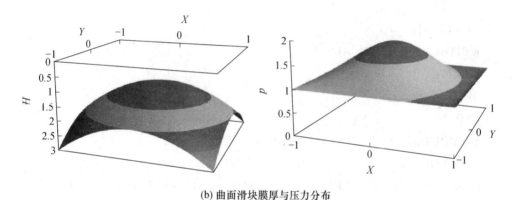

(b) 曲面滑块膜厚与压力分布

图 7.2　面接触气体动压润滑滑块解

### □　7.3.3　径向滑动轴承气体动压润滑问题的求解程序与数值解

**1. 程序框图**

稳态气体动压径向滑动轴承润滑计算程序有一个主程序 GASJOURNAL 和两个子程序：计算膜厚的子程序 SUBH 和计算压力的子程序 SUBP。

1）预赋值参数

| 轴承宽度 | $B = 60.0\mathrm{E} - 3$ m |
| 轴颈半径 | $R = 25.0\mathrm{E} - 3$ m |
| 半径间隙 | $C0 = 5.0\mathrm{E} - 5$ m |
| 工作速度 | $AN = 6.0\mathrm{E}4$ r/min |
| 环境压力 | $PA = 1.013\mathrm{E}5$ Pa |
| 气体动力粘度 | $EDA = 1.79\mathrm{E} - 5$ Pa·s |
| 偏心率 | $EPSON = 0.7$ |

预赋值参数可以根据具体情况修改，需要重新编译和连接后方可运行。

2) 输出参数

压力分布　$P(I, J)$　在文件 PRESSURE. DAT 中

膜厚　$H(I, J)$　在文件 FILM. DAT 中

该程序框图与图 4.3 类似，只是迭代公式和边界条件不同，这里不再累述。

**2. 源程序**

```
PROGRAM GASJOURNAL
DIMENSION H(61,21),P(61,21)
DATA B,R,C0,AN,PA,EDA,EPSON/60.0E-3,25.0E-3,5.0E-5,6.0E4,
1.013E5,1.79E-5,0.7/
OPEN(9,FILE='PRESSURE. DAT',STATUS='UNKNOWN')
OPEN(8,FILE='FILM. DAT',STATUS='UNKNOWN')
PI=3.1415926
N=61
M=21
DX=2.0*PI/FLOAT(N-1)
DY=1./FLOAT(M-1)
OMEGA=AN*2.0*PI/60.0
U=OMEGA*R
ALENDA=6.0*EDA*U*R/PA/C0**2
ALFA=(R/B*DX/DY)**2
CALL SUBH(N,M,DX,EPSON,H)
CALL SUBP(N,M,DX,EPSON,ALFA,ALENDA,H,P)
CALL OUTPUT(N,M,DX,DY,H,P)
STOP
END
SUBROUTINE SUBH(N,M,DX,EPSON,H)
DIMENSION H(N,M)
DO I=1,N
SETA=(I-1.0)*DX
DO J=1,M
H(I,J)=1.0+EPSON*COS(SETA)
ENDDO
ENDDO
```

```
      RETURN
      END
      SUBROUTINE SUBP(N,M,DX,EPSON,ALFA,ALENDA,H,P)
      DIMENSION H(N,M),P(N,M)
      DO I=2,N-1
      DO J=2,M-1
      P(I,J)=1.1
      ENDDO
      ENDDO
      DO I=1,N
      P(I,1)=1.0
      P(I,M)=1.0
      ENDDO
      DO J=1,M
      P(1,J)=1.0
      P(N,J)=1.0
      ENDDO
      IK=0
10    C1=0.0
      ALOAD=0.0
      DO I=2,N-1
      I1=I-1
      I2=I+1
      DO J=2,M-1
      J1=J-1
      J2=J+1
      PD=P(I,J)
      A1=(0.5*(H(I2,J)+H(I,J)))**3
      A2=(0.5*(H(I,J)+H(I1,J)))**3
      A3=ALFA*(0.5*(H(I,J2)+H(I,J)))**3
      A4=ALFA*(0.5*(H(I,J)+H(I,J1)))**3
      P(I,J)=(-DX*ALENDA*(P(I+1,J)*H(I+1,J)-P(I-1,
J)*H(I-1,J))+A1*P(I2,J)**2+A2*P(I1,J)**2+A3*P(I,J2)**2+A4*P(I,J1)**2)/
(A1+A2+A3+A4)
```

```
      IF(P(I,J).LT.0.0)P(I,J) = 0.0
      P(I,J) = SQRT(P(I,J))
      P(I,J) = 0.7 * PD + 0.3 * P(I,J)
      IF(P(I,J).LT.0.0)P(I,J) = 0.0
      C1 = C1 + ABS(P(I,J) - PD)
      ALOAD = ALOAD + P(I,J)
      ENDDO
      ENDDO
      IK = IK + 1
      C1 = C1/ALOAD
      WRITE( * , * )IK,C1,ALOAD
      IF(C1.GT.1.E - 7)GOTO 10
      RETURN
      END
      SUBROUTINE OUTPUT(N,M,DX,DY,H,P)
      DIMENSION Y(21),H(N,M),P(N,M)
      DO J = 1,M
      Y(J) = (J - 1.) * DY - 0.5
      ENDDO
      WRITE(8,40)Y(1),(Y(J),J = 1,M)
      WRITE(9,40)Y(1),(Y(J),J = 1,M)
      DO I = 1,N
      AX = (I - 1.0) * 360.0/(N - 1.0)
      WRITE(8,40)AX,(H(I,J),J = 1,M)
      WRITE(9,40)AX,(P(I,J),J = 1,M)
      ENDDO
40    FORMAT(22(E12.6,1X))
      STOP
      END
```

### 3. 计算结果

按程序中给定的工况参数和膜厚(图 7.3a),所求得的压力分布如图 7.3b 所示。结果表明:有少量的负压区域($P < 1$)存在。

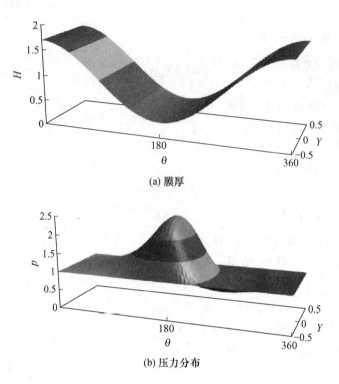

(a) 膜厚

(b) 压力分布

图 7.3　气体径向滑动轴承膜厚与压力分布

# 第八章

# 考虑稀薄效应的气体润滑计算方法与程序

## 8.1 考虑稀薄效应的气体润滑 Reynolds 方程

稀薄效应是指当流动特征长度与气体分子平均自由程的比值较大时，会出现非连续流体介质效应，这时描述介质的质量、动量和能量的守恒方程中的剪切应力和热流不能仅用宏观量如速度、温度的低阶项表征。因此基于连续性假设的流动和热量传递模型不再能够准确预测压力降、剪应力、热通量以及相应的质量流量。另外，对接近真空条件或非常小间隙的区域，基于气体动力学理论模型也不再适用。

为了描述气体偏离连续介质的程度，Knudsen 定义了一个量纲一化参数 $K_n$，即努森数，其表达式为

$$K_n = \frac{\lambda}{h_0} \tag{8.1}$$

式中，$\lambda$ 是分子平均自由程；$h_0$ 是流动特征尺寸。气体在结构内部流动时，$h_0$ 通常是指槽道高度或圆管直径。

对于处于平衡状态的理想气体，分子平均自由程与压力有关，可表示为

$$\lambda = \frac{1}{\sqrt{2}\pi d^2 n} = \frac{kT}{\sqrt{2}\pi d^2 p} \tag{8.2}$$

式中，$d$ 是分子直径；$n$ 是气体分子数密度；$p$ 是压力；$k$ 是玻尔兹曼常数；$T$ 是温度。

$K_n$ 数的大小表示了气体的稀薄程度，其值越大，气体越稀薄。根据 $K_n$ 数的大小可将气体划分如下流动区域：

（1）$K_n \leqslant 0.01$ 的流动区域被认为是连续介质区域（continuum regime）。在此区域，流动可由无滑移边界条件的纳维-斯托克斯方程描述。

（2）$0.01 < K_n \leqslant 0.1$ 为滑移流区（slip flow）。这时通常假定的无滑移边界条件不再适用，大约由一个平均自由程厚的底层即克努森层（Knudsen layer），开始在壁面和流体主体之间起控制作用。在滑移流区，流动由纳维-斯托克斯方程控制，并采

用速度滑移和温度跳变条件,通过在壁面的部分滑移建立稀薄效应的模型。

(3) $0.1 < K_n \leqslant 10$ 为过渡流区(transition flow)。这时,Navier – Stokes 方程不再有效,必须考虑分子间相互碰撞作用。

(4) $K_n > 10$ 的流体被认为是自由分子流(free molecular flow)。在自由分子流区,分子间相互碰撞作用和分子与边界作用相比可被忽略。

前一章建立的可压缩气体润滑 Reynolds 方程是在连续介质假设下由连续方程、运动方程和状态方程经过简化得到的。但当气膜厚度的量级与气体分子平均自由程相当时,连续介质假设不再成立,必须考虑气体稀薄效应的影响。

Fukui 和 Kanedo 使用线型化玻尔兹曼方程组分析了超薄气膜润滑[1],得到了一个适用稀薄效应的广义气体润滑 Reynolds 方程,其量纲一化形式为

$$\frac{\partial}{\partial X}\left( PH^3 Q \frac{\partial P}{\partial X} \right) + A^2 \frac{\partial}{\partial Y}\left( PH^3 Q \frac{\partial P}{\partial Y} \right) = \Lambda_x \frac{\partial (PH)}{\partial X} + \Lambda_y \frac{\partial (PH)}{\partial Y} + \sigma \frac{\partial (PH)}{\partial T}$$

(8.3)

对于微间隙气体润滑,必须考虑稀薄效应的影响。考虑稀薄效应的量纲一化伯肃叶流流量系数 $Q$ 可表示为

$$Q = \frac{Q_p}{Q_{con}} = f(D, \alpha)$$

(8.4)

式中,$D = D_0 PH$;$D_0$ 是特征逆 Knudsen 数,由最小膜厚 $h_0$ 和环境压力 $p_a$ 决定,$D_0 = \dfrac{p_0 h_0}{\mu \sqrt{2RT_0}}$;$R$ 为气体常数,$R = 287.03$;$T_0$ 为工作绝对温度;$Q_{con}$ 为连续伯肃叶流流量系数,取 $\dfrac{D}{6}$;$\alpha$ 为表面适应系数。

伯肃叶流流量系数 $Q_p$ 是逆 Knudsen 数 $D$ 的函数。Fukui[2] 通过对线性化 Boltzmann 方程进行数值计算,用数值计算值拟合的方法建立了表面适应系数为 $\alpha = 1$ 的分段多项式伯肃叶流流率函数,其表达式为

$$Q_p = \begin{cases} \dfrac{D}{6} + 1.0162 + \dfrac{1.0653}{D} - \dfrac{2.1354}{D^2} & D \leqslant 5 \\[2mm] 0.13852D + 1.25087 + \dfrac{0.15653}{D} - \dfrac{0.00969}{D^2} & 0.15 \leqslant D < 5 \\[2mm] -2.22919D + 2.10673 + \dfrac{0.01653}{D} - \dfrac{0.0000694}{D^2} & 0.01 \leqslant D < 0.15 \end{cases}$$

(8.5)

计算中,也可采用作者根据在宽流域中与 F – K 模型和线性 Boltzmann 方程数值结果拟合的解析公式:

$$Q_p = \frac{D}{6} + 1.0162 + 0.40134\ln\left( 1 + \frac{1.2477}{D} \right)$$

(8.6)

## ■ 8.2 稀薄效应下的气体润滑计算方法

**1. 稀薄气体动压润滑模型**

图 8.1 给出一个典型的平板动压气体润滑滑块。

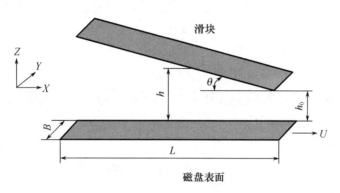

图 8.1 平板动压气体润滑滑块

气膜厚度 $h(x,y)$ 与滑块的姿态位置有关，倾斜角为 $\theta$，其膜厚大小可表示为

$$h(x,y) = h_0 + (l-x)\sin\theta \tag{8.7}$$

式中，$h_0$ 为最小气膜间隙；$l$ 和 $b$ 分别为滑块的长度和宽度。

对于所求解问题为稳态动压问题，不考虑时间项，并且无 $y$ 向的速度时，量纲一化 Reynolds 方程可以简化为

$$\frac{\partial}{\partial X}\left(PH^3 Q \frac{\partial P}{\partial X}\right) + A^2 \frac{\partial}{\partial Y}\left(PH^3 Q \frac{\partial P}{\partial Y}\right) = \Lambda_x \frac{\partial(PH)}{\partial X} \tag{8.8}$$

上式的量纲一化压力边界条件：$P\big|_s = 1.0$

**2. 超薄气膜润滑方程的求解处理方法**

由于现在所要解决的是膜厚为十几甚至几纳米的问题，由式(8.8)可知：轴承数 $\Lambda$ 与最小膜厚 $h_0$ 的二次方成反比，随着膜厚的减小，轴承数急速增大，在几十万，甚至上百万的量级上。因此，对方程(8.8)来说，含有轴承数 $\Lambda$ 的剪切流项，在 $h_0$ 很小的时候，其数值远远大于其他两个压力流项。如果还是按传统的润滑计算，把其作为差分的辅助项计算时，实际上是用大数修正小数，会使迭代过程容易出现失稳。

流体力学计算中常用迎风格式来求解传输方程，以获得稳定的收敛解。在通常的不可压流体润滑方程中，由于剪切流并不含有压力项，必须通过对压力项的差分迭代计算，以获得求解的变量压力 $P$，因此，无法采用迎风格式。但是现在需要求解的式(8.8)中，由于气体的可压缩性，使得剪切流项内包含了求解变量压力 $P$，这

使得该方程具有传输方程的基本形式(并不是标准的传输方程),这为用迎风格式求解提供了可能。

$$2\Lambda \frac{\partial}{\partial X}(PH) = \frac{\partial}{\partial X}\left(QH^3 \frac{\partial P^2}{\partial X}\right) + A^2 \frac{\partial}{\partial Y}\left(QH^3 \frac{\partial P^2}{\partial Y}\right) \tag{8.9}$$

根据以上分析,特别将方程(8.8)转换成式(8.9)的形式。在式(8.9)中将气体润滑方程的剪切流项写在等式的左端。其目的是要着重指出:可以利用气体润滑方程的剪切流中含有压力,对其进行主元求解,从而可能避免求解过程中因轴承数过大而发生计算发散。

## 8.3 稀薄气体效应的 Reynolds 方程的离散与求解

### 1. 差分方程

利用迎风格式对式(8.9)进行离散的过程与一般的差分形式没有本质上的区别,具体表达如下。

$$\left(\frac{\partial P}{\partial X}\right)_{i,j} = \frac{P_{i+1,j} - P_{i-1,j}}{2\Delta X}, \quad \left(\frac{\partial P}{\partial Y}\right)_{i,j} = \frac{P_{i,j+1} - P_{i,j-1}}{2\Delta Y}$$

$$\left(\frac{\partial^2 P}{\partial X^2}\right)_{i,j} = \frac{P_{i+1,j} - 2P_{i,j} + P_{i-1,j}}{\Delta X^2}, \quad \left(\frac{\partial^2 P}{\partial Y^2}\right)_{i,j} = \frac{P_{i,j+1} - 2P_{i,j} + P_{i,j-1}}{\Delta Y^2} \tag{8.10}$$

如果考虑动态问题,可以把含时间项按与剪切项一样的方法处理。

将式(8.10)带入式(8.9),可得如下差分方程

$$2\Lambda(P_{i,j}H_{i,j} - P_{i-1,j}H_{i-1,j})/\Delta X_i = [q_{i+1/2,j}(P_{i+1,j}^2 - P_{i,j}^2) - q_{i-1/2,j}(P_{i,j}^2 - P_{i-1,j}^2)]/\Delta X_i^2$$
$$+ A^2[q_{i,j+1/2}(P_{i,j+1}^2 - P_{i,j}^2) - q_{i,j-1/2}(P_{i,j}^2 - P_{i,j-1}^2)]/\Delta Y_j^2 \tag{8.11}$$

式中,$q = QH^3$ 是体积流量系数;$q_{i+1/2,j} = \dfrac{2q_{i+1,j}q_{i,j}}{q_{i+1,j} + q_{i,j}}$。

将式(8.11)合并、整理后得到迭代使用的差分方程为

$$P_{i,j} = \frac{2P_{i-1,j}\Lambda H_{i-1,j}/\Delta X_i + (q_{i+1/2,j}P_{i+1,j}^2 + q_{i-1/2,j}P_{i-1,j}^2)/\Delta X_i^2 + A^2(q_{i,j+1/2}P_{i,j+1}^2 + q_{i,j-1/2}P_{i,j-1}^2)/\Delta Y_j^2}{2\Lambda H_{i,j}/\Delta X_i + P_{i,j}(q_{i+1/2,j} + q_{i-1/2,j})/\Delta X_i^2 + A^2 P_{i,j}(q_{i,j+1/2} + q_{i,j-1/2})/\Delta Y_j^2} \tag{8.12}$$

### 2. 迭代方法

采用超松弛迭代法求解式(8.12),迭代格式为

$$\widehat{P}_{i,j} = \alpha \bar{P}_{i,j} + (1 - \alpha)\widetilde{P}_{i,j} \tag{8.13}$$

式中,$\bar{P}$,$\widetilde{P}$ 和 $\widehat{P}$ 分别是在本轮迭代前,迭代过程中和迭代后的压力数值。$\alpha$ 是松弛系数,$0 < \alpha \leqslant 1$。

在开始迭代时,由于误差较大,应使用较小的数值,一般取 0.1,随着迭代次数的增加,也相应增加至 1。数值迭代计算过程中,按下式判断是否满足收敛

条件：

$$E_{i,j} \leq \varepsilon \tag{8.14}$$

式中，$\varepsilon$ 为误差收敛精度，计算时常取 $0.01 \sim 0.00001$；$E_{i,j}$ 为节点残差，

$$E_{i,j} = 2\Lambda(P_{i,j}H_{i,j} - P_{i-1,j}H_{i-1,j})/\Delta X_i - [q_{i+1/2,j}(P_{i+1,j}^2 - P_{i,j}^2) - q_{i-1/2,j}(P_{i,j}^2 - P_{i-1,j}^2)]/\Delta X_i^2$$
$$- A^2[q_{i,j+1/2}(P_{i,j+1}^2 - P_{i,j}^2) - q_{i,j-1/2}(P_{i,j}^2 - P_{i,j-1}^2)]/\Delta Y_j^2 \tag{8.15}$$

如果满足收敛条件，则终止迭代；否则，则以当前各点压力值为初始条件，改变松弛系数 $\alpha$，返回继续迭代，直到满足收敛条件。

## 8.4 稀薄气体动压楔块轴承润滑计算程序

### 1. 程序介绍与框图

稀薄气体动压楔块润滑轴承计算程序有一个主程序和三个子程序：计算气膜厚度的子程序 SUNH、计算压力的子程序 SUBP 和输出结果的子程序 OUTPUT。

1）预赋值参数

滑块长度      $AL = 4.0\text{E} - 6$ m

滑块宽度      $B = 3.3\text{E} - 6$ m

最小膜厚      $H0 = 5.0\text{E} - 9$ m

转动速度      $U = 25.0$ m/s

动力粘度      $EDA = 1.8060\text{E} - 5$ Pa·s

环境压力      $PA = 1.0135\text{E}5$ Pa

倾斜角度      $ALFA = 0.01$ rad

气体常数      $R = 287.03$

绝对温度      $T0 = 293.0$ K

预赋值参数可以根据具体情况修改，需要重新编译和连接后方可运行。

2）输出参数

压力分布    $P(I, J)$    在文件 PRESSURE. DAT 中

膜厚    $H(I, J)$    在文件 FILM. DAT 中

### 2. 程序框图（图 8.2）

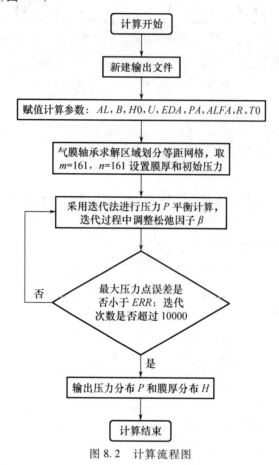

图 8.2　计算流程图

### 3. 源程序

PROGRAM RARIFIEDGAS

IMPLICIT REAL $*8$ $(A-H,O-Z)$

DIMENSION P(161,161),H(161,161),X(161),Y(161),F(161,161),QW(161,161)

DATA AL,B,H0,U,EDA,PA,ALFA,R,T0/4.0E$-6$,3.3E$-6$,5.0E$-9$,25.0,

1.8060E$-5$,1.0135E5,0.01,287.03,293.0/

DATA N,M/161,161/

OPEN(8,FILE$=$'FILM. DAT',STATUS$=$'UNKNOWN')

OPEN(9,FILE$=$'PRESSURE. DAT',STATUS$=$'UNKNOWN')

PI $=$ 3.1415926

BETA1 $=$ 0.01

ALENDA $=$ 6.0 $*$ EDA $*$ U $*$ AL/(H0 $**$ 2 $*$ PA)

DELTA $=$ AL $*$ DSIN(ALFA)/H0

A $=$ AL/B

```
D0 = PA * H0/EDA/DSQRT(2.0 * R * T0)
DX = 1.0/FLOAT(N - 1)
DY = 1.0/FLOAT(M - 1)
CALL SUBH(N,M,DX,DY,DELTA,X,Y,H)
CALL SUBP(N,M,DX,DY,D0,A,ALENDA,BETA1,U,X,Y,H,P,F,QW)
CALL OUTPUT(N,M,A,ALFA,D0,H0,PA,AL,B,U,X,Y,H,P)
STOP
END
SUBROUTINE SUBH(N,M,DX,DY,DELTA,X,Y,H)
IMPLICIT REAL * 8 (A - H,O - Z)
DIMENSION X(N),Y(M),H(N,M)
DO I = 1,N
X(I) = (I - 1) * DX
ENDDO
DO J = 1,M
Y(J) = (J - 1) * DY - 0.5
ENDDO
DO I = 1,N
DO J = 1,M
H(I,J) = 1.0 + DELTA * (1.0 - X(I))
ENDDO
ENDDO
RETURN
END
SUBROUTINE SUBP(N,M,DX,DY,D0,A,ALENDA,BETA1,U,X,Y,H,P,F,QW)
IMPLICIT REAL * 8 (A - H,O - Z)
DIMENSION X(N),Y(M),H(N,M),P(N,M),F(N,M),QW(N,M)
DO I = 1,N
DO J = 1,M
P(I,J) = 1.0
F(I,J) = 0.0
QW(I,J) = 1.0
ENDDO
ENDDO
DO I = 2,N - 1
DO J = 2,M - 1
```

```
P(I,J) = P(I-1,J) * H(I-1,J)/H(I,J)
ENDDO
ENDDO
K = 0
DO WHILE(K < 10000)
DO I = 1,N
DO J = 1,M
DR = D0 * P(I,J) * H(I,J)
QC = DR/6.0
QP = QC + 1.0162 + 0.40134 * DLOG(1.0 + 1.2477/DR)
QW(I,J) = QP/QC
ENDDO
ENDDO
ERR = 0.0
DO J = 2,M-1
DO I = 2,N-1
C0 = 2.0 * ALENDA * H(I,J)/DX
C5 = 2.0 * ALENDA * P(I-1,J) * H(I-1,J)/DX
TMP1 = QW(I+1,J) * H(I+1,J)**3
TMP2 = QW(I,J) * H(I,J)**3
QHP1 = 0.5 * (TMP1 + TMP2)
TMP1 = QW(I-1,J) * H(I-1,J)**3
QHM1 = 0.5 * (TMP1 + TMP2)
C1 = P(I,J) * (QHP1 + QHM1)/DX**2
C3 = (P(I+1,J)**2 * QHP1 + P(I-1,J)**2 * QHM1)/DX**2
TMP1 = QW(I,J+1) * H(I,J+1)**3
QHP1 = 0.5 * (TMP1 + TMP2)
TMP1 = QW(I,J-1) * H(I,J-1)**3
QHM1 = 0.5 * (TMP1 + TMP2)
C2 = A**2 * P(I,J) * (QHP1 + QHM1)/DY**2
C4 = A**2 * (P(I,J+1) * P(I,J+1) * QHP1 + P(I,J-1) * P(I,J-1) * QHM1)/DY**2
TMP = (C5 + C3 + C4)/(C0 + C1 + C2)
P(I,J) = P(I,J) + BETA1 * (TMP - P(I,J))
F(I,J) = P(I,J) * (C0 + C1 + C2) - C3 - C4 - C5
IF(ABS(F(I,J)).GT.ERR) ERR = ABS(F(I,J))
ENDDO
```

```
        ENDDO
        K = K + 1
        WRITE( * ,"('K =',I6,6X,'ERR =',E12.6)")K,ERR
        IF(ERR.LT.1.E-5) EXIT
        IF(K.GT.500)BETA1 = 0.1
        IF(K.GT.2000)BETA1 = 0.5
        IF(K.GT.3000)BETA1 = 0.75
        IF(K.GT.5000)BETA1 = 0.95
        ENDDO
        RETURN
        END
        SUBROUTINE OUTPUT(N,M,A,ALFA,D0,H0,PA,AL,B,U,X,Y,H,P)
        IMPLICIT REAL * 8 (A - H,O - Z)
        DIMENSION X(N),Y(M),H(N,M),P(N,M)
        N2 = N/2
        SM = 0.0
        X0 = 0.0
        AM0 = 0.0
        PMAX = 0.0
        PMIN = 0.0
        DO I = 1,N
        DO J = 1,M
        P(I,J) = P(I,J) - 1.0
        SM = SM + P(I,J)
        AM0 = AM0 + P(I,J) * (X(N2) - X(I))
        IF(P(I,J).GT.PMAX)THEN
        PMAX = P(I,J)
        IMAX = I
        JMAX = J
        ENDIF
        IF(P(I,J).LT.PMIN)PMIN = P(I,J)
        H(I,J) = H0 * H(I,J)
        ENDDO
        ENDDO
        X0 = AM0/SM + X(N2)
        AM0 = AM0 * PA * AL ** 2 * B/(N - 1)/(M - 1)
```

$$SM = SM * PA * AL * B/(N-1)/(M-1)$$

WRITE(8,40)Y(1),(Y(J),J=1,M)

WRITE(8,40)(X(I),(H(I,J),J=1,M),I=1,N)

WRITE(9,40)Y(1),(Y(J),J=1,M)

WRITE(9,40)(X(I),(P(I,J),J=1,M),I=1,N)

40　　FORMAT(162(E12.6,1X))

RETURN

END

### 4. 算例计算结果

程序中给定的工况条件是：滑块长度 $l = 4.0 \times 10^{-6}$ m，宽度 $b = 3.3 \times 10^{-6}$ m，滑块尾边高度 $h_0 = 5.0 \times 10^{-9}$ m，俯仰角 $\theta = 0.01$ rad，滑板转速 $U = 25$ m·s$^{-1}$，气体粘度 $\mu = 1.806 \times 10^{-5}$ Pa·s。

按这些参数，考虑稀薄气体效应的平面滑块气体润滑计算结果如图 8.3 所示。与不考虑稀薄效应结果比较可知：考虑稀薄效应的压力结果比不考虑稀薄效应的压力要明显偏小。

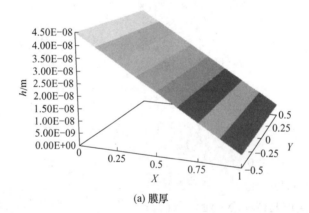

(a) 膜厚

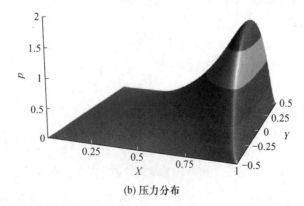

(b) 压力分布

图 8.3　稀薄气体膜厚与压力分布

# 参 考 文 献

[1] Fukui S, Kaneko R. Analysis of ultrathin gas film lubrication based on linearized Boltzmann equation: first report-derivation of a generalized lubrication equation including thermal creep flow. ASME J. Tribol, 1988, 11:253 – 262.

[2] Fukui S. A database interpolation of Poiseuille flow rates for high Knudsen number lubrication problems. ASME Journal of Tribology, 1990, 112:78 – 83.

# 第九章

# 脂润滑数值计算方法与程序

## ■ 9.1 脂润滑基本方程

### □ 9.1.1 概述

润滑脂是在润滑油中加入稠化剂所制成的半固体胶状物质。常用的稠化剂是脂肪酸金属皂，这种皂纤维构成网状框架，其间储存润滑油。由于润滑脂是纤维组成的三维框架结构，它不能作层流流动，在润滑过程中呈现出复杂的宏观力学特性，即表现为具有时间效应的粘塑性流体。图 9.1 表示润滑脂的流变特性。其主要特点可归纳为：

（1）通常，润滑脂的粘度随剪应变率的增加而降低，因而剪应力与剪应变率呈现非线性关系。

（2）如图 9.1 所示，润滑脂具有屈服剪应力 $\tau_s$，只有当施加的剪应力 $\tau > \tau_s$ 时，润滑脂才产生流动而表现出流体性质。当 $\tau \leq \tau_s$ 时，润滑脂表现为固体性质，并可具有一定的弹性变形。由于润滑脂具有屈服剪应力特性，使得润滑膜中剪应力 $\tau \leq \tau_s$ 的区域将出现无剪切流动层。在该流动层中，与流动速度垂直方向上的各点将具有相同的流速，即形成整体。

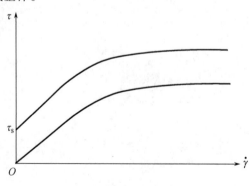

图 9.1 润滑脂流变特性

（3）润滑脂具有触变性。当润滑脂在一定的剪应变率下流动时，随着剪切时间的延长，剪应力逐渐减小，即粘度随着时间而降低。而当剪切停止以后，粘度将部分地恢复。由此可见，脂润滑状态是处于动态的变化过程，而所谓的稳态润滑只能是相对稳定状态。

## □ 9.1.2 润滑脂本构方程

描述润滑脂流变特性的本构方程目前主要采用以下三种：

（1）Ostwald 模型

$$\tau = \phi \dot{\gamma}^n \tag{9.1}$$

（2）Bingham 模型

$$\tau = \tau_s + \phi \dot{\gamma} \tag{9.2}$$

（3）Herschel – Bulkley 模型

$$\tau = \tau_s + \phi \dot{\gamma}^n \tag{9.3}$$

式中，$n$ 为流变指数，通常 $n < 1$；$\phi$ 为塑性粘度，相当于润滑油的粘度。

实践表明，Herschel – Bulkley 模型比较符合实验结果，在中低速范围时准确度更高。此外，当 $n = 1$ 时，它转变为 Bingham 模型；而当 $\tau_s = 0$ 即 Ostwald 模型。因此，Herschel – Bulkley 模型具有普遍性。

严格地说，流变参数 $\tau_s$、$\phi$ 和 $n$ 都应是温度和压力的函数。对于等温润滑问题可以不考虑温度的影响。而流变参数与压力的关系通常按简化处理，即认为流变指数 $n$ 与压力 $p$ 无关，而屈服剪应力 $\tau_s$ 和塑性粘度 $\phi$ 随压力 $p$ 按指数关系变化。故

$$\begin{aligned} \tau_s &= \tau_{s0} e^{ap} \\ \phi &= \phi_0 e^{ap} \end{aligned} \tag{9.4}$$

式中，$\tau_{s0}$ 和 $\phi_0$ 为润滑脂在常压下的屈服剪应力和塑性粘度；$\alpha$ 为润滑脂所含基础油的粘压系数。

## □ 9.1.3 脂润滑 Reynolds 方程

建立脂润滑方程的思路与油润滑问题相类似，根据本构方程以及微元体平衡条件和流量连续条件推导 Reynolds 方程。但是，由于润滑脂 Herschel – Bulkley 模型本构方程中含有屈服剪应力 $\tau_s$，将润滑膜分割成无剪切流动层和剪切流动层两部分。考虑不可压情况，基于 Herschel – Bulkley 模型润滑脂的一维 Reynolds 为

$$\frac{\mathrm{d}p}{\mathrm{d}x} = 2\phi \Big[ 2\Big( 2 + \frac{1}{n} \Big) \Big]^n \frac{U^n (h - \bar{h})^n}{h^{2n+1}} \left[ 1 - \frac{2\tau_s}{\dfrac{\mathrm{d}p}{\mathrm{d}x} h} \right]^{-(n+1)} \left[ 1 + \frac{n}{n+1} \frac{2\tau_s}{\dfrac{\mathrm{d}p}{\mathrm{d}x} h} \right]^{-n} \tag{9.5}$$

式中，$\bar{h}$ 为 $\dfrac{\mathrm{d}p}{\mathrm{d}x} = 0$ 处的膜厚。

若令 $\tau_s = 0$，方程(9.3)将变为基于 Ostwald 模型的 Reynolds 方程，即

$$\frac{\mathrm{d}p}{\mathrm{d}x} = \mathrm{sign}(h - \bar{h}) \frac{2\phi}{h^{2n+1}} U^n \left[ 2\left( 2 + \frac{1}{n} \right) \right]^n \mid h - \bar{h} \mid^n \tag{9.6}$$

式中，$\mathrm{sign}(h - \bar{h})$ 的符号取 $h - \bar{h}$ 同号。

若令 $\tau_s = 0$ 和 $n = 1$，方程(9.6)变换成牛顿流体一维 Reynolds 方程

$$\frac{\mathrm{d}p}{\mathrm{d}x} = 12\phi U \frac{h - \bar{h}}{h^3} \tag{9.7}$$

式中，$\phi$ 为动力粘度。

应当指出：根据不同工况可以推导得到不同形式的 Reynolds 方程，它们的适用场合不完全相同，在使用过程中必须根据自己的情况加以选择和改造。

# 9.2　脂润滑数值计算方法

由于基于 Ostwald 模型的脂润滑 Reynolds 方程的差分形式是一次微分，因此可以用前差分或后差分公式表达为

$$\frac{p_i - p_{i-1}}{x_i - x_{i-1}} = \mathrm{sign}(h - \bar{h}) \frac{2\phi}{h_i^{2n+1}} U^n \left[ 2\left( 2 + \frac{1}{n} \right) \right]^n \mid h - \bar{h} \mid^n \tag{9.8}$$

或写成迭代形式：

$$P_i = P_{i-1} + \mathrm{sign}(H_i - \bar{H}) \frac{1}{H_i^{2n+1}} \mid H_i - \bar{H} \mid^n \Delta X \tag{9.9}$$

式中，$P$ 为量纲一化压力，$p = 2\phi l \left\{ \frac{U}{h_2^2} \left[ 2\left( 2 + \frac{1}{n} \right) \right] \right\}^n P$。

表面上方程只有一次差分，但是由于该方程是从二次微分经一次积分后得到的，该式中含有一个积分常数 $\bar{H}$，因此它实质上还是二次微分方程的边值问题。由于待定常数 $\bar{H}$ 需要用其中一个压力边界条件确定，因此在计算时，首先给定一端边界条件，不断调整 $\bar{H}$ 使其最终满足另一端压力边界条件，即可结束迭代过程。

# 9.3　脂润滑数值计算程序

### 1. 计算程序框图（图 9.2）

由于式(9.9)给出的脂润滑 Reynolds 方程是一次积分后的表达式，所以迭代过程不同于前面的二次微分方程的边值问题。只要首先使 $P(1) = 0$，然后调整 $H0$ 使其满足另一压力边界条件 $P(N) = 0$ 即可。

在调整 $H0$ 时，为了使开始的迭代不至于过慢，后来的结果收敛精度较高，程序中利用二分法对 $DH$ 进行调整。具体做法是：如果 $H0$ 的调整在增、减之间开始转换（即非一个方向增加或减少）时，将 $DH$ 减半。

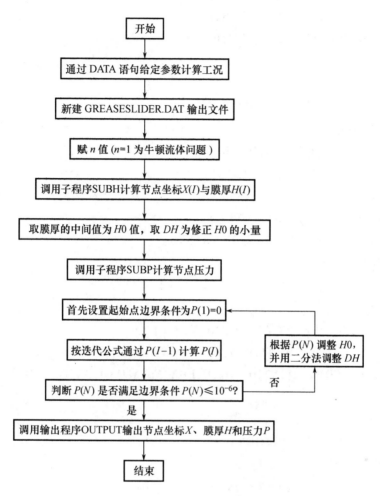

图 9.2　脂润滑计算程序框图

## 2. 源程序

```
PROGRAM GREASESLIDER
DIMENSION X(121),H(121),P(121)
COMMON /COM1/X1,X2,H1,H2,U,EDA,AL,ALOAD,DX,P0
DATA N,U,X1,X2,H1,H2,EDA,AL/121,1.0,0.0,1.0,1.0,0.5,0.08,0.01/
OPEN(7,FILE ='GREASESLIDER.DAT',STATUS ='UNKNOWN')
WRITE( * , * )'n = ? '
READ( * , * )AN
P0 = 2.0 * EDA * AL * (U * (4.0 +2.0/AN)/H2 * * 2) * * AN
CALL SUBH(N,X,H)
H0 = 0.5 * (H(1) + H(N))
DH = 1.E - 4 * H0
```

```
      CALL SUBP(N,AN,H0,DH,X,H,P)
      CALL OUTPUT(KG,N,AN,X,H,P)
      STOP
      END
      SUBROUTINE SUBH(N,X,H)
      DIMENSION X(N),H(N)
      COMMON /COM1/X1,X2,H1,H2,U,EDA,AL,ALOAD,DX,P0
      DX =1./(N -1.0)
      DO I =1,N
      X(I) =X1 -(I -1) * DX * (X1 -X2)
      H(I) =H1/H2 -(H1/H2 -1.0) * X(I)
      ENDDO
      RETURN
      END
      SUBROUTINE SUBP(N,AN,H0,DH,X,H,P)
      DIMENSION X(N),H(N),P(N)
      COMMON /COM1/X1,X2,H1,H2,U,EDA,AL,ALOAD,DX,P0
      P(1) =0.0
10    DO I =2,N
      IF(H(I) -H0.GT.0.0)THEN
      A =H(I) -H0
      P(I) =P(I -1) +A ** AN * DX/H(I) ** (2.0 * AN +1.0)
      ENDIF
      IF(H(I) -H0.LT.0.0)THEN
      A =H0 -H(I)
      P(I) =P(I -1) -A ** AN * DX/H(I) ** (2.0 * AN +1.0)
      ENDIF
      IF(H(I) -H0.EQ.0.0)P(I) =P(I -1)
      ENDDO
      IF(ABS(P(N)).GT.1.E -6)THEN
      IF(P(N).GT.0.0)THEN
      H0 =H0 +DH
      IF(KG.EQ.0)DH =DH/2.0
      KG =1
      ENDIF
      IF(P(N).LT.0.0)THEN
```

```
      H0 = H0 − DH
      IF( KG. EQ. 1)DH = DH/2. 0
      KG = 0
      ENDIF
      WRITE( * , * )P( N)
      GOTO 10
      ENDIF
      RETURN
      END
      SUBROUTINE OUTPUT( KG,N,AN,X,H,P)
      DIMENSION X( N),H( N),P( N)
      COMMON /COM1/X1,X2,H1,H2,U,EDA,AL,ALOAD,DX,P0
      X0 = 0. 0
      ALOAD = 0. 0
      DO I = 1,N
      ALOAD = ALOAD + P( I)
      X0 = X0 + P( I) * X( I)
      ENDDO
      X0 = X0 * AL
      ALOAD = P0 * AL * ALOAD * DX
      WRITE( * , * )AN,ALOAD,X0
      DO I = 1,N
      WRITE(7,40) X( I),H( I),P( I)
      END DO
40    FORMAT(1X,3( E12. 6,1X) )
      RETURN
      END
```

**3. 计算结果**

图 9.3 给出了不同 $n$ 的压力分布。当 $n = 1$ 时，为牛顿流体。通常，脂润滑的 $n$ 小于 1，图中还给出了 $n = 0.8$。与 $n = 1$ 相比，两者的量纲一化压力有明显的差异。要注意，由于 $n$ 还直接影响到有量纲的压力和承载能力。例如，当 $n = 0.8$ 时，载荷 $w = 0.833 \times 10^{-5}$ N，而当 $n = 1.0$ 时，载荷 $w = 1.026 \times 10^{-5}$ N。所以不能直接用量纲一化压力分布判断承载能力。事实上，由于润滑脂的非线性，其承载能力要小于表现为线性的润滑脂。但是，润滑脂的粘度要比润滑油大得多，因此总的承载能力还是增加的。

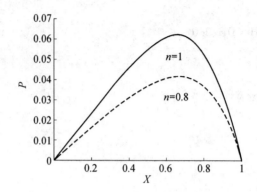

图 9.3　滑块脂润滑压力数值解

# 第二篇

## 能量方程数值计算方法

# 第十章

# 能量方程的不同形式与离散

润滑膜温度分布将是影响润滑性能的重要因素。这是因为温度能显著地改变润滑剂的粘度，进而影响压力分布和承载能力。此外，润滑表面由于温升而产生的热变形使间隙形状改变，从而影响润滑性能。温度过高还可能引起润滑剂和表面材料失效，通常取局部温度的极限值为 120 ~ 140 ℃。

## ◼ 10.1 能量方程

在润滑计算中，通用的能量方程可写成

$$\rho c_\rho\left(u\frac{\partial T}{\partial x} + v\frac{\partial T}{\partial y} + w\frac{\partial T}{\partial z}\right) = k\left(\frac{\partial^2 T}{\partial x^2} + \frac{\partial^2 T}{\partial y^2} + \frac{\partial^2 T}{\partial z^2}\right) - \frac{T}{\rho}\frac{\partial \rho}{\partial T}\left(u\frac{\partial p}{\partial x} + v\frac{\partial p}{\partial y} + w\frac{\partial p}{\partial z}\right) + \Phi$$

$$(10.1)$$

式中，$\rho$ 为润滑剂密度；$c_\rho$ 为润滑剂比热；$T$ 为温度；$u$、$v$、$w$ 为流体在 $x$、$y$、$z$ 方向上的速度分量；$k$ 为润滑剂热传导系数；$p$ 为压力；$\Phi$ 为耗散功项，在润滑计算时，可简化成 $\Phi = \eta\left[\left(\frac{\partial u}{\partial z}\right)^2 + \left(\frac{\partial v}{\partial z}\right)^2\right]$，$\eta$ 为粘度。

式(10.1)表示的能量方程比较复杂，为了求得润滑膜中的温度分布，需要方便的能量方程。根据润滑问题的特点，可以大大简化。

**1. 简化的能量方程**

若考虑 $T$、$p$ 和 $\eta$ 沿膜厚方向不变化，$\rho$ 与温度无关，再将简化的能量方程式(10.1)沿膜厚方向积分，可得在流体动压润滑常用的能量方程如下：

$$q_x\frac{\partial T}{\partial x} + q_y\frac{\partial T}{\partial y} = \frac{\eta U^2}{J\rho c_\rho h} + \frac{h^3}{12\eta J\rho c_\rho}\left[\left(\frac{\partial p}{\partial x}\right)^2 + \left(\frac{\partial p}{\partial y}\right)^2\right] \qquad (10.2)$$

式中，$q_x = \frac{Uh}{2} - \frac{h^3}{12\eta}\frac{\partial p}{\partial x}$；$q_y = -\frac{h^3}{12\eta}\frac{\partial p}{\partial y}$；$J$ 为热功当量。

在温度计算过程中，首先需将能量方程量纲一化。若令

$$X = \frac{x}{l}; Y = \frac{y}{b}; H = \frac{h}{h_0}; \alpha = \frac{l}{b}; P = \frac{h_0^2}{6U\eta_0 l}p;$$

$$Q = \frac{q}{Uh_0}; \eta^* = \frac{\eta}{\eta_0}; T^* = \frac{2J\rho c_p h_0^2}{Ul\eta_0}T$$

式中，$\eta_0$ 为入口粘度。将以上关系式代入能量方程（10.1）得量纲一化形式，即

$$\frac{\partial T^*}{\partial X} = \frac{1}{Q_x}\left\{ -\alpha Q_y \frac{\partial T^*}{\partial Y} + \frac{2\eta^*}{H} + \frac{6H}{\eta^*}\left[ \left(\frac{\partial P}{\partial X}\right)^2 + \alpha^2 \left(\frac{\partial P}{\partial Y}\right)^2 \right] \right\} \quad (10.3)$$

式中，$Q_x = \frac{H}{2} - \frac{H^3}{2}\frac{\partial P}{\partial X}$；$Q_y = -\frac{H^3}{2}\frac{\partial P}{\partial Y}$。

从上式可知：要求解温度场必须先求得压力场，即需要知道 $\frac{\partial P}{\partial X}$ 和 $\frac{\partial P}{\partial Y}$ 的数值。而压力又受到温度的影响，所以考虑热效应的流体润滑计算必须将 Reynolds 方程和能量方程联立求解。

**2. 能量方程的边值**

必须指出：温度分析是一个二维问题，但是方程（10.3）却是一次微分方程，因此，无论是在 $X$ 方向还是 $Y$ 方向上，只能分别提出（给定）一个边界条件。一般，入口区的温度 $T_{0,j}$ 是已知的，如图 10.1 所示，而 $Y$ 方向边界条件需要根据具体情况而定。通常，对于对称问题，中心线的 $\frac{\partial T}{\partial Y} = 0$，因此 $Y$ 方向不能再提其他边界条件。下面的面接触热润滑和径向轴承热润滑问题都是这样处理的。

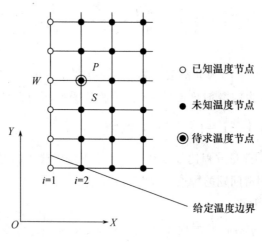

图 10.1　温度计算网格

**3. 能量方程的数值解法**

润滑膜温度场计算的特点是：润滑剂在供油温度下进入润滑膜入口，此后润滑剂的温度随着流动而逐渐变化。这类问题在数学上称为初值问题。初值问题的数值计算通常采用步进方法（Marching），其基本要点如下：

如图 10.1 所示，将求解域划分成网格。选定沿轴向（$Y$ 方向）温度已知的一排节点作为计算的初值，例如选择供油温度已知的轴向油槽位置为 $i=1$。这样，在 $i=1$ 排各节点温度 $T_{1j}^*$ 为已知值。

当 $T_{1j}^*$ 已知以后，采用中差分公式或三点抛物线公式即可计算 $i=1$ 排各节点的 $\left(\dfrac{\partial T^*}{\partial Y}\right)_{1j}$ 值。此外，如果压力场已知，则按照同样方法可以确定 $\left(\dfrac{\partial P}{\partial X}\right)_{1j}$、$\left(\dfrac{\partial P}{\partial Y}\right)_{1j}$ 以及 $(Q_x)_{1j}$ 和 $(Q_y)_{1j}$ 等的数值。将这些数值代入能量方程（10.3）就可以解得 $\left(\dfrac{\partial T^*}{\partial X}\right)_{1j}$，进而可求得 $i=2$ 排各节点的温度 $T_{2j}^*$。

当 $T_{2j}^*$ 确定后，重复上述步骤将推算出 $T_{3j}^*$ 的数值。以此类推，逐排推算到最后一排。

必须指出，应用上述的步进方法求解温度场可能出现下列情况：首先，步进的方向必须与润滑剂流动方向保持一致。如果沿 $X$ 坐标轴的方向步进，则应当满足 $Q_x>0$ 的条件。然而，当遇到供油压力很高的供油点，或者在收敛间隙入口区产生很大的压力梯度时，可能出现 $Q_x<0$，即逆流区。显然，对于逆流区就不能简单地采用上述的步进方法求解温度场。另外，当 $Q_x=0$ 时，由方程（10.3）得出 $\dfrac{\partial T^*}{\partial X}$ 为无穷大，此时，上述方法将无法求解。

## ■ 10.2　温度对润滑剂性能的影响

### 1. 粘温方程

当考虑温度对粘度的影响时，通常采用 Barus 方程：

$$\eta = \eta_0 \exp[-\beta(T-T_0)] \tag{10.4}$$

式中，$\eta_0$ 为 $T_0$ 时的粘度；$\beta$ 是粘温系数，对润滑油通常可取 0.03 $℃^{-1}$。

下面的 Rolelands 方程虽然较 Barus 方程略微复杂，但是更符合实际。

$$\eta = \eta_0 \exp\left\{(\ln\eta_0 + 9.67)\left[\left(\frac{T-138}{T_0-138}\right)^{-1.1} - 1\right]\right\} \tag{10.5}$$

### 2. 密温方程

温度对密度的影响是由热膨胀造成体积增加，从而使密度减小造成的。一般润滑条件情况下，温度对密度的影响较小，可以忽略。如果需要考虑温度对润滑剂密度的影响时，可以利用密温方程。若润滑剂的热膨胀系数为 $\alpha_T$，则密温方程可表示为

$$\rho = \rho_0[1 - \alpha_T(T-T_0)] \tag{10.6}$$

式中，$\rho$ 为温度 $T$ 时润滑剂的密度，而 $\rho_0$ 为温度 $T_0$ 时润滑剂的密度，$\alpha_T$ 的单位为 $℃^{-1}$。

通常润滑剂的 $\alpha_T$ 值可用两个关系式表示。如果粘度单位用 mPa·s，当粘度低于 3000 mPa·s 时，$\log\eta \leqslant 3.5$，则

$$\alpha_T = \left(10 - \frac{9}{5}\lg\eta\right) \times 10^{-4} \tag{10.7}$$

而当粘度高于 3000 mPa·s，即 $\log\eta > 3.5$ 时

$$\alpha_T = \left(5 - \frac{3}{8}\lg\eta\right) \times 10^{-4} \tag{10.8}$$

## 10.3 热流体润滑方程计算方法

### 10.3.1 线接触热流体润滑方程计算方法与程序

**1. 基本方程**

1）能量方程

线接触基本方程可以从式（10.2）或（10.3）中略去含 $Y$ 项部分得到，如下给出：

$$\frac{\partial T^*}{\partial X} = \frac{1}{Q_x}\left\{\frac{2\eta^*}{H} + \frac{6H}{\eta^*}\left(\frac{\partial P}{\partial X}\right)^2\right\} \tag{10.9}$$

式中，$Q_x = \dfrac{H}{2} - \dfrac{H^3}{2}\dfrac{\partial P}{\partial X}$。

将式（10.9）写成差分形式：

$$\frac{T_i^* - T_{i-1}^*}{X_i - X_{i-1}} = \frac{1}{Q_x}\left\{\frac{2\eta_i^*}{H_i} + \frac{6H_i}{\eta_i^*}\left(\frac{P_i - P_{i-1}}{X_i - X_{i-1}}\right)^2\right\} \tag{10.10}$$

式中，$Q_x = \dfrac{H_i}{2} - \dfrac{H_i^3}{2}\dfrac{P_i - P_{i-1}}{X_i - X_{i-1}}$。

2）粘温方程（Barus 方程）

$$\eta = \eta_0\exp[-\beta(T - T_0)] \tag{10.11}$$

即

$$\eta_i^* = \exp[-\beta(T_i - T_0)]$$

**2. 计算框图**

温度计算要用到当前节点的粘度，而当前节点的粘度又直接受到当前节点温度的影响，因此需要迭代。非压力耦合的一维温度计算程序框图如图 10.2 所示。

**3. 计算程序**

```
PROGRAM LINETHERM
DIMENSION X(200),P(200),H(200),T(200)
DATA U,AL,EDA0,RO,C,AJ,H1,H2/1.0,0.01,0.05,890.0,1870.0,4.184,5.5E-6,5.E-6/
OPEN(8,FILE='OUT.DAT',STATUS='UNKNOWN')
```

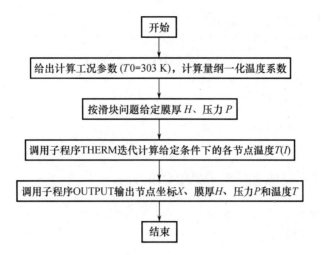

图 10.2 非压力耦合的一维温度计算程序框图

```
N = 129
A = U * AL * EDA0/2. 0/AJ/RO/C/H2 ** 2
T0 = 303. 0/A
DX = 1. /(N - 1. 0)
HH = H1/H2
DH = HH - 1. 0
DO I = 1 , N
X(I) = (I - 1) * DX
H(I) = HH - DH * X(I)
P(I) = - ( - 1. 0/(H(I)) + HH/(HH + 1. 0)/H(I) ** 2 + 1. 0/(HH + 1. 0))/DH
T(I) = T0
ENDDO
P(1) = 0. 0
P(N) = 0. 0
CALL THERM(N, A, DX, T0, X, P, H, T)
CALL OUTPUT(N, A, T0, X, H, P, T)
STOP
END
SUBROUTINE THERM(N, A, DX, T0, X, P, H, T)
DIMENSION X(N), P(N), H(N), T(N)
10  ERT = 0. 0
DO I = 2 , N
TOLD = T(I)
```

```
        EDA = EXP( -0.03 * A * ( T( I ) - T0 ) )
        QX = 0.5 * H( I ) - 0.5 * H( I ) ** 3 * ( ( P( I ) - P( I - 1 ) )/DX )
        T( I ) = T( I - 1 ) + DX * ( 2.0 * EDA/H( I ) + 6.0 * H( I )/EDA * ( ( P( I ) - P( I -
1 ) )/DX ) ** 2 )/QX
        T( I ) = 0.5 * ( TOLD + T( I ) )
        ERT = ERT + ABS( T( I ) - TOLD )
        ENDDO
        ERT = A * ERT/( 303.0 * ( N - 1 ) )
        WRITE( * , * ) ERT
        IF( ERT. GT. 1. E -6 ) GOTO 10
        RETURN
        END
        SUBROUTINE OUTPUT( N, A, T0, X, H, P, T )
        DIMENSION X( N ), H( N ), P( N ), T( N )
        DO I = 1, N
        T( I ) = A * ( T( I ) - T0 )
        END DO
        DO I = 1, N
        WRITE( 8, 30 ) X( I ), H( I ), P( I ), T( I )
        ENDDO
30      FORMAT( 4( 1X, E12.6 ) )
        RETURN
        END
```

### 4. 计算结果

程序中给出工况参数：速度 $U = 1$ m/s、滑块长度 $AL = 0.01$ m、润滑油初始粘度 $EDA0 = 0.05$ Pa·s、润滑油密度 $RO = 890$ kg/m$^3$、润滑油比热 $C = 1870$ J/kg/K、热功当量 $AJ = 4.184$ J/cal、最大膜厚 $H1 = 5.5 \times 10^{-6}$ m、最小膜厚 $H2 = 5 \times 10^{-6}$ m。计算得到的温度与滑块坐标基本呈线性分布，最大温升达 5 ℃。理论上，由于粘度对压力有影响，所以对润滑问题，应当将求得的温度计算得到粘度，将粘度代入 Reynolds 方程中再对压力进行求解，然后再求解温度，如此不断迭代直至收敛为止。当温升不高时，可以略去此步骤。给定压力分布的滑块润滑温度计算结果如图 10.3 所示。

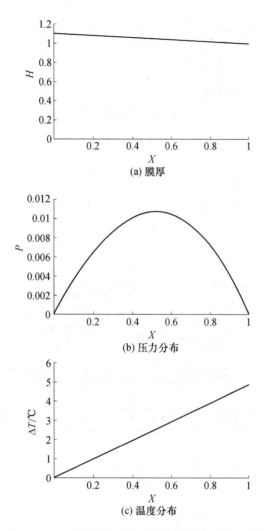

(a) 膜厚

(b) 压力分布

(c) 温度分布

图 10.3　给定压力分布的滑块润滑温度计算结果

## □ 10.3.2　面接触热流体润滑计算方法与程序

**1. 基本方程**

1）能量方程

$$\frac{\partial T^*}{\partial X} = \frac{1}{Q_x}\left\{ - \alpha Q_y \frac{\partial T^*}{\partial Y} + \frac{2\eta^*}{H} + \frac{6H}{\eta^*}\left[ \left(\frac{\partial P}{\partial X}\right)^2 + \alpha^2\left(\frac{\partial P}{\partial Y}\right)^2 \right] \right\} \tag{10.12}$$

式中，$Q_x = \dfrac{H}{2} - \dfrac{H^3}{2}\dfrac{\partial P}{\partial X}$；$Q_y = -\dfrac{H^3}{2}\dfrac{\partial P}{\partial Y}$。

将式（10.12）写成差分形式：

$$\frac{T_{i,j}^* - T_{i-1,j}^*}{X_i - X_{i-1}} = \frac{1}{Q_x}\left\{ - \alpha Q_y \frac{T_{i,j}^* - T_{i,j-1}^*}{Y_j - Y_{j-1}} + \frac{2\eta_{i,j}^*}{H_{i,j}} + \frac{6H_{i,j}}{\eta_{i,j}^*}\left[ \left(\frac{P_i - P_{i-1}}{X_i - X_{i-1}}\right)^2 + \alpha^2\left(\frac{P_{i,j} - P_{i,j-1}}{Y_j - Y_{j-1}}\right)^2 \right] \right\}$$

$$\tag{10.13}$$

式中，$Q_x = \dfrac{H_{i,j}}{2} - \dfrac{H_{i,j}^3}{2} \dfrac{P_{i,j} - P_{i-1,j}}{X_i - X_{i-1}}$；$Q_y = -\dfrac{H_{i,j}^3}{2} \dfrac{P_{i,j} - P_{i,j-1}}{Y_j - Y_{j-1}}$；$\alpha = \dfrac{l}{b}$，$l$ 为滑块长，$b$ 为滑块宽。

2）粘温方程（Barus 方程）

$$\eta = \eta_0 \exp[-\beta(T - T_0)] \tag{10.14}$$

即

$$\eta_{i,j}^* = \exp[-\beta(T_{i,j} - T_0)] \tag{10.15}$$

**2. 计算框图（图 10.4）**

温度计算要用到当前节点的粘度，而当前节点的粘度又直接受到当前节点温度的影响，因此需要迭代。

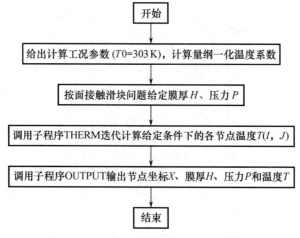

图 10.4　计算程序框图

**3. 计算程序**

```
PROGRAM SURFACETHERM

DIMENSION X(200),Y(200),P(20000),H(20000),T(20000)

DATA U,ALX,ALY,EDA0,RO,C,AJ,H1,H2/1.0,0.01,0.01,0.05,890.0,
1870.0,4.184,1.1E-6,1.E-6/

OPEN(7,FILE='FILM.DAT',STATUS='UNKNOWN')

OPEN(8,FILE='PRESSURE.DAT',STATUS='UNKNOWN')

OPEN(9,FILE='TEM.DAT',STATUS='UNKNOWN')

N=129

M=65

A=U*ALX*EDA0/2.0/AJ/RO/C/H2**2

T0=303.0/A

DX=1./(N-1.0)

DY=1./(M-1.0)
```

```
HH = H1/H2
DH = HH - 1. 0
ALFA1 = ALX/ALY
CALL INIT( N, M, DX, DY, HH, DH, T0, X, Y, H, P, T)
CALL THERM( N, M, A, ALFA1, DX, DY, T0, X, Y, P, H, T)
CALL OUTPUT( N, M, A, T0, X, Y, H, P, T)
STOP
END
SUBROUTINE INIT( N, M, DX, DY, HH, DH, T0, X, Y, H, P, T)
DIMENSION X( N), Y( M), H( N, M), P( N, M), T( N, M)
DO I = 1, N
X( I) = ( I - 1) * DX
ENDDO
DO J = 1, M
Y( J) = - 0. 5 + ( J - 1) * DY
ENDDO
DO I = 1, N
DO J = 1, M
H( I, J) = HH - DH * X( I)
P( I, J) = - ( - 1. 0/( H( I, J)) + HH/( HH + 1. 0)/H( I, J) ** 2 + 1. 0/( HH +
1. 0))/DH * ( 1. 0 - 4. 0 * Y( J) * Y( J))
T( I, J) = T0
ENDDO
ENDDO
DO I = 1, N
P( I, 1) = 0. 0
P( I, M) = 0. 0
ENDDO
DO J = 1, M
P( 1, J) = 0. 0
P( N, J) = 0. 0
ENDDO
RETURN
END
SUBROUTINE THERM( N, M, A, ALFA1, DX, DY, T0, X, Y, P, H, T)
DIMENSION X( N), Y( M), H( N, M), P( N, M), T( N, M)
```

```
10    ERT = 0. 0
      DO I = 2 , N
      DO J = M/2 + 1 , 1 , - 1
      TOLD = T( I , J )
      EDA = EXP( - 0. 03 * A * ( T( I , J ) - T0 ) )
      DPDX = ( P( I , J ) - P( I - 1 , J ) )/DX
      IF( J. EQ. M/2 + 1 ) THEN
      DPDY = 0. 0
      DTDY = 0. 0
      ELSE
      DPDY = ( P( I , J + 1 ) - P( I , J ) )/DY
      DTDY = ( T( I , J + 1 ) - T( I , J ) )/DY
      ENDIF
      QX = 0. 5 * H( I , J ) - 0. 5 * H( I , J ) ** 3 * DPDX
      QY = - 0. 5 * H( I , J ) ** 3 * DPDY
      AA = - 0. 5 * ALFA1 * QY * DTDY
      AB = 2. 0 * EDA/H( I , J )
      AC = 6. 0 * H( I , J )/EDA * ( DPDX ** 2 + ALFA1 ** 2 * DPDY ** 2 )
      BA = QX/DX - ALFA1 * QY/DY
      BB = QX/DX * T( I - 1 , J ) - ALFA1 * QY/DY * T( I , J + 1 )
      T( I , J ) = ( BB + AB + AC )/BA
      T( I , J ) = 0. 7 * TOLD + 0. 3 * T( I , J )
      ERT = ERT + ABS( T( I , J ) - TOLD )
      ENDDO
      ENDDO
      ERT = A * ERT/( 303. 0 * ( N - 1 ) * ( M - 1 ) )
      WRITE( * , * ) ERT
      IF( ERT. GT. 1. E - 8 ) GOTO 10
      DO I = 2 , N
      DO J = 1 , M/2
      T( I , M - J + 1 ) = T( I , J )
      ENDDO
      ENDDO
      RETURN
      END
      SUBROUTINE OUTPUT( N , M , A , T0 , X , Y , H , P , T )
```

```
DIMENSION X(N),Y(M),H(N,M),P(N,M),T(N,M)
DO I = 1,N
DO J = 1,M
T(I,J) = A * (T(I,J) - T0)
ENDDO
ENDDO
WRITE(7,30)X(1),(Y(J),J = 1,M)
WRITE(8,30)X(1),(Y(J),J = 1,M)
WRITE(9,30)X(1),(Y(J),J = 1,M)
DO I = 1,N
WRITE(7,30)X(I),(H(I,J),J = 1,M)
WRITE(8,30)X(I),(P(I,J),J = 1,M)
WRITE(9,30)X(I),(T(I,J),J = 1,M)
ENDDO
30    FORMAT(130(1X,E12.6))
RETURN
END
```

### 4. 计算结果

程序中给出工况参数：速度 $U = 1$ m/s、滑块长度 $ALX = 0.01$ m、滑块宽度 $ALY = 0.01$ m、润滑油初始粘度 $EDA0 = 0.05$、润滑油密度 $RO = 890$ kg/m³、润滑油比热 $C = 1870$ J/kg/K、热功当量 $AJ = 4.184$ J/cal、最大膜厚 $H1 = 1.1 \times 10^{-6}$ m、最小膜厚 $H2 = 1 \times 10^{-6}$ m。计算得到的温度与滑块坐标不再呈线性分布，最大温升达 50 ℃。由于粘度对压力有影响，所以对润滑问题，应当将求得的温度计算得到粘度代入 Reynolds 方程中再对压力进行求解，这里仅做了当前压力下的温度计算，未迭代。面接触滑块温度计算结果如图 10.5 所示。

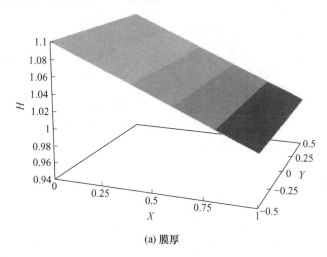

(a) 膜厚

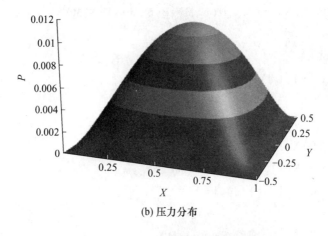

(b) 压力分布

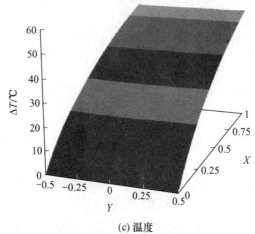

(c) 温度

图 10.5　面接触滑块温度计算结果

# 第十一章
# 稳态不可压径向轴承热润滑计算方法与程序

## ■ **11.1 稳态不可压径向轴承热润滑基本方程**

### 1. Reynolds 方程

用柱坐标表示 Reynolds 方程，设 $x = R\theta$，$dx = Rd\theta$，则 Reynolds 方程变为

$$\frac{\partial}{R^2 \partial \theta}\left(\frac{h^3}{\eta}\frac{\partial p}{\partial \theta}\right) + h^3 \frac{\partial}{\partial y}\left(\frac{h^3}{\eta}\frac{\partial p}{\partial y}\right) = 6U\frac{\mathrm{d}h}{R\mathrm{d}\theta} \tag{11.1}$$

或量纲一化形式

$$\frac{\partial}{\partial \theta}\left(\frac{H^3}{\eta^*}\frac{\partial P}{\partial \theta}\right) + \alpha^2 H^3 \frac{\partial}{\partial Y}\left(\frac{H^3}{\eta^*}\frac{\partial P}{\partial Y}\right) = \frac{\mathrm{d}H}{\mathrm{d}\theta} \tag{11.2}$$

式中，$H = \dfrac{h}{c} = 1 + \varepsilon\cos\theta$，$c$ 为轴承间隙，$\varepsilon$ 为偏心率；$\alpha = \dfrac{R}{b}$，$R$ 为轴承半径；$b$ 为

轴承宽度；$Y = \dfrac{y}{b}$；$P = \dfrac{pc^2}{6U\eta_0 R}$。

### 2. 能量方程

$$\frac{\partial T^*}{\partial \theta} = \frac{1}{Q_x}\left\{-\alpha Q_y \frac{\partial T^*}{\partial Y} + \frac{2\eta^*}{H} + \frac{6H}{\eta^*}\left[\left(\frac{\partial P}{\partial \theta}\right)^2 + \alpha^2\left(\frac{\partial P}{\partial Y}\right)^2\right]\right\} \tag{11.3}$$

式中，$Q_x = \dfrac{H}{2} - \dfrac{H^3}{2}\dfrac{\partial P}{\partial \theta}$；$Q_y = -\dfrac{H^3}{2}\dfrac{\partial P}{\partial Y}$。

### 3. 粘温方程

Barus 方程

$$\eta = \eta_0 \exp[-\beta(T - T_0)] \tag{11.4}$$

Rolelands 方程

$$\eta = \eta_0 \exp\left\{(\ln\eta_0 + 9.67)\left[\left(\frac{T - 138}{T_0 - 138}\right)^{-1.1} - 1\right]\right\} \tag{11.5}$$

## ◼ 11.2 稳态不可压径向轴承热润滑计算方法

### 1. Reynolds 差分方程

Reynolds 差分方程可采用第四章中给出的式(4.9)，加入粘度项，有：

$$\frac{H_{i+1/2}^3/\eta_{i+1/2,j}^*(P_{i+1,j}-P_{i,j})-H_{i-1/2}^3/\eta_{i-1/2,j}^*(P_{i,j}-P_{i-1,j})}{\Delta\theta^2}$$

$$+\alpha H_i^3\frac{(P_{i+1,j}-P_{i,j})/\eta_{i,j+1/2}^*-(P_{i,j}-P_{i-1,j})/\eta_{i,j-1/2}^*}{\Delta Y^2}=-\varepsilon\sin\theta_i \tag{11.6}$$

式中，$\eta^*$ 为量纲一化粘度；$H_{i+1/2}=\left[1+\varepsilon\cos\left(\dfrac{\theta_i+\theta_{i+1}}{2}\right)\right]\approx\dfrac{H_{i+1}+H_i}{2}$；$H_{i-1/2}=$

$\left[1-\varepsilon\cos\left(\dfrac{\theta_i+\theta_{i-1}}{2}\right)\right]\approx\dfrac{H_i+H_{i-1}}{2}$。

压力边界条件同第四章：

（1）轴向方向：$P_{i,1}=0$；利用对称性（即求解一半区域）满足 $\dfrac{\partial P}{\partial Y}\Big|_{Y=0}=0$ 条件。

（2）圆周方向：$P_{1,j}=0$；$P_{i,j}=0$ 及 $P_{i+1,j}-P_{i,j}=0$。迭代中，对 $P<0$ 的节点令 $P=0$，最终确定油膜终点位置。

### 2. 能量方程差分方程

将量纲一化能量方程式(11.3)写成差分形式为

$$\frac{T_{i,j}^*-T_{i-1,j}^*}{\theta_i-\theta_{i-1}}=\frac{1}{Q_x}\left\{-\alpha Q_y\frac{T_{i,j}^*-T_{i,j-1}^*}{Y_j-Y_{j-1}}+\frac{2\eta_{i,j}^*}{H_{i,j}}+\frac{6H_{i,j}}{\eta_{i,j}^*}\left[\left(\frac{P_i-P_{i-1}}{\theta_i-\theta_{i-1}}\right)^2+\alpha^2\left(\frac{P_{i,j}-P_{i,j-1}}{Y_j-Y_{j-1}}\right)^2\right]\right\} \tag{11.7}$$

式中，$Q_x=\dfrac{H_{i,j}}{2}-\dfrac{H_{i,j}^3}{2}\dfrac{P_i-P_{i-1,j}}{\theta_i-\theta_{i-1}}$；$Q_y=-\dfrac{H_{i,j}^3}{2}\dfrac{P_{i,j}-P_{i,j-1}}{Y_j-Y_{j-1}}$。

如前指出：能量方程是一次偏微分方程，因此其 $\theta$、$Y$ 两方向的边界条件只能给定一端。本问题所采用的温度边界条件如下：

（1）在周向 $\theta$ 上，起始点采用润滑油混合边界条件，即

$$T_{1,j}^{k+1}=\frac{T_{1,j}^k+T_{N,j}^k}{2} \tag{11.8}$$

（2）在轴向 $Y$ 上，采用对称边界条件（即求解一半区域），即

$$\frac{\partial T}{\partial Y}\Big|_{Y=0}=0 \tag{11.9}$$

### 3. 温粘方程

这里，采用 Roelands 温粘方程，有

$$\eta_{i,j}=\exp\left\{(\ln\eta_0+9.67)\left[\left(\frac{T_{i,j}-138}{T_0-138}\right)^{-1.1}-1\right]\right\} \tag{11.10}$$

## 11.3　稳态不可压径向轴承热润滑计算程序

### 1. 计算框图

温度计算要用到当前节点的粘度，而当前节点的粘度又直接受到当前节点的温度影响，因此需要迭代。另外，除了 $Y$ 方向利用了对称条件外，由于润滑油的入口和出口相连，这里利用了混合油温条件，计算框图（图 11.1）具体是：

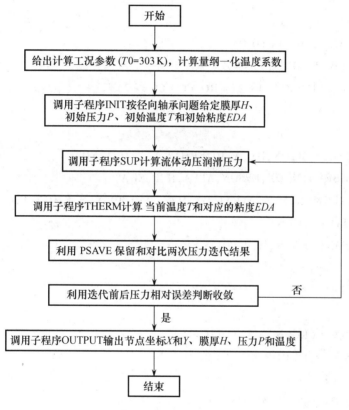

图 11.1　计算程序框图

### 2. 源程序

```
PROGRAM JOURNALTHERM
DIMENSION X(200),Y(200),P(20000),H(20000),T(20000),EDA(20000),
POLD(20000)
DATA EDA0,RO,C,AJ,B,R,RATIO,AN,EPSON/0.05,890.0,1870.0,4.184,
1.0E-1,6.0E-2,0.003,3.0E3,0.7/
OPEN(7,FILE='FILM.DAT',STATUS='UNKNOWN')
OPEN(8,FILE='PRESSURE.DAT',STATUS='UNKNOWN')
```

```
OPEN(9,FILE ='TEM. DAT',STATUS ='UNKNOWN')
OPEN(10,FILE ='EDA. DAT',STATUS ='UNKNOWN')
PI = 3. 1415926
N = 61
M = 41
DX = 2. 0 * PI/FLOAT(N - 1)
DY = 1. /FLOAT(M - 1)
ALFA1 = R/B
C0 = RATIO * R
U = R * AN * 2. 0 * PI/60. 0
ALFA = (R/B * DX/DY) ** 2
A = U * R * EDA0/(2. 0 * AJ * RO * C * C0 ** 2)
T0 = 303. 0
KG = 0
CALL INIT(N,M,DX,DY,A,T0,EPSON,X,Y,H,T,EDA)
10    CALL SUBP(N,M,DX,EPSON,ALFA,H,P,EDA)
CALL THERM(N,M,A,ALFA1,DX,DY,EDA0,T0,X,Y,P,H,T,EDA)
IF(KG. EQ. 0)THEN
CALL PSAVE(KG,N,M,P,POLD,ERO)
KG = 1
GOTO 10
ENDIF
CALL PSAVE(KG,N,M,P,POLD,ERO)
WRITE( * , * )'EROP,KG =',ERO,KG
KG = KG + 1
IF(ERO. GT. 1. E - 6. AND. KG. LT. 10)GOTO 10
CALL OUTPUT(N,M,A,T0,X,Y,H,P,T,EDA)
STOP
END
SUBROUTINE INIT(N,M,DX,DY,A,T0,EPSON,X,Y,H,T,EDA)
DIMENSION X(N),Y(M),H(N,M),T(N,M),EDA(N,M)
DO I = 1,N
X(I) = (I - 1. 0) * DX
ENDDO
DO J = 1,M
Y(J) = - 0. 5 + (J - 1) * DY
```

```
DO I = 1 , N
H( I , J ) = 1. 0 + EPSON * COS( X( I ) )
T( I , J ) = T0/A
EDA( I , J ) = 1. 0
ENDDO
ENDDO
RETURN
END
SUBROUTINE SUBP( N , M , DX , EPSON , ALFA , H , P , EDA )
DIMENSION H( N , M ) , P( N , M ) , EDA( N , M )
DO I = 2 , N - 1
DO J = 2 , M - 1
P( I , J ) = 0. 5
ENDDO
ENDDO
DO J = 1 , M
P( 1 , J ) = 0. 0
P( N , J ) = 0. 0
ENDDO
DO I = 1 , N
P( I , 1 ) = 0. 0
P( I , M ) = 0. 0
ENDDO
IK = 0
10   C1 = 0. 0
ALOAD = 0. 0
DO I = 2 , N - 1
I1 = I - 1
I2 = I + 1
DO J = 2 , M - 1
PD = P( I , J )
J1 = J - 1
J2 = J + 1
A1 = ( 0. 5 * ( H( I2 , J ) + H( I , J ) ) ) ** 3/( 0. 5 * ( EDA( I2 , J ) + EDA( I , J ) ) )
A2 = ( 0. 5 * ( H( I , J ) + H( I1 , J ) ) ) ** 3/( 0. 5 * ( EDA( I , J ) + EDA( I1 , J ) ) )
A3 = ALFA * H( I , J ) ** 3/( 0. 5 * ( EDA( I , J2 ) + EDA( I , J ) ) )
```

```
A4 = ALFA * H(I,J) ** 3/(0.5 * (EDA(I,J) + EDA(I,J1)))
A5 = A1 * P(I2,J) + A2 * P(I1,J) + A3 * P(I,J2) + A4 * P(I,J1)
A6 = A1 + A2 + A3 + A4
P(I,J) = ( - DX * (H(I2,J) - H(I1,J)) + A5)/A6
P(I,J) = 0.7 * PD + 0.3 * P(I,J)
IF(P(I,J). LT. 0.0)P(I,J) = 0.0
C1 = C1 + ABS(P(I,J) - PD)
ALOAD = ALOAD + P(I,J)
ENDDO
ENDDO
IK = IK + 1
C1 = C1/ALOAD
IF(C1. GT. 1. E - 6)GOTO 10
RETURN
END
SUBROUTINE PSAVE(KG,N,M,P,POLD,ERO)
DIMENSION P(N,M),POLD(N,M)
IF(KG. EQ. 0)GOTO 10
ERO = 0.0
EROMAX = - 1.0
W = 0.0
DO I = 1,N
DO J = 1,M
AE = ABS(P(I,J) - POLD(I,J))
ERO = ERO + AE
IF(AE. GT. EROMAX)THEN
II = I
JJ = J
EROMAX = AE
ENDIF
W = W + ABS(P(I,J))
ENDDO
ENDDO
ERO = ERO/W
10   DO I = 1,N
DO J = 1,M
```

```
       POLD(I,J) = P(I,J)
       ENDDO
       ENDDO
       RETURN
       END
       SUBROUTINE THERM(N,M,A,ALFA1,DX,DY,EDA0,T0,X,Y,P,H,T,EDA)
       DIMENSION X(N),Y(M),H(N,M),P(N,M),T(N,M),EDA(N,M)
       KG = 0
10     ERT = 0.0
       DO I = 2,N
       DO J = 1,M/2 + 1
       TOLD = T(I,J)
       EDA(I,J) = EXP((ALOG(EDA0) + 9.67) * (((A * T(I,J) - 138.0)/(T0 -
138.0)) ** ( - 1.1) - 1.0))
       IF(I. NE. N)DPDX = 0.5 * (P(I + 1,J) - P(I - 1,J))/DX
       IF(I. EQ. N)DPDX = 0.5 * (P(1,J) - P(I - 1,J))/DX
       QX = 0.5 * H(I,J) - 0.5 * H(I,J) ** 3 * DPDX
       DPDY = ALFA1 * (P(I,J + 1) - P(I,J))/DY
       IF(J. EQ. M/2 + 1)DPDY = 0.0
       QY = - 0.5 * H(I,J) ** 3 * DPDY
       AA = QX/DX * T(I - 1,J) - ALFA1 * QY * T(I,J + 1)/DY
       AB = 2.0 * EDA(I,J)/H(I,J)
       AC = 6.0 * H(I,J)/EDA(I,J) * (DPDX ** 2 + DPDY ** 2)
       BB = QX/DX - ALFA1 * QY/DY
       T(I,J) = (AA + AB + AC)/BB
       IF(A * T(I,J). GE. 403. )THEN
       WRITE( * , * )'T OVER THE LIMIT 100 '
       WRITE( * , * )I,J,T(I,J)
       STOP 00001
       ENDIF
       T(I,J) = 0.7 * TOLD + 0.3 * T(I,J)
       ERT = ERT + ABS(T(I,J) - TOLD)/303.
       ENDDO
       ENDDO
       ERT = A * ERT/((N - 1) * (M - 1))
       KG = KG + 1
```

```
      DO J = 1 , M
      T( 1 , J) = 0. 5 * ( T( 1 , J) + T( N , J) )
      ENDDO
      WRITE( * , * )' ERT , KG = ', ERT , KG
      IF( ERT. GT. 1. E - 3 ) GOTO 10
      DO I = 1 , N
      DO J = 1 , M/2
      T( I , M - J + 1 ) = T( I , J)
      EDA( I , M - J + 1 ) = EDA( I , J)
      ENDDO
      ENDDO
      RETURN
      END
      SUBROUTINE OUTPUT( N , M , A , T0 , X , Y , H , P , T , EDA)
      DIMENSION X( N) , Y( M) , H( N , M) , P( N , M) , T( N , M) , EDA( N , M)
      TMAX = 0. 0
      DO I = 1 , N
      DO J = 1 , M
      T( I , J) = A * T( I , J) - T0
      IF( T( I , J). GT. TMAX) TMAX = T( I , J)
      ENDDO
      ENDDO
      WRITE( * , * )' TAMX = ', TMAX
      WRITE( 7 , 30) X( 1) , ( Y( J) , J = 1 , M)
      WRITE( 8 , 30) X( 1) , ( Y( J) , J = 1 , M)
      WRITE( 9 , 30) X( 1) , ( Y( J) , J = 1 , M)
      WRITE( 10 , 30) X( 1) , ( Y( J) , J = 1 , M)
      DO I = 1 , N
      WRITE( 7 , 30) X( I) , ( H( I , J) , J = 1 , M)
      WRITE( 8 , 30) X( I) , ( P( I , J) , J = 1 , M)
      WRITE( 9 , 30) X( I) , ( T( I , J) , J = 1 , M)
      WRITE( 10 , 30) X( I) , ( EDA( I , J) , J = 1 , M)
      ENDDO
30    FORMAT( 42( 1X , E12. 6) )
      RETURN
      END
```

### 3. 计算结果

程序中给出工况参数：润滑油初始粘度 $EDA0 = 0.05$ Pa·s、润滑油密度 $RO = 890$ kg/m³、润滑油比热 $C = 1870$ J/kg/K、热功当量 $AJ = 4.184$ J/cal、轴承宽度 $B = 0.1$ m、轴承半径 $R = 0.06$ m、轴承间隙比 $RATIO = 0.003$、转速 $AN = 3000$ r/min、偏心率 $EPSON = 0.7$。

图 11.2 给出了在程序中设定的工况条件下计算得到的径向滑动轴承的膜厚、压力分布和温度分布曲面，最大温升约为 6 ℃。

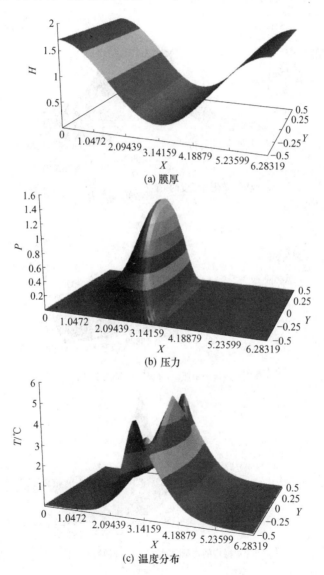

(a) 膜厚

(b) 压力

(c) 温度分布

图 11.2　径向轴承温度计算结果

由式(11.3)可知：温度主要受 3 个因素影响。分别是：①与膜厚 $H$ 的项成反比，所以在最大膜厚处温度最低，在最小膜厚处温度最高；②与 $\left(\dfrac{\partial p}{\partial x}\right)^2$ 成正比，即在最

大 $\pm\left(\dfrac{\partial p}{\partial x}\right)^2$ 处温度最高，如果单考虑此项的影响，温度会出现两个峰值；③与

$\pm\left(\dfrac{\partial p}{\partial y}\right)^2$ 成正比，如果单考虑此项的影响，温度会在宽度方向上呈现出中间低、两边

高的分布。单独考虑这三项的影响，按上述工况条件计算得到一组 3 个温度分布曲
面如图 11.3 所示，反映了它们各自的影响。

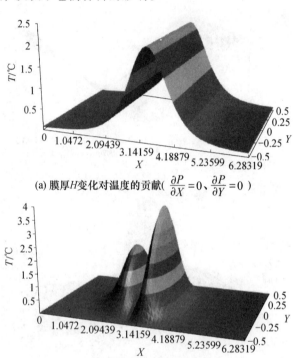

(a) 膜厚 $H$ 变化对温度的贡献（$\dfrac{\partial P}{\partial X}=0$、$\dfrac{\partial P}{\partial Y}=0$ ）

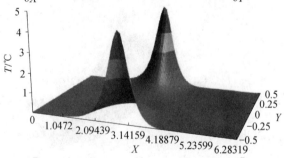

(b) $\dfrac{\partial P}{\partial X}$ 变化对温度的贡献（不考虑图11.3a的温升、$\dfrac{\partial P}{\partial Y}=0$ ）

(c) $\dfrac{\partial P}{\partial Y}$ 变化对温度的贡献（不考虑图11.3a的温升、$\dfrac{\partial P}{\partial X}=0$ ）

图 11.3　考虑单一影响项的温度计算

# 第三篇

## 弹性变形、弹流润滑与热弹流润滑

# 第十二章

# 弹性变形数值计算与粘压方程

## ■ 12.1　线接触变形方程数值计算方法与程序

### 1. 概述

在计算弹性流体动力润滑时，需要将弹性变形方程叠加到膜厚方程上，如图 12.1 所示为一当量弹性圆柱体和刚性平面接触的情况。这时，弹性圆柱体上的任意点 $x$ 处的油膜厚度表达式为

$$h(x) = h_c + \frac{x^2}{2R} + v(x) \tag{12.1}$$

式中，$h_c$ 为没有变形时的中心膜厚，将根据载荷平衡条件确定；$R$ 为当量曲率半径，$\frac{1}{R} = \frac{1}{R_1} \pm \frac{1}{R_2}$，其中外接触取"+"号，内接触取"－"号；$v(x)$ 为由压力产生的弹性变形位移。

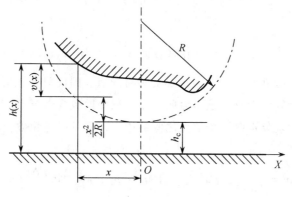

图 12.1　线接触间隙形状

### 2. 弹性变形方程

对于线接触问题，由于接触体的长度和曲率半径远大于接触宽度，可以认为属

于平面应变状态，相当于无限大弹性半平面体受分布载荷作用，如图 12.2 所示。

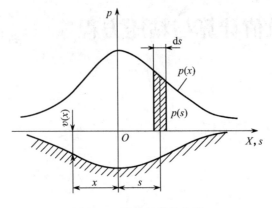

图 12.2　线接触弹性变形

根据弹性理论可推导出表面上各点沿垂直方向的弹性位移为

$$v(x) = -\frac{2}{\pi E}\int_{s_1}^{s_2} p(s)\ln(s-x)^2 \mathrm{d}s + c \qquad (12.2)$$

式中，$s$ 是 $X$ 轴上的附加坐标，它表示任意线载荷 $p(s)\mathrm{d}s$ 与坐标原点的距离；$p(s)$ 为载荷分布函数；$s_1$ 和 $s_2$ 为载荷 $p(x)$ 的起点和终点坐标；$E$ 为当量弹性模量，$\dfrac{1}{E} = \dfrac{1}{E_1} + \dfrac{1}{E_2}$；$c$ 为待定常数，由于在式(12.1)的膜厚方程中有 $h_c$ 要根据载荷平衡条件确定，所以通常将 $c$ 并入其中，因此下面不再考虑。

### 3. 弹性变形方程的数值解法

由于润滑膜压力分布 $p(x)$ 一般是通过数值求解 Reynolds 方程得到的，因此，只要对数值计算式(12.2)积分即可得到各点的变形量 $v(x)$。在变形方程中的积分部分为

$$v = \int_{s_1}^{s_2} p(s)\ln(s-x)^2 \mathrm{d}s \qquad (12.3)$$

虽然式(12.3)存在奇异点，但这是可去奇异点，因此只要数值积分的积分限不落在奇异点上，计算就没有问题。为此，如果积分段包含奇异点，我们可以将这段的积分利用中值定理分别取两个节点之间的中点，就可以避免数值计算时出现无定义而导致溢出，即

$$\Delta v = \int_{x}^{x+\Delta x} p(s)\ln(s-x)^2 \mathrm{d}s \approx p\left(x+\frac{\Delta x}{2}\right)\ln\left(\frac{\Delta x}{2}\right)^2 \Delta x \qquad (12.4)$$

这样，把奇异点排除在积分区间之外。

对等分网格来说，式(12.4)的数值积分可以大大简化，这是因为 $s-x$ 可以写成 $(i-j)\Delta x$，则有

$$v_i = \Delta x \sum_{j=1}^{N} (a_{i-j} + \ln \Delta x) p_j \tag{12.5}$$

式中，$v_i$ 是 $i$ 节点处的变形；$p_j$ 是 $j$ 节点处的载荷；$a_{i-j} = (i-j+0.5)(\ln(i-j+0.5) - 1) - (i-j-0.5)(\ln|i-j-0.5|-1)$，$i-j=0, \cdots, N$。

### 4. 线接触弹性变形计算框图与程序

1）计算框图（图 12.3）

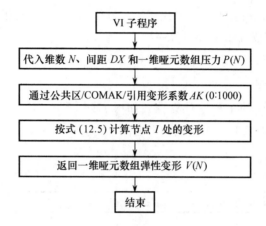

图 12.3　线接触弹性变形计算框图

2）计算程序

```
SUBROUTINE VI(N,DX,P,V)
DIMENSION P(N),V(N)
COMMON /COMAK/AK(0:1100)
PAI1 = 0.318309886
C = ALOG(DX)
DO 10 I = 1,N
V(I) = 0.0
DO 10 J = 1,N
IJ = IABS(I - J)
10  V(I) = V(I) + (AK(IJ) + C) * DX * P(J)
DO I = 1,N
V(I) = - PAI1 * V(I)
ENDDO
RETURN
END
SUBROUTINE SUBAK(MM)
COMMON/COMAK/AK(0:1100)
```

```
     DO 10 I = 0,MM
10   AK(I) = (I + 0.5) * (ALOG(ABS(I + 0.5)) - 1.) - (I - 0.5) * (ALOG(ABS
(I - 0.5)) - 1.)
     RETURN
     END
```

在程序中，输入和输出变量有：$N$ 为总节点数；$DX$ 为等距节点距离；$P(I, J)$ 为各节点压力；$V(I, J)$ 为各节点弹性变形。另外，由于 $a_{i-j}$ 与压力无关，在需要多次弹性变形计算的情况下，只要计算一次 $a_{i-j}$ 就可以了，不必重复计算。因此，为节约计算时间，这里将计算 $a_{i-j}$ 的部分独立编制成了一个子程序 SUBAK。

**5. 计算程序框图**

调用弹性变形 VI 的主程序计算框图如图 12.4 所示。注意，计算弹性变形前，需要调用 SUBAK 计算变形系数，然后再进行弹性变形计算。

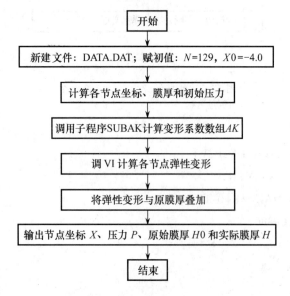

图 12.4　调用 VI 的主程序计算框图

**6. 计算源程序**

```
DIMENSION P(1000),H0(1000),H(1000),V(1000),X(1000)
OPEN (8,FILE = 'DATA. DAT',STATUS = 'UNKNOWN')
N = 129
X1 = 1.4
X0 = -4.0
DX = (X1 - X0)/(N - 1.0)
DO I = 1,N
X(I) = -4.0 + (I - 1) * DX
```

```
H0( I) = 0. 5 * X( I) * X( I)

H( I) = H0( I)

P( I) = 0. 0

IF( X( I). GE. - 1. 0. AND. X( I). LE. 1. 0) THEN

P( I) = SQRT( 1 - X( I) * X( I))

ENDIF

ENDDO

CALL SUBAK( N)

CALL VI( N, DX, P, V)

DO I = 1, N

H( I) = H( I) + V( I)

WRITE( * , * ) X( I), P( I), V( I), H0( I), H( I)

WRITE( 8, * ) X( I), P( I), V( I), H0( I), H( I)

ENDDO

STOP

END
```

### 7. 计算结果

调用弹性变形 VI 计算所得弹性变形与未变形前的膜厚比较如图 12.5 所示。在主程序中，总节点数为 129，量纲一化区间为（-4.0，1.4），对当量弹性圆柱的量纲一化膜厚可表示为 $H(X) = H_c + X^2/2 + V(X)$，带入压力为量纲一化 Hertz 接触应力：$P = \sqrt{1 - X^2}$。原来的圆弧表面在变形后呈水平一字形，这一结果与线接触弹性变形的理论结果是一致的。由于这里未做载荷平衡计算，因此图中的两表面间有一间隙，对实际固体接触这一间隙为 0。

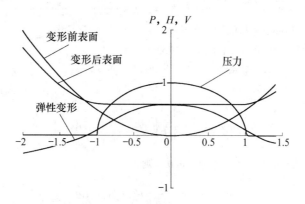

图 12.5　线接触弹性变形计算结果与未变形前的膜厚比较

## ■ 12.2 点接触变形方程数值计算方法与程序

### 1. 概述

点接触变形的求解域一般是如图 12.6 所示的矩形区域。其中 AB 为入口边，CD 为出口边，而 AD 和 BC 为端泄边。用 α、β 和 γ 来确定求解域边界的位置，通常可取 $\alpha = 2$，$\beta = 4$，而 γ 与出口边界有关应在求解过程中确定。

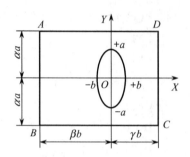

图 12.6 点接触求解域

一般的点接触问题可以将两接触体化成一个当量弹性椭圆体和一个刚性平面，当考虑弹性变形时，点接触的膜厚方程为

$$h(x,y) = h_0 + \frac{x^2}{2R_x} + \frac{y^2}{2R_y} + v(x,y) \tag{12.6}$$

式中，$R_x$、$R_y$ 分别为沿 X、Y 方向的当量曲率半径；$v(x, y)$ 为弹性变形。

### 2. 点接触弹性变形方程

根据弹性理论可知：弹性表面上的分布压力 $p(x, y)$ 在表面上各点产生的变形位移 $\delta(x, y)$ 用下列关系表示

$$\delta(x,y) = \frac{2}{\pi E} \iint_{\Omega} \frac{p(s,t)}{\sqrt{(x-s)^2 + (y-t)^2}} ds dt \tag{12.7}$$

式中，$\xi$ 和 $\lambda$ 为对应于 $x$ 和 $y$ 的附加坐标；$\Omega$ 为求解域，如图 12.7 所示。

式(12.7)中积分式的分母部分表示压力作用点 $(s, t)$ 与要计算变形量的点 $(x, y)$ 之间的距离。显然，当 $x = s$、$y = t$ 时，上述积分是奇异的。克服奇异积分的办法是：先将坐标原点平移到 $(s, t)$，式(12.7)变为

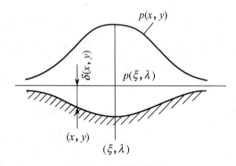

图 12.7 弹性变形

$$\delta(x,y) = \frac{2}{\pi E} \iint_{\Omega} \frac{p'(x,y)}{\sqrt{x^2 + y^2}} dx dy \tag{12.8}$$

然后作极坐标变换：$x = r\cos\theta$，$y = r\sin\theta$，则

$$\delta(x,y) = \frac{2}{\pi E} \iint_{\Omega} p''(r,\theta) dr d\theta \tag{12.9}$$

式(12.9)可用三角函数变换得到积分结果。

### 3. 点接触弹性变形数值计算

弹性变形数值计算的主要困难是计算工作量大。如果采用通常的数值积分方法，

则在每一次迭代中由于分布压力 $p(x, y)$ 的不同，都需要计算每一个节点的变形。而计算每一个节点的变形又必须对整个求解域计算一遍积分。这样，计算工作量太大，而且所需要占用的计算机存储单元也很多。为了克服这一困难，采用变形矩阵是十分有效的办法。

如果将求解域划分成网格，在 $x$ 方向共有 $m$ 个节点，$y$ 方向共有 $n$ 个节点。设 $(i, j)$ 为在 $x$ 方向编号为 $i$ 而在 $y$ 方向编号为 $j$ 的节点，并且定义 $D_{ij}^{kl}$ 为在节点 $(i, j)$ 处有单位节点压力作用而其余节点上压力为零时，在节点 $(k, l)$ 上产生的变形量。于是，弹性变形方程的离散形式为

$$\delta_{kl} = \frac{2}{\pi E'} \sum_{i=1}^{n} \sum_{j=1}^{m} D_{ij}^{kl} p_{ij} \tag{12.10}$$

其中，$\delta_{kl}$ 为节点 $(k, l)$ 处的弹性变形量；$p_{ij}$ 为节点 $(i, j)$ 处的节点压力。

类似线接触的情况，只需一次算出全部 $D_{ij}^{kl}$ 并存储起来，在迭代过程反复计算变形时即可代入式(12.7)，而不必重复计算数值积分，从而大大地减少运算工作量。

如果采用等距网格，则有

$$D_{ij}^{kl} = D_{kj}^{il}$$
$$D_{ij}^{kl} = D_{il}^{kj} \tag{12.11}$$

最终，可将需要计算和存储的单元减少至 $m \times n$ 个，但这会相应导致计算精度有所降低。

具体计算弹性变形的算式是

$$\delta_{ij} = \Delta x \sum_{k=1}^{N} \sum_{l=1}^{N} a_{i-k,j-l} p_{kl} \tag{12.12}$$

式中，$\delta_{ij}$ 为节点 $x_i$，$y_j$ 处的弹性变形；$\Delta x = \Delta y$ 为节点间距；$p_{lk}$ 为节点 $x_k$，$y_l$ 处的压力；$a_{i-k,j-l}$ 为含 $D_{ij}^{kl}$ 的积分系数：

$$\begin{aligned}
a_{i-k,j-l} = &(j - l + 0.5) \ln\left[\frac{f(j - l + 0.5, i - k + 0.5)}{f(j - l - 0.5, i - k + 0.5)}\right] \\
&+ (i - k - 0.5) \ln\left[\frac{f(i - k - 0.5, j - l - 0.5)}{f(i - k + 0.5, j - l - 0.5)}\right] \\
&+ (j - l - 0.5) \ln\left[\frac{f(j - l - 0.5, i - k - 0.5)}{f(j - l + 0.5, i - k - 0.5)}\right] \\
&+ (i - k + 0.5) \ln\left[\frac{f(i - k + 0.5, j - l + 0.5)}{f(i - k - 0.5, j - l + 0.5)}\right]
\end{aligned} \tag{12.13}$$

式中，函数 $f(x, y) = x + \sqrt{x^2 + y^2}$

**4. 计算框图**

点接触弹性变形计算框图如图 12.8 所示。在计算前须计算变形系数 $AK$。

**5. 计算程序**

```
SUBROUTINE VI(N,DX,P,V)
DIMENSION P(N,N),V(N,N)
COMMON /COMAK/AK(0:65,0:65)
```

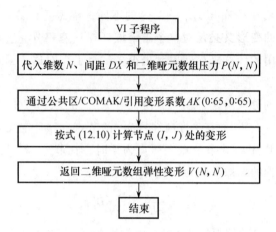

图 12.8　点接触弹性变形计算框图

```
        PAI1 = 0. 2026423
        DO 40 I = 1 , N
        DO 40 J = 1 , N
        H0 = 0. 0
        DO 30 K = 1 , N
        IK = IABS( I − K )
        DO 30 L = 1 , N
        JL = IABS( J − L )
30      H0 = H0 + AK( IK , JL ) * P( K , L )
40      V( I , J ) = H0 * DX * PAI1
        RETURN
        END
        SUBROUTINE SUBAK( MM )
        COMMON /COMAK/AK( 0 :65 , 0 :65 )
        S( X , Y ) = X + SQRT( X ** 2 + Y ** 2 )
        DO 10 I = 0 , MM
        XP = I + 0. 5
        XM = I − 0. 5
        DO 10 J = 0 , I
        YP = J + 0. 5
        YM = J − 0. 5
        A1 = S( YP , XP )/S( YM , XP )
        A2 = S( XM , YM )/S( XP , YM )
        A3 = S( YM , XM )/S( YP , XM )
```

A4 = S( XP,YP)/S( XM,YP)

AK(I,J) = XP * ALOG( A1) + YM * ALOG( A2) + XM * ALOG( A3) + YP * ALOG( A4)

10   AK(J,I) = AK(I,J)

RETURN

END

在程序中，输入和输出变量有：$N$ 为单方向节点数，总节点为 $N \times N$；$DX = DY$ 为等距节点距离；$P(I, J)$ 为各节点压力；$V(I, J)$ 为各节点弹性变形。另外，由于 $a_{i-k,j-l}$ 与压力无关，在需要多次弹性变形计算的情况下，只要计算一次 $a_{i-k,j-l}$ 就可以了，不必重复计算。因此，为节约计算时间，这里将计算 $a_{i-k,j-l}$ 的部分独立编制成了一个子程序 SUBAK。

### 6. 算例

在 PCAL 子程序中，给出用 Hertz 接触应力计算一半径为 $R$ 的弹性球体与刚性平面接触的变形计算结果。在 $x \times y$ 为 $(-1.2, 1.2) \times (-1.2, 1.2)$ 的区间上，每方向均划分了 33 个节点，量纲一化后的弹性球体的半径为 1。计算主程序框图与源程序如下：

1）主程序框图（图 12.9）

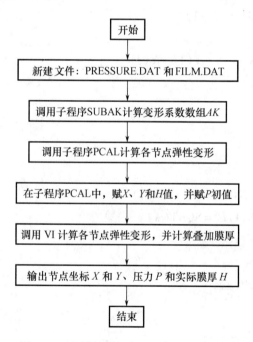

图 12.9　点接触弹性变形计算主程序框图

2）源程序

点接触弹性变形计算主程序的源程序：

```
DIMENSION P(4500),H(4500),V(4500),X(65),Y(65)
OPEN (8,FILE = ' PRESS. DAT ',STATUS = ' UNKNOWN ')
```

```
      OPEN (10,FILE ='FILM. DAT',STATUS ='UNKNOWN')
      N = 33
      CALL SUBAK(N)
      CALL PCAL(N,X,Y,P,H,V)
      STOP
      END
      SUBROUTINE PCAL(N,X,Y,P,H,V)
      DIMENSION P(N,N),H(N,N),X(N),Y(N),V(N,N)
      COMMON /COMAK/AK(0:65,0:65)
      KL = ALOG(N - 1. )/ALOG(2. ) - 1. 99
      DX = 2. 4/(N - 1. 0)
      DO I = 1,N
      X(I) = - 1. 2 + DX * (I - 1)
      A = X(I) * X(I)
      DO J = 1,N
      Y(J) = - 1. 2 + DX * (J - 1)
      P(I,J) = 0. 0
      H(I,J) = 0. 5 * A + 0. 5 * Y(J) * Y(J)
      ENDDO
      ENDDO
      M = 0
      DO I = 1,N
      DO J = 1,N
      A = 1. 0 - X(I) * X(I) - Y(J) * Y(J)
      IF( A. GE. 0. 0) P(I,J) = SQRT(A)
      ENDDO
      ENDDO
      CALL VI(N,DX,P,V)
      DO 10 I = 1,N
      DO 10 J = 1,N
      H(I,J) = H(I,J) + V(I,J)
10    CONTINUE
      XP = 1. 0
      WRITE(8,20)XP,(Y(I),I = 1,N)
      WRITE(10,20)XP,(Y(I),I = 1,N)
      DO I = 1,N
```

WRITE$(8,20)$X$(I)$,$(P(I,J),J=1,N)$

WRITE$(10,20)$X$(I)$,$(H(I,J),J=1,N)$

ENDDO

20  FORMAT$(1X,34(F6.3,1X))$

STOP

END

3）计算结果

给出的压力分布和计算得到的膜厚如图 12.10 所示。注意，在实际弹流润滑计算时，式(12.6)中的刚体位移量 $h_0$ 需通过载荷平衡调整确定。

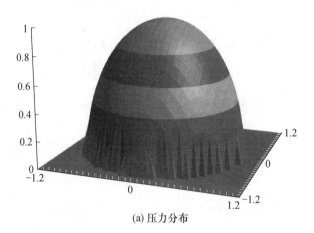

(a) 压力分布

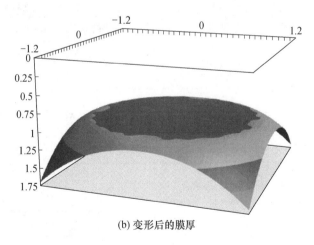

(b) 变形后的膜厚

图 12.10  点接触弹性变形计算结果

## 12.3  粘压方程

当液体或气体所受的压力增加时，分子之间的距离减小而分子间的作用力增大，因而粘度增加。通常，当矿物油所受压力超过 0.02 GPa 时，粘度随压力变化会发生十分明显的变化。随着压力的增加粘度的变化率也增加，润滑油在 1 GPa 压力下的粘度较其常压下的粘度可以升高几个量级。当压力更高时，矿物油将丧失液体性质而变成蜡状固体。由此可知：对于重载荷流体动压润滑，特别是弹性流体动压润滑状态，粘压特性是至关重要的因素之一。

**1. 粘压方程**

描述粘度和压力之间变化规律的粘压方程主要有

Barus $\qquad \eta = \eta_0 e^{\alpha p}$ (12.13)

Roelands $\qquad \eta = \eta_0 \exp\{(\ln \eta_0 + 9.67)[-1 + (1 + p/p_0)^z]\}$ (12.14)

Cameron $\qquad \eta = \eta_0 (1 + cp)^{16}$ (12.15)

式中，$\eta$ 为压力 $p$ 时的粘度；$\eta_0$ 为大气压（$p = 0$）下的粘度；$\alpha$ 为粘压系数；$p_0$ 为压力系数，可取为 $5.1 \times 10^9$；对一般的矿物油，$z$ 通常可取为 0.68；$c$ 可近似取为 $\dfrac{\alpha}{15}$。

当压力大于 1 GPa 后，用 Barus 粘压方程得到的粘度值过大，Roelands 粘压方程更符合实际情况。

粘压系数 $\alpha$ 一般可取 $2.2 \times 10^{-8}$ m²/N。各类润滑油的粘压系数值在表 12.1 和表 12.2 给出。

**表 12.1　矿物油的粘压系数 $\alpha$（$\times 10^{-8}$ m²/N）**

| 温度 /℃ | 环烷基 | | | 石蜡基 | | |
|---|---|---|---|---|---|---|
| | 锭子油 | 轻机油 | 重机油 | 轻机油 | 重机油 | 汽缸油 |
| 30 | 2.1 | 2.6 | 2.8 | 2.2 | 2.4 | 3.4 |
| 60 | 1.6 | 2.0 | 2.3 | 1.9 | 2.1 | 2.8 |
| 90 | 1.3 | 1.6 | 1.8 | 1.4 | 1.6 | 2.2 |

**表 12.2　部分基础油在 25 ℃时的粘压系数 $\alpha$（$\times 10^{-8}$ m²/N）**

| 润滑油类型 | $\alpha$ | 润滑油类型 | $\alpha$ |
|---|---|---|---|
| 石蜡基 | 1.5 ~ 2.4 | 烷基硅油 | 1.4 ~ 1.8 |
| 环烷基 | 2.5 ~ 3.6 | 聚 醚 | 1.1 ~ 1.7 |
| 芳香基 | 4 ~ 8 | 芳香硅油 | 3 ~ 5 |
| 聚烯烃 | 1.5 ~ 2.0 | 氯化烷烃 | 0.7 ~ 5 |
| 双 酯 | 1.5 ~ 2.5 | | |

**2. 粘度随温度和压力变化的关系式**

粘温方程已经在 10.2 节做了讨论。当同时考虑温度和压力对粘度的影响时，通常将粘温公式和粘压公式组合在一起使用。常用的表达式有：

（1）Barus 与 Reynolds 公式

$$\eta = \eta_0 \exp[\alpha p - \beta(T - T_0)] \tag{12.16}$$

（2）Roelands 公式

$$\eta = \eta_0 \exp\left\{(\ln \eta_0 + 9.67)\left[(1 + 5.1 \times 10^{-9} p)^{0.68} \times \left(\frac{T - 138}{T_0 - 138}\right)^{-1.1} - 1\right]\right\} \tag{12.17}$$

式（12.16）较简单，便于运算，而式（12.17）则较准确，因此在实际中使用更多。

**3. 密压方程**

为了计算方便，密度随压力变化常采用如下关系式：

$$\rho = \rho_0\left(1 + \frac{0.6p}{1 + 1.7p}\right) \tag{12.18}$$

式中，$\rho_0$ 为 $p = 0$ 时的密度；$p$ 的单位为 GPa。

以上公式由于都是解析式，因此在数值计算时只要写出相应的计算公式就可以直接使用。例如对二维问题，上述方程的量纲一化数值计算形式可写成：

$$\eta_{i,j}^* = \exp(\alpha p_{i,j}) \tag{12.19}$$

$$\eta_{i,j}^* = \exp\left\{(\ln \eta_0 + 9.67)\left[-1 + \left(1 + \frac{p_{i,j}}{p_0}\right)^z\right]\right\} \tag{12.20}$$

$$\eta_{i,j}^* = (1 + c p_{i,j})^{16} \tag{12.21}$$

$$\eta_{i,j}^* = \exp[\alpha p_{i,j} - \beta(T_{i,j} - T_0)] \tag{12.22}$$

$$\eta_{i,j}^* = \exp\left\{(\ln \eta_0 + 9.67)\left[(1 + 5.1 \times 10^{-9} p_{i,j})^{0.68} \times \left(\frac{T_{i,j} - 138}{T_0 - 138}\right)^{-1.1} - 1\right]\right\} \tag{12.23}$$

$$\rho_{i,j}^* = \left(1 + \frac{0.6 p_{i,j}}{1 + 1.7 p_{i,j}}\right) \tag{12.24}$$

式中：$\eta_{i,j}^* = \dfrac{\eta_{i,j}}{\eta_0}$；$\rho_{i,j}^* = \dfrac{\rho_{i,j}}{\rho_0}$。

# 第十三章

# 线接触等温弹流润滑计算方法与程序

## ■ 13.1 线接触等温弹流润滑基本方程

线接触等温弹流润滑基本方程包括：Reynolds 方程、膜厚方程、变形方程、粘压方程和密压方程：

Reynolds 方程

$$\frac{\mathrm{d}}{\mathrm{d}x}\left(\frac{\rho h^3}{\eta}\frac{\mathrm{d}p}{\mathrm{d}x}\right) = 12U\frac{\mathrm{d}\rho h}{\mathrm{d}x} \tag{13.1}$$

膜厚方程

$$h(x) = h_c + \frac{x^2}{2R} + v(x) \tag{13.2}$$

变形方程

$$v(x) = -\frac{2}{\pi E}\int_{x_0}^{x_e} p(s)\ln(s-x)^2\mathrm{d}s + c \tag{13.3}$$

粘压方程

$$\eta = \eta_0\exp\left\{(\ln\eta_0 + 9.67)\left\lfloor -1 + \left(1 + \frac{p}{p_0}\right)^z\right\rfloor\right\} \tag{13.4}$$

密压方程

$$\rho = \rho_0\left(1 + \frac{0.6p}{1 + 1.7p}\right) \tag{13.5}$$

由于粘压方程和膜厚方程中的弹性变形都随压力而变化，因此一般的做法是先给定一个初始压力分布(如 Hertz 接触压力)计算膜厚和粘度值，然后代入 Reynolds 方程求解新压力分布，不断对前一次的压力分布进行迭代修正、计算弹性变形、改变膜厚，直至两次迭代得到的压力差十分接近，迭代结束。从而求得最终的压力分布和含弹性变形的膜厚。

## ■ **13.2 线接触等温弹流润滑计算方法**

### 1. 量纲一化方程

经量纲一化后的弹流润滑线接触问题的 Reynolds 方程为

$$\frac{\mathrm{d}}{\mathrm{d}X}\left(\varepsilon \frac{\mathrm{d}P}{\mathrm{d}X}\right) - \frac{\mathrm{d}(\rho^* H)}{\mathrm{d}X} = 0 \tag{13.6}$$

式中，$\varepsilon = \dfrac{\rho H^3}{\eta \lambda}$，$\lambda = \dfrac{12\eta_0 U R^2}{b^2 p_H}$；$X$ 为量纲一化坐标，$X = \dfrac{x}{b}$；$b$ 为接触区半宽；$P$ 为量纲一化压力，$P = \dfrac{p}{p_H}$；$H$ 为量纲一化膜厚，$H = \dfrac{hR}{b^2}$。

边界条件为

入口区 $\qquad P(X_0) = 0$

出口区 $\qquad P(X_e) = 0 \quad \dfrac{\mathrm{d}P(X_e)}{\mathrm{d}X} = 0$

膜厚方程

$$H(X) = H_0 + \frac{X^2}{2} - \frac{1}{\pi}\int_{X_0}^{X_e} \ln|X - X'| p(X')\,\mathrm{d}X' \tag{13.7}$$

密度－压力关系

$$\rho^* = 1 + \frac{0.6p}{1 + 1.7p} \tag{13.8}$$

粘度－压力关系

$$\eta^* = \exp\{[\ln(\eta_0) + 9.67][-1 + (1 + 5.1 \times 10^{-9} P \cdot p_H)^{0.68}]\} \tag{13.9}$$

载荷方程

$$W = \int_{X_0}^{X_e} P\,\mathrm{d}x = \frac{\pi}{2} \tag{13.10}$$

以上各式中：$P$ 为量纲一化压力，$P = \dfrac{p}{p_H}$ 为压力；$p_H$ 为 Hertz 最大压力；$X$ 为量纲一化坐标 $X = \dfrac{x}{b}$，$x$ 为坐标；$b$ 为 Hertz 接触区半长；$H$ 为量纲一化膜厚，$H = \dfrac{hR}{b^2}$，$h$ 为膜厚，$R$ 为物体等效半径；$\rho^*$ 为量纲一化密度 $\rho^* = \dfrac{\rho}{\rho_0}$，$\rho$ 为润滑油密度，$\rho_0$ 为零压时润滑油密度；$\eta^*$ 为量纲一化粘度 $\eta^* = \dfrac{\eta}{\eta_0}$，$\mu$ 为润滑油粘度，$\eta_0$ 为零压时润滑油粘度；$U$ 为平均速度 $U = \dfrac{u_1 + u_2}{2}$，$u_1$ 和 $u_2$ 分别为两表面切向速度；$H_0$ 为量纲一化刚体位移。$X_0$ 和 $X_e$ 分别为入口处和出口处量纲一化坐标。$X_0$ 通常是给定的，而 $X_e$ 要通过边界条件确定。

### 2. 差分方程

利用中心和向前差分格式离散式(13.6),可得到离散后的差分方程。膜厚方程和载荷方程也可以按数值积分方法写成离散的形式,这些方程可写成

$$\frac{\varepsilon_{i-1/2}P_{i-1} - (\varepsilon_{i-1/2} + \varepsilon_{i+1/2})P_i + \varepsilon_{i+1/2}P_{i+1}}{\Delta X^2} = \frac{\rho_i^* H_i - \rho_{i-1}^* H_{i-1}}{\Delta X} \tag{13.11}$$

式中,$\varepsilon_{i\pm1/2} = \frac{1}{2}(\varepsilon_i + \varepsilon_{i\pm1})$;$\Delta X = X_i - X_{i-1}$。

入口区边界条件为 $P(X_0) = 0$;出口区的边界条件通过置负压为 0 而确定。

膜厚离散方程

$$H_i = H_0 + \frac{x_i^2}{2} - \frac{1}{\pi}\sum_{j=1}^{n} K_{ij}P_j \tag{13.12}$$

其中,$K_{ij}$ 为变形系数。

离散载荷方程为

$$\Delta X \sum_{i=1}^{n} \frac{P_i + P_{i+1}}{2} = \frac{\pi}{2} \tag{13.13}$$

式中,$K_{ij}$ 为弹性变形刚度系数。

### 3. 迭代法

迭代过程包括压力修正与载荷平衡所需的刚体位移的修正,这些都是在某一网格下进行的。对于压力修正,常用的 Gauss – Seidel 迭代法对较轻的压力适用;当压力较大时这种方法容易发散,所以在高压力区可采用 Jacobi 双极子迭代法。这种迭代法修正压力的方程可写成

$$\bar{P}_i = \tilde{P}_i + c_1\delta_i \tag{13.14}$$

式中,$c_1$ 是松弛因子;$\delta_i$ 是压力修正量;$\bar{P}_i$ 和 $\tilde{P}_i$ 分别是迭代修正前后的压力。

对 Gauss – Seidel 迭代法

$$\delta_i = \left(\frac{\partial L_i}{\partial P_i}\right)^{-1}\bar{\gamma}_i \tag{13.15}$$

对 Jacobi 双极子迭代法

$$\delta_i = \left(\frac{\partial L_i}{\partial P_i} - \frac{\partial L_i}{\partial P_{i-1}}\right)^{-1}\tilde{\gamma}_i \tag{13.16}$$

式中,

$$\bar{\gamma}_i = -\frac{\varepsilon_{i-1/2}\bar{P}_{i-1} - (\varepsilon_{i-1/2} + \varepsilon_{i+1/2})\bar{P}_i + \varepsilon_{i+1/2}\bar{P}_{i+1}}{\Delta X^2} + \frac{\rho_i^*\tilde{H}_i - \rho_{i-1}^*\tilde{H}_{i-1}}{\Delta X} \tag{13.17}$$

$\tilde{\gamma}_i$ 是将上式中 $\bar{P}_{i-1}$ 换成 $\tilde{P}_{i-1}$。$\frac{\partial L_i}{\partial P_i}$ 为 $L_i$ 对 $P_i$ 的导数,由于 $H_i$ 也是压力的函数,所以求导时应予以考虑,但为了方便起见 $\varepsilon$ 对 $P_i$ 的函数在求导时可以不计,这样可得

$$\frac{\partial L_i}{\partial P_i} = -\frac{\varepsilon_{i-1/2} + \varepsilon_{i+1/2}}{\Delta X^2} + \frac{1}{\pi} \frac{\rho_i^* K_{ii} - \rho_{i-1}^* K_{i-1,i}}{\Delta X} \qquad (13.18)$$

$\dfrac{\partial L_i}{\partial P_{i-1}}$ 可类推求得。

在采用 Jacobi 双极子迭代法时要注意同时在本点加上 $\delta_i$ 和在前点减去 $\delta_i$，即

$$\bar{P}_i = \tilde{P}_i + c_2 \delta_i; \quad \bar{P}_{i-1} = \tilde{P}_{i-1} - c_2 \delta_i \qquad (13.19)$$

载荷平衡条件是通过修正刚体位移 $H_0$ 来改变压力值间接完成的，做法是

$$\bar{H}_0 = \tilde{H}_0 + c_3 \left[ g - \frac{\Delta X}{\pi} \sum_{i=1}^{N-1} (P_i + P_{i+1}) \right] \qquad (13.20)$$

其中，$c_2$ 和 $c_3$ 均为松弛因子；$g$ 是量纲一化载荷。

**4. 迭代方法的选用**

在迭代过程中修正压力时，上述两种方法可以同时在同一问题计算的不同区域上使用。这是因为迭代是减少局部误差的方法，不论采用何种方法只要全域误差均满足要求即可，所以可以分别就高压和低压区采用两种迭代方法。另一个问题是如何划分这两种迭代方法适用的区域。因为当某点未满足方程时，要修正的压力可分为两部分（见式 13.17），即

压力影响部分

$$A_1 = \frac{\varepsilon_{i-1/2} + \varepsilon_{i+1/2}}{\Delta X^2} \qquad (13.21)$$

膜厚影响部分

$$A_2 = \frac{1}{\pi} \frac{\bar{P}_i K_{ii} - \bar{P}_i K_{i-1,i}}{\Delta X} \qquad (13.22)$$

当 $A_1$ 较大时 Guass – Seidel 法修正较有效，而当 $A_2$ 较大时，由于 $\gamma_i$ 中的膜厚没有修正从而采用 Guass – Seidel 法会使压力与膜厚不能协调变化，从而容易发散。通常采用 $A_1$ 和 $A_2$ 的比值来作为划分迭代适用区的参量，通过计算表明，应当在 $A_1 \geq 0.1 A_2$ 的区域上采用 Guass – Seidel 法，而在 $A_1 < A_2$ 的区域上采用 Jacobi 双极子法效果较好。

**5. 松弛因子的选用**

松弛因子的选择常关系到计算是否收敛。在迭代过程中需要选择三个松弛因子，即 Guass – Seidel 迭代松弛因子 $c_1$，Jacobic 双极子迭代松弛因子 $c_2$ 和刚体位移修正松弛因子 $c_3$。通常这些松弛因子的取值要靠经验。对前两个松弛因子大致的范围是：$c_1 = 0.3 \sim 1.0$ 和 $c_2 = 0.1 \sim 0.6$。计算发现 $c_2$ 对收敛的影响较大，特别在重载荷工况下，$c_2$ 应取小值。但对 $c_3$ 则没有较确定的范围来确定它。事实上，如果利用已有的经验公式可以得到一个既简单易行、又效果较好的取值方法。这是因为通常膜厚与工况参数的关系可以表示成

$$h = G^\alpha U^\beta W^\gamma \qquad (13.23)$$

式中，$G = \alpha'E$、$U = \dfrac{\eta_0 u}{ER}$、$W = \dfrac{w}{ER}$，分别为材料的剪切弹性模量、速度和载荷参数。

$\alpha'$是粘压公式中的压力系数，$E$是材料综合弹性模量，$\eta_0$是初始粘度，$u$为表面平均速度，$R$为表面综合曲率半径，$w$为载荷，$\alpha$、$\beta$、$\gamma$为经验公式指数。

如果载荷不平衡，可以认为当载荷有一增量时对应的膜厚增量为

$$\mathrm{d}h = \gamma G^\alpha U^\beta W^{\gamma-1}\mathrm{d}W \tag{13.24}$$

由于$g - \dfrac{\Delta X}{\pi}\sum_{i=1}^{N-1}(P_i + P_{i+1}) = -\mathrm{d}W$，所以这时的刚体位移修正量为

$$\mathrm{d}h = \bar{H}_0 - \tilde{H}_0 = -c_3\mathrm{d}W \tag{13.25}$$

由式(13.24)和式(13.25)可以确定松弛因子$c_3$。

## ■ 13.3 线接触等温弹流润滑计算程序

### 1. 计算框图（图13.1）

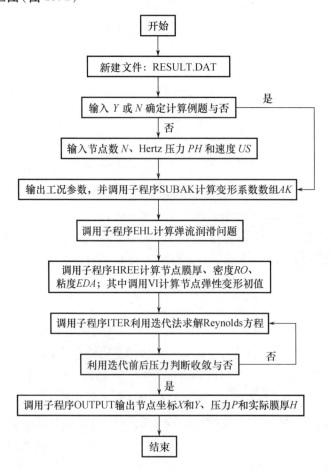

图 13.1　线接触等温弹流计算框图

**2. 计算程序**

1）预赋值参数

节点数 $N = 129$

量纲一化起始点坐标 $X0 = -4.0$

量纲一化终止点坐标 $XE = 1.4$

载荷 $W = 1.E5$ N

综合弹性模量 $E1 = 2.21E11$ Pa

初始粘度 $EDA0 = 0.028$ Pa·s

圆柱半径 $R = 0.012183$ m

速度 $US = 0.87$ m/s

滑滚比 $CU = 0.67$

迭代系数 $C1 = 0.5$

2）输入参数

载荷特性系数 S = "Y"或"y"为算例 = "N"或"n"为非算例

如果 S = "N"或"n"，则须输入：

节点数（应为 $2^n + 1$） $N < 1100$

Hertz 接触最大压力 $PH$ Pa

速度 $US$ m/s

3）输出参数

在文件 RESULT. DAT 中，除了输入参数外，还按列输出以下性能参数：

参数 变量

节点坐标 $X(I)$

节点压力 $P(I)$

节点膜厚 $H(I)$

节点残差 $R(I)$

4）源程序

```
PROGRAM LINEEHL
CHARACTER * 1 S,S1,S2
COMMON /COM1/ENDA,A1,A2,A3,Z,C1,C3,CW/COM2/EDA0/COM4/X0,XE/
COM3/E1,PH,B,U1,U2,R
DATA PAI,Z,P0/3. 14159265,0. 68,1. 96E8/,S1,S2/1HY,1Hy/
DATA N,X0,XE,W,E1,EDA0,R,US,CU,C1/129, - 4. 0,1. 4,1. E5,2. 21E11,
0. 028,0. 012183,0. 87,0. 67,0. 5/
OPEN(8,FILE ='RESULT. DAT',STATUS ='UNKNOWN')
WRITE( * , * )'Show the example or not (Y or N)? '
READ( * ,'(A)')S
```

```
       IF( S. EQ. S1. OR. S. EQ. S2 ) THEN
       GOTO 10
       ENDIF
       WRITE( * , * )' N , PH , US = '
       READ( * , * ) N , PH , US
       W = 2. * PAI * R * PH * ( PH/E1 )
       WRITE( * , * )' W = ', W
10     W1 = W/( E1 * R )
       PH = E1 * SQRT( 0. 5 * W1/PAI )
       A1 = ( ALOG( EDA0 ) + 9. 67 )
       A2 = PH/P0
       A3 = 0. 59/( PH * 1. E - 9 )
       B = 4. * R * PH/E1
       ALFA = Z * A1/P0
       G = ALFA * E1
       U = EDA0 * US/( 2. * E1 * R )
       CC1 = SQRT( 2. * U )
       AM = 2. * PAI * ( PH/E1 ) ** 2/CC1
       AL = G * SQRT( CC1 )
       CW = ( PH/E1 ) * ( B/R )
       C3 = 1. 6 * ( R/B ) ** 2 * G ** 0. 6 * U ** 0. 7 * W1 ** ( - 0. 13 )
       ENDA = 3. * ( PAI/AM ) ** 2/8.
       U1 = 0. 5 * ( 2. + CU ) * U
       U2 = 0. 5 * ( 2. - CU ) * U
       CW = - 1. 13 * C3
       WRITE( * , * ) N , X0 , XE , W , E1 , EDA0 , R , US
       WRITE( 8 , * ) N , X0 , XE , W , E1 , EDA0 , R , US , B , PH
       WRITE( * , 40 )
40     FORMAT( 2X ,'        Wait        Please ', //)
       CALL SUBAK( N )
       CALL EHL( N )
       STOP
       END
       SUBROUTINE EHL( N )
       DIMENSION X( 1100 ) , P( 1100 ) , H( 1100 ) , RO( 1100 ) , POLD( 1100 ) , EPS( 1100 ) ,
EDA( 1100 ) , R( 1100 )
```

```
        COMMON /COM1/ENDA,A1,A2,A3,Z,C1,C3,CW/COM4/X0,XE
        COMMON /COM3/E1,PH,B,U1,U2,RR
        DATA MK,G0/1,1.570796325/
        NX = N
        DX = (XE - X0)/(N - 1.0)
        DO 10 I = 1,N
        X(I) = X0 + (I - 1) * DX
        IF(ABS(X(I)).GE.1.0)P(I) = 0.0
        IF(ABS(X(I)).LT.1.0)P(I) = SQRT(1. - X(I) * X(I))
10      CONTINUE
        CALL HREE(N,DX,H00,G0,X,P,H,RO,EPS,EDA)
        CALL FZ(N,P,POLD)
14      KK = 19
        CALL ITER(N,KK,DX,H00,G0,X,P,H,RO,EPS,EDA,R)
        MK = MK + 1
        CALL ERROP(N,P,POLD,ERP)
        WRITE( * , * )ERP
        IF(MK.EQ.2)THEN
        ENDIF
        IF(ERP.GT.1.E - 4.AND.MK.LE.200)THEN
        GOTO 14
        ENDIF
105     IF(MK.GE.200)THEN
        WRITE( * , * )'Pressures are not convergent !!! '
        READ( * , * )
        ENDIF
        H2 = 1.E3
        P2 = 0.0
        DO 106 I = 1,N
        IF(H(I).LT.H2)H2 = H(I)
        IF(P(I).GT.P2)P2 = P(I)
106     CONTINUE
        H3 = H2 * B * B/RR
        P3 = P2 * PH
110     FORMAT(6(1X,E12.6))
120     CONTINUE
```

```
      WRITE(8,*)'P2,H2,P3,H3 =',P2,H2,P3,H3
      CALL OUTHP(N,X,P,H,R)
      RETURN
      END
      SUBROUTINE OUTHP(N,X,P,H,R)
      DIMENSION X(N),P(N),H(N),R(N)
      DX = X(2) - X(1)
      DO 10 I = 1,N
      WRITE(8,20)X(I),P(I),H(I),R(I)
10    CONTINUE
20    FORMAT(1X,6(F12.6,1X))
      RETURN
      END
      SUBROUTINE HREE(N,DX,H00,G0,X,P,H,RO,EPS,EDA)
      DIMENSION X(N),P(N),H(N),RO(N),EPS(N),EDA(N)
      DIMENSION W(2200)
      COMMON /COM1/ENDA,A1,A2,A3,Z,C1,C3,CW,K/COM2/EDA0/COMAK/AK
(0:1100)
      DATA KK,NW,PAI1/0,2200,0.318309886/
      IF(KK.NE.0)GOTO 3
      HM0 = C3
      H00 = 0.0
3     W1 = 0.0
      DO 4 I = 1,N
4     W1 = W1 + P(I)
      C3 = (DX*W1)/G0
      DW = 1. - C3
      CALL VI(N,DX,P,W)
      HMIN = 1.E3
      DO 30 I = 1,N
      H0 = 0.5*X(I)*X(I) + W(I)
      IF(H0.LT.HMIN)HMIN = H0
      H(I) = H0
30    CONTINUE
      IF(KK.NE.0)GOTO 32
      KK = 1
```

```
        H00 = - HMIN + HM0
32      H0 = H00 + HMIN
        IF( H0. LE. 0. 0) GOTO 48
        IF( H0 + 0. 3 * CW * DW. GT. 0. 0) HM0 = H0 + 0. 3 * CW * DW
        IF( H0 + 0. 3 * CW * DW. LE. 0. 0) HM0 = HM0 * C3
48      H00 = HM0 - HMIN
50      DO 60 I = 1 , N
60      H( I) = H00 + H( I)
        DO 100 I = 1 , N
        EDA( I) = EXP( A1 * ( - 1. + ( 1. + A2 * P( I) ) ** Z) )
        RO( I) = ( A3 + 1. 34 * P( I) )/( A3 + P( I) )
        EPS( I) = RO( I) * H( I) ** 3/( ENDA * EDA( I) )
100     CONTINUE
        RETURN
        END
        SUBROUTINE ITER( N , KK , DX , H00 , G0 , X , P , H , RO , EPS , EDA , R)
        DIMENSION X( N) , P( N) , H( N) , RO( N) , EPS( N) , EDA( N) , R( N)
        COMMON /COM1/ENDA , A1 , A2 , A3 , Z , C1 , C3 , CW
        COMMON /COMAK/AK( 0 : 1100)
        DATA KG1 , PAI/0 , 3. 14159265/
        IF( KG1. NE. 0) GOTO 5
        KG1 = 1
        DX1 = 1. /DX
        DX2 = DX * DX
        DX3 = 1. /DX2
        DX4 = DX1/PAI
        DXL = DX * ALOG( DX)
        AK0 = DX * AK( 0) + DXL
        AK1 = DX * AK( 1) + DXL
5       DO 100 K = 1 , KK
        D2 = 0. 5 * ( EPS( 1) + EPS( 2) )
        D3 = 0. 5 * ( EPS( 2) + EPS( 3) )
        D5 = DX1 * ( RO( 2) * H( 2) - RO( 1) * H( 1) )
        D7 = DX4 * ( RO( 2) * AK0 - RO( 1) * AK1)
        PP = 0.
        DO 70 I = 2 , N - 1
```

```
           D1 = D2
           D2 = D3
           D4 = D5
           D6 = D7
           IF( I + 2. LE. N)D3 = 0. 5 * ( EPS( I + 1) + EPS( I + 2) )
           D5 = DX1 * ( RO( I + 1) * H( I + 1) − RO( I) * H( I) )
           D7 = DX4 * ( RO( I + 1) * AK0 − RO( I) * AK1)
           DD = ( D1 + D2) * DX3
           IF(0. 05 * DD. LT. ABS( D6) )GOTO 10
           RI = − DX3 * ( D1 * P( I − 1) − ( D1 + D2) * P( I) + D2 * P( I + 1) ) + D4
           R( I) = RI
           DLDP = − DX3 * ( D1 + D2) + D6
           RI = RI/DLDP
           RI = RI/C1
           GOTO 20
      10   RI = − DX3 * ( D1 * PP − ( D1 + D2) * P( I) + D2 * P( I + 1) ) + D4
           R( I) = RI
           DLDP = − DX3 * ( 2. * D1 + D2) + 2. * D6
           RI = RI/DLDP
           RI = 0. 5 * RI
           IF( I. GT. 2. AND. P( I − 1) − C1 * RI. GT. 0. 0)P( I − 1) = P( I − 1) − C1 * RI
      20   PP = P( I)
           P( I) = P( I) + C1 * RI
           IF( P( I). LT. 0. 0)P( I) = 0. 0
           IF( P( I). LE. 0. 0)R( I) = 0. 0
      70   CONTINUE
           CALL HREE( N, DX, H00, G0, X, P, H, RO, EPS, EDA)
     100   CONTINUE
           RETURN
           END
           SUBROUTINE VI( N, DX, P, V)
           DIMENSION P( N), V( N)
           COMMON /COMAK/AK(0:1100)
           PAI1 = 0. 318309886
           C = ALOG( DX)
           DO 10 I = 1, N
```

```
        V( I ) = 0. 0
        DO 10 J = 1 , N
        IJ = IABS( I – J )
10      V( I ) = V( I ) + ( AK( IJ ) + C ) * DX * P( J )
        DO I = 1 , N
        V( I ) = – PAI1 * V( I )
        ENDDO
        RETURN
        END
        SUBROUTINE SUBAK( MM )
        COMMON /COMAK/AK( 0 :1100 )
        DO 10 I = 0 , MM
10      AK( I ) = ( I + 0. 5 ) * ( ALOG( ABS( I + 0. 5 ) ) – 1. ) – ( I – 0. 5 ) * ( ALOG( ABS( I –
0. 5 ) ) – 1. )
        RETURN
        END
        SUBROUTINE FZ( N , P , POLD )
        DIMENSION P( N ) , POLD( N )
        DO 10 I = 1 , N
10      POLD( I ) = P( I )
        RETURN
        END
        SUBROUTINE ERROP( N , P , POLD , ERP )
        DIMENSION P( N ) , POLD( N )
        SD = 0. 0
        SUM = 0. 0
        DO 10 I = 1 , N
        SD = SD + ABS( P( I ) – POLD( I ) )
        POLD( I ) = P( I )
10      SUM = SUM + P( I )
        ERP = SD/SUM
        RETURN
        END
```

**3. 计算结果**

在程序给定工况下，压力与膜厚的计算结果如图 13.2 所示。

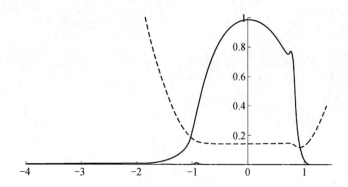

图 13.2 线接触等温弹流润滑膜厚与压力分布

# 第十四章

# 点接触等温弹流润滑计算方法与程序

## ■ 14.1  点接触等温弹流润滑基本方程

与线接触等温弹流润滑计算类似，点接触等温弹流润滑问题的基本方程也包括：
Reynolds 方程

$$\frac{\partial}{\partial x}\left(\frac{\rho h^3}{\eta}\frac{\partial p}{\partial x}\right) + \frac{\partial}{\partial y}\left(\frac{\rho h^3}{\eta}\frac{\partial p}{\partial y}\right) = -12U\frac{\partial \rho h}{\partial x} \tag{14.1}$$

膜厚方程

$$h(x,y) = h_0 + \frac{x^2}{2R_x} + \frac{y^2}{2R_y} + v(x,y) \tag{14.2}$$

变形方程

$$v(x,y) = \frac{2}{\pi E}\iint_{\Omega} \frac{p(s,t)}{\sqrt{(x-s)^2 + (y-t)^2}}\mathrm{d}s\mathrm{d}t \tag{14.3}$$

式中，$E$ 为综合弹性模量，$\frac{1}{E} = \frac{1}{2}\left(\frac{1-\nu_1^2}{E_1} + \frac{1-\nu_2^2}{E_2}\right)$，$E_1$ 和 $E_2$ 分别为滚道和滚子的弹性模量，$\nu_1$ 和 $\nu_2$ 分别为滚道和滚子的泊松比。

粘压方程

$$\eta = \eta_0 \exp\left\{(\ln\eta_0 + 9.67)\left\lfloor -1 + \left(1 + \frac{p}{p_0}\right)^z\right\rfloor\right\} \tag{14.4}$$

密压方程

$$\rho = \rho_0\left(1 + \frac{0.6p}{1+1.7p}\right) \tag{14.5}$$

式中，$p$ 的单位是 GPa。

## ■ 14.2  点接触等温弹流润滑计算方法

### 1. 量纲一化方程

经量纲一化后的弹流润滑点接触问题的 Reynolds 方程为

$$\frac{\partial}{\partial X}\Big[\varepsilon\frac{\partial P}{\partial X}\Big] + \alpha^2\frac{\partial}{\partial Y}\Big[\varepsilon\frac{\partial P}{\partial Y}\Big] - \frac{\partial(\rho^* H)}{\partial X} = 0 \qquad (14.6)$$

式中，$\varepsilon = \dfrac{\rho^* H^3}{\eta^* \lambda}$，$\lambda = \dfrac{12\eta_0 u R_x^2}{a^3 p_H K_{ex}^2}$，$R_x$ 为表面在 $x$ 方向上的综合曲率半径，$K_{ex}$ 为表面在 $x$ 方向上的椭圆系数；$X$ 为量纲一化坐标，$X = \dfrac{x}{a}$；$a$ 为接触区在 $x$ 方向上椭圆半轴长；$Y$ 为量纲一化坐标，$Y = \dfrac{y}{b}$；$b$ 为接触区在 $y$ 方向上椭圆半轴长；$\alpha = \dfrac{a}{b}$；$P$ 为量纲一化压力，$P = \dfrac{p}{p_H}$；$H$ 为量纲一化膜厚，$H = \dfrac{hR_x}{a^2}$。

其边界条件为

入口区　　$P(X_0, Y) = 0$

出口区　　$P(X_e, Y) = 0$　　$\dfrac{\partial P(X_e, Y)}{\partial X} = 0$

端部　　　$P\big|_{Y = \pm 1} = 0$

膜厚方程

$$H(X,Y) = H_0 + \frac{X^2 + Y^2}{2} + \frac{2}{\pi^2}\int_{x_0}^{x_e}\int_{y_0}^{y_e}\frac{P(S,T)\,\mathrm{d}S\mathrm{d}T}{\sqrt{(X-S)^2 + (Y-T)^2}} \qquad (14.7)$$

密度 – 压力关系

$$\rho^* = 1 + \frac{0.6p}{1 + 1.7p} \qquad (14.8)$$

粘度 – 压力关系

$$\eta^* = \exp\Big\{\big[\ln(\eta_0) + 9.67\big]\big[-1 + (1 + 5.1\times10^{-9}P\cdot p_H)^{0.68}\big]\Big\} \qquad (14.9)$$

载荷方程

$$\int_{x_0}^{x_e}\int_{y_0}^{y_e}P(X,Y)\,\mathrm{d}X\mathrm{d}Y = \frac{2}{3}\pi \qquad (14.10)$$

以上各式中的参数与线接触问题相比增加了 $y$ 方向的量纲一化坐标 $Y = \dfrac{y}{b}$。$\alpha$ 是 $x$ 和 $y$ 方向划分的比值，若两方向划分间距相等则 $\alpha = 1$。$K_{ex}$ 为 $x$ 方向的相对曲率，对于曲率相等的点接触，$K_{ex} = 1$。以下仅讨论 $\alpha = 1$ 和 $K_{ex} = 1$ 的情况，对于 $\alpha \neq 1$ 或/和 $K_{ex} \neq 1$ 时的弹流计算读者可参见文献[1]。

**2. 差分方程**

点接触 Reynolds 方程的离散形式可写成：

$$\frac{\varepsilon_{i-1/2,j}P_{i-1,j} + \varepsilon_{i+1/2,j}P_{i+1,j} + \varepsilon_{i,j-1/2}P_{i,j-1} + \varepsilon_{i,j+1/2}P_{i,j+1} - \varepsilon_0 P_{ij}}{\Delta X^2} = \frac{\rho_{ij}^* H_{ij} - \rho_{i-1,j}^* H_{i-1,j}}{\Delta X}$$

$$(14.11)$$

式中，$\varepsilon_{i\pm1/2,j} = \dfrac{1}{2}(\varepsilon_{i,j} + \varepsilon_{i\pm1,j})$；$\varepsilon_0 = \varepsilon_{i-1/2,j} + \varepsilon_{i+1/2,j} + \varepsilon_{i,j-1/2} + \varepsilon_{i,j+1/2}$。

膜厚方程

$$H_{ij} = H_0 + \frac{X_i^2 + Y_j^2}{2} + \frac{2}{\pi^2}\sum_{k=1}^{n}\sum_{l=1}^{n}D_{ij}^{kl}P_{kl} \qquad (14.12)$$

式中，$D_{ij}^{kl}$ 为弹性变形刚度系数。

载荷方程

$$\Delta X \Delta Y \sum_{i=1}^{n} \sum_{j=1}^{n} P_{ij} = \frac{2}{3}\pi \qquad (14.13)$$

上面的方程中：$i = 1$，2，$\cdots$，$n$，$j = 1$，2，$\cdots$，$n$。其中，$n$ 是节点数。

　　与线接触情况一样，求解点接触问题也是在低压区用 Gauss – Seidel 迭代法，在高压区采用 Jacobi 双极子迭代法。Gauss – Seidel 迭代法与线接触相同，而 Jacobi 双极子迭代法因为本点与相邻的其他四个节点压力增量有关，所以必须求解一个矩阵方程，同时进行一系列压力的修正。

　　迭代计算过程与线接触同，不赘述。

# 14.3　点接触等温弹流润滑计算程序

## 1. 计算框图（图 14.1）

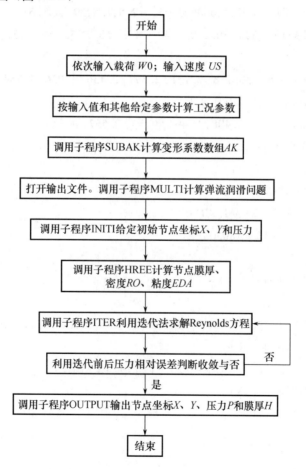

图 14.1　接触等温弹流润滑计算框图

### 2. 计算源程序

预赋值参数：节点数 $N = 65 \times 65$；量纲一化 $X$ 起始点坐标 $X0 = -2.5$；量纲一化 $X$ 终止点坐标 $XE = 1.5$；量纲一化 $Y$ 起始点坐标 $Y0 = -2.0$；量纲一化 $Y$ 终止点坐标 $YE = 2.0$；综合弹性模量 $E1 = 2.21E11$ Pa；初始粘度 $EDA0 = 0.028$ Pa·s；半径 $RX = RY = 0.05$ m。

输入参数：载荷 $W0$；速度 $US$

输出参数：基本数据在文件 OUT. DAT 中；节点压力 $P(I, J)$ 在 PRESSURE. DAT 中；节点膜厚 $H(I, J)$ 在 FILM. DAT 中。

```
PROGRAM POINTEHL
DIMENSION THETA(15),EALFA(15),EBETA(15)
COMMON /COM1/ENDA,A1,A2,A3,Z,HM0
COMMON /COMEK/EK,EAL,EBE
DATA N,PAI,Z,EAL,EBE,E1,EDA0,RX,RY,X0,XE,W0,US/65,3.14159265,
0.68,1.0,1.0,2.21E11,0.0283,0.05,0.05,-2.5,1.5,39.24,1.5/
DATA THETA/10.,20.,30.,35.,40.,45.,50.,55.,60.,65.,70.,75.,80.,
85.,90./
DATA EALFA/6.612,3.778,2.731,2.397,2.136,1.926,1.754,1.611,1.486,
1.378,1.284,1.202,1.128,1.061,1.0/
DATA EBETA/0.319,0.408,0.493,0.53,0.567,0.604,0.641,0.678,0.717,
0.759,0.802,0.846,0.893,0.944,1.0/
EK = RX/RY
AA = 0.5 * (1./RX + 1./RY)
BB = 0.5 * ABS(1./RX - 1./RY)
CC = ACOS(BB/AA) * 180.0/PAI
DO I = 1,15
IF(CC. LT. THETA(I))THEN
WRITE( * , * )I
EAL = EALFA(I - 1) + (CC - THETA(I)) * (EALFA(I) - EALFA(I - 1))/
(THETA(I) - THETA(I - 1))
EBE = EBETA(I - 1) + (CC - THETA(I)) * (EBETA(I) - EBETA(I - 1))/
(THETA(I) - THETA(I - 1))
GOTO 1
ENDIF
ENDDO
1    EA = EAL * (1.5 * W0/AA/E1) ** (1./3.0)
EB = EBE * (1.5 * W0/AA/E1) ** (1./3.0)
```

```
PH = 1. 5 * W0/( EA * EB * PAI)

OPEN( 4 , FILE =' OUT. DAT ', STATUS =' UNKNOWN ')

OPEN( 8 , FILE =' FILM. DAT ', STATUS =' UNKNOWN ')

OPEN( 10 , FILE =' PRESSURE. DAT ', STATUS =' UNKNOWN ')

WRITE( * , * ) N , X0 , XE , W0 , PH , E1 , EDA0 , RX , US

WRITE( 4 , * ) N , X0 , XE , W0 , PH , E1 , EDA0 , RX , US

H00 = 0. 0

MM = N − 1

U = EDA0 * US/( 2. * E1 * RX)

A1 = ALOG( EDA0 ) + 9. 67

A2 = 5. 1E − 9 * PH

A3 = 0. 59/( PH * 1. E − 9 )

B = PAI * PH * RX/E1

W = 2. * PAI * PH/( 3. * E1 ) * ( B/RX) ** 2

ALFA = Z * 5. 1E − 9 * A1

G = ALFA * E1

AHM = 1. 0 − EXP( − 0. 68 * 1. 03 )

HM0 = 3. 63 * ( RX/B) ** 2 * G ** 0. 49 * U ** 0. 68 * W ** ( − 0. 073 ) * AHM

ENDA = 12. * U * ( E1/PH) * ( RX/B) ** 3

UTL = EDA0 * US * RX/( B * B * 2. E7 )

W0 = 2. 0 * PAI * EA * EB * PH/3. 0

WRITE( * , * )'                    Wait please '

CALL SUBAK( MM)

CALL MULTI( N , X0 , XE , H00)

STOP

END

SUBROUTINE MULTI( N , X0 , XE , H00)

DIMENSION X ( 65 ) , Y ( 65 ) , H ( 4500 ) , RO ( 4500 ) , EPS ( 4500 ) , EDA ( 4500 ) ,
P( 4500 ) , POLD( 4500 )

COMMON /COMEK/EK , EAL , EBE

DATA MK , G00/200 , 2. 0943951/

G0 = G00 * EAL * EBE

NX = N

NY = N

NN = ( N + 1 )/2

CALL INITI( N , DX , X0 , XE , X , Y , P , POLD)
```

```
      CALL HREE( N,DX,H00,G0,X,Y,H,RO,EPS,EDA,P)
      M = 0
14    KK = 15
      CALL ITER( N,KK,DX,H00,G0,X,Y,H,RO,EPS,EDA,P)
      M = M + 1
      CALL ERP( N,ER,P,POLD)
      WRITE( * , * )'ER =',ER
      IF( M. LT. MK. AND. ER. GT. 1. E -5)GOTO 14
      CALL OUTPUT( N,DX,X,Y,H,P)
      RETURN
      END
      SUBROUTINE ERP( N,ER,P,POLD)
      DIMENSION P( N,N) ,POLD( N,N)
      ER = 0. 0
      SUM = 0. 0
      NN = ( N + 1)/2
      DO 10 I = 1,N
      DO 10 J = 1,NN
      ER = ER + ABS( P( I,J) - POLD( I,J) )
      SUM = SUM + P( I,J)
10    CONTINUE
      ER = ER/SUM
      DO I = 1,N
      DO J = 1,N
      POLD( I,J) = P( I,J)
      ENDDO
      ENDDO
      RETURN
      END
      SUBROUTINE INITI( N,DX,X0,XE,X,Y,P,POLD)
      DIMENSION X( N) ,Y( N) ,P( N,N) ,POLD( N,N)
      NN = ( N + 1)/2
      DX = ( XE - X0)/( N - 1. )
      Y0 = - 0. 5 * ( XE - X0)
      DO 5 I = 1,N
      X( I) = X0 + ( I - 1) * DX
```

```
          Y(I) = Y0 + (I - 1) * DX
5         CONTINUE
          DO 10 I = 1, N
          D = 1. - X(I) * X(I)
          DO 10 J = 1, NN
          C = D - Y(J) * Y(J)
          IF(C. LE. 0. 0) P(I,J) = 0. 0
10        IF(C. GT. 0. 0) P(I,J) = SQRT(C)
          DO 20 I = 1, N
          DO 20 J = NN + 1, N
          JJ = N - J + 1
20        P(I,J) = P(I,JJ)
          DO I = 1, N
          DO J = 1, N
          POLD(I,J) = P(I,J)
          ENDDO
          ENDDO
          RETURN
          END
          SUBROUTINE HREE(N,DX,H00,G0,X,Y,H,RO,EPS,EDA,P)
          DIMENSION X(N),Y(N),P(N,N),H(N,N),RO(N,N),EPS(N,N),EDA(N,
N)
          DIMENSION W(150,150),P0(150,150)
          COMMON /COM1/ENDA,A1,A2,A3,Z,HM0/COMAK/AK(0:65,0:65)
          COMMON /COMEK/EK,EAL,EBE
          DATA NW,PAI,PAI1/150,3. 14159265,0. 2026423/
          NN = (N + 1)/2
          CALL VI(NW,N,DX,P,W)
          HMIN = 1. E3
          DO 30 I = 1, N
          DO 30 J = 1, NN
          RAD = X(I) * X(I) + EK * Y(J) * Y(J)
          W1 = 0. 5 * RAD
          H0 = W1 + W(I,J)
          IF(H0. LT. HMIN) HMIN = H0
30        H(I,J) = H0
```

```
      IF( KK. EQ. 0 ) THEN
      KG1 = 0
      H01 = - HMIN + HM0
      DH = 0. 005 * HM0
      H02 = - HMIN
      H00 = 0. 5 * ( H01 + H02 )
      ENDIF
      W1 = 0. 0
      DO 32 I = 1 , N
      DO 32 J = 1 , N
32    W1 = W1 + P( I , J )
      W1 = DX * DX * W1/G0
      DW = 1. - W1
      IF( KK. EQ. 0 ) THEN
      KK = 1
      GOTO 50
      ENDIF
      IF( DW. LT. 0. 0 ) THEN
      KG1 = 1
      H00 = AMIN1 ( H01 , H00 + DH )
      ENDIF
      IF( DW. GT. 0. 0 ) THEN
      KG2 = 2
      H00 = AMAX1 ( H02 , H00 - DH )
      ENDIF
50    DO 60 I = 1 , N
      DO 60 J = 1 , NN
      H( I , J ) = H00 + H( I , J )
      IF( P( I , J ). LT. 0. 0 ) P( I , J ) = 0. 0
      EDA1 = EXP( A1 * ( - 1. + ( 1. + A2 * P( I , J ) ) ** Z ) )
      EDA( I , J ) = EDA1
55    RO( I , J ) = ( A3 + 1. 34 * P( I , J ) )/( A3 + P( I , J ) )
60    EPS( I , J ) = RO( I , J ) * H( I , J ) ** 3/( ENDA * EDA1 )
      DO 70 J = NN + 1 , N
      JJ = N - J + 1
      DO 70 I = 1 , N
```

```
        H(I,J) = H(I,JJ)
        RO(I,J) = RO(I,JJ)
        EDA(I,J) = EDA(I,JJ)
70      EPS(I,J) = EPS(I,JJ)
        RETURN
        END
        SUBROUTINE ITER(N,KK,DX,H00,G0,X,Y,H,RO,EPS,EDA,P)
        DIMENSION X(N),Y(N),P(N,N),H(N,N),RO(N,N),EPS(N,N),EDA(N,
     N)
        DIMENSION D(70),A(350),B(210),ID(70)
        COMMON /COM1/ENDA,A1,A2,A3,Z,C3/COMAK/AK(0:65,0:65)
        DATA KG1,PAI1,C1,C2/0,0.2026423,0.31,0.31/
        IF(KG1.NE.0)GOTO 2
        KG1 = 1
        AK00 = AK(0,0)
        AK10 = AK(1,0)
        AK20 = AK(2,0)
        BK00 = AK00 - AK10
        BK10 = AK10 - 0.25 * (AK00 + 2. * AK(1,1) + AK(2,0))
        BK20 = AK20 - 0.25 * (AK10 + 2. * AK(2,1) + AK(3,0))
2       NN = (N + 1)/2
        MM = N - 1
        DX1 = 1./DX
        DX2 = DX * DX
        DX3 = 1./DX2
        DX4 = 0.3 * DX2
        DO 100 K = 1,KK
        PMAX = 0.0
        DO 70 J = 2,NN
        J0 = J - 1
        J1 = J + 1
        JJ = N - J + 1
        IA = 1
8       MM = N - IA
        IF(P(MM,J0).GT.1.E-6)GOTO 20
        IF(P(MM,J).GT.1.E-6)GOTO 20
```

```
        IF(P(MM,J1).GT.1.E-6)GOTO 20
        IA = IA + 1
        IF(IA.LT.N)GOTO 8
        GOTO 70
20      IF(MM.LT.N-1)MM = MM + 1
        D2 = 0.5 * (EPS(1,J) + EPS(2,J))
        DO 50 I = 2,MM
        I0 = I - 1
        I1 = I + 1
        II = 5 * I0
        D1 = D2
        D2 = 0.5 * (EPS(I1,J) + EPS(I,J))
        D4 = 0.5 * (EPS(I,J0) + EPS(I,J))
        D5 = 0.5 * (EPS(I,J1) + EPS(I,J))
        P1 = P(I0,JJ)
        P2 = P(I1,JJ)
        P3 = P(I,JJ)
        P4 = P(I,JJ+1)
        P5 = P(I,JJ-1)
        D3 = D1 + D2 + D4 + D5
        IF(J.EQ.NN.AND.ID(I).EQ.1)P(I,J) = P(I,J) - 0.5 * C2 * D(I)
        IF(H(I,J).LE.0.0)THEN
        ID(I) = 2
        A(II+1) = 0.0
        A(II+2) = 0.0
        A(II+3) = 1.0
        A(II+4) = 0.0
        A(II+5) = 1.0
        A(II-4) = 0.0
        GOTO 50
        ENDIF
        IF(D1.GE.DX4)GOTO 30
        IF(D2.GE.DX4)GOTO 30
        IF(D4.GE.DX4)GOTO 30
        IF(D5.GE.DX4)GOTO 30
        ID(I) = 1
```

```
      IF( J. EQ. NN) P5 = P4
      A( II + 1) = PAI1 * ( RO( I0,J) * BK10 - RO( I,J) * BK20)
      A( II + 2) = DX3 * ( D1 + 0. 25 * D3) + PAI1 * ( RO( I0,J) * BK00 - RO( I,J) *
   BK10)
      A( II + 3) = - 1. 25 * DX3 * D3 + PAI1 * ( RO( I0,J) * BK10 - RO( I,J) * BK00)
      A( II + 4) = DX3 * ( D2 + 0. 25 * D3) + PAI1 * ( RO( I0,J) * BK20 - RO( I,J) *
   BK10)
      A( II + 5) = - DX3 * ( D1 * P1 + D2 * P2 + D4 * P4 + D5 * P5 - D3 * P3) + DX1 *
   ( RO( I,J) * H( I,J) - RO( I0,J) * H( I0,J))
      GOTO 50
30    ID( I) = 0
      P4 = P( I,J0)
      IF( J. EQ. NN) P5 = P4
      A( II + 1) = PAI1 * ( RO( I0,J) * AK10 - RO( I,J) * AK20)
      A( II + 2) = DX3 * D1 + PAI1 * ( RO( I0,J) * AK00 - RO( I,J) * AK10)
      A( II + 3) = - DX3 * D3 + PAI1 * ( RO( I0,J) * AK10 - RO( I,J) * AK00)
      A( II + 4) = DX3 * D2 + PAI1 * ( RO( I0,J) * AK20 - RO( I,J) * AK10)
      A( II + 5) = - DX3 * ( D1 * P1 + D2 * P2 + D4 * P4 + D5 * P5 - D3 * P3) + DX1 *
   ( RO( I,J) * H( I,J) - RO( I0,J) * H( I0,J))
50    CONTINUE
      CALL TRA4( MM,D,A,B)
      DO 60 I = 2,MM
      IF( ID( I). EQ. 2) GOTO 60
      IF( ID( I). EQ. 0) GOTO 52
      DD = D( I + 1)
      IF( I. EQ. MM) DD = 0
      P( I,J) = P( I,J) + C2 * ( D( I) - 0. 25 * ( D( I - 1) + DD))
      IF( J0. NE. 1) P( I,J0) = P( I,J0) - 0. 25 * C2 * D( I)
      IF( P( I,J0). LT. 0. ) P( I,J0) = 0. 0
      IF( J1. GE. NN) GOTO 54
      P( I,J1) = P( I,J1) - 0. 25 * C2 * D( I)
      GOTO 54
52    P( I,J) = P( I,J) + C1 * D( I)
54    IF( P( I,J). LT. 0. 0) P( I,J) = 0. 0
      IF( PMAX. LT. P( I,J)) PMAX = P( I,J)
60    CONTINUE
```

```
70    CONTINUE
      DO 80 J = 1 , NN
      JJ = N + 1 - J
      DO 80 I = 1 , N
80    P( I , JJ ) = P( I , J )
      CALL HREE( N , DX , H00 , G0 , X , Y , H , RO , EPS , EDA , P )
100   CONTINUE
      RETURN
      END
      SUBROUTINE TRA4( N , D , A , B )
      DIMENSION D( N ) , A( 5 , N ) , B( 3 , N )
      C = 1. / A( 3 , N )
      B( 1 , N ) = - A( 1 , N ) * C
      B( 2 , N ) = - A( 2 , N ) * C
      B( 3 , N ) = A( 5 , N ) * C
      DO 10 I = 1 , N - 2
      IN = N - I
      IN1 = IN + 1
      C = 1. / ( A( 3 , IN ) + A( 4 , IN ) * B( 2 , IN1 ) )
      B( 1 , IN ) = - A( 1 , IN ) * C
      B( 2 , IN ) = - ( A( 2 , IN ) + A( 4 , IN ) * B( 1 , IN1 ) ) * C
10    B( 3 , IN ) = ( A( 5 , IN ) - A( 4 , IN ) * B( 3 , IN1 ) ) * C
      D( 1 ) = 0. 0
      D( 2 ) = B( 3 , 2 )
      DO 20 I = 3 , N
20    D( I ) = B( 1 , I ) * D( I - 2 ) + B( 2 , I ) * D( I - 1 ) + B( 3 , I )
      RETURN
      END
      SUBROUTINE VI( NW , N , DX , P , V )
      DIMENSION P( N , N ) , V( NW , NW )
      COMMON / COMAK / AK( 0 : 65 , 0 : 65 )
      PAI1 = 0. 2026423
      DO 40 I = 1 , N
      DO 40 J = 1 , N
      H0 = 0. 0
      DO 30 K = 1 , N
```

```
        IK = IABS( I – K)
        DO 30 L = 1 , N
        JL = IABS( J – L)
30      H0 = H0 + AK( IK , JL) * P( K , L)
40      V( I , J) = H0 * DX * PAI1
        RETURN
        END
        SUBROUTINE SUBAK( MM)
        COMMON /COMAK/AK( 0 : 65 , 0 : 65)
        S( X , Y) = X + SQRT( X ** 2 + Y ** 2)
        DO 10 I = 0 , MM
        XP = I + 0. 5
        XM = I – 0. 5
        DO 10 J = 0 , I
        YP = J + 0. 5
        YM = J – 0. 5
        A1 = S( YP , XP)/S( YM , XP)
        A2 = S( XM , YM)/S( XP , YM)
        A3 = S( YM , XM)/S( YP , XM)
        A4 = S( XP , YP)/S( XM , YP)
        AK( I , J) = XP * ALOG( A1) + YM * ALOG( A2) + XM * ALOG( A3) + YP *
ALOG( A4)
10      AK( J , I) = AK( I , J)
        RETURN
        END
        SUBROUTINE OUTPUT( N , DX , X , Y , H , P)
        DIMENSION X( N) , Y( N) , H( N , N) , P( N , N)
        NN = ( N + 1)/2
        A = 0. 0
        WRITE( 8 , 110) A , ( Y( I) , I = 1 , N)
        DO I = 1 , N
        WRITE( 8 , 110) X( I) , ( H( I , J) , J = 1 , N)
        ENDDO
        WRITE( 10 , 110) A , ( Y( I) , I = 1 , N)
        DO I = 1 , N
        WRITE( 10 , 110) X( I) , ( P( I , J) , J = 1 , N)
```

ENDDO

110　FORMAT(66(E12.6,1X))

RETURN

END

### 3. 计算结果

按程序中给定的工况参数($w = 36.24$ N，$US = 1.5$ m/s），计算得到的膜厚与压力分布如图 14.2 所示。

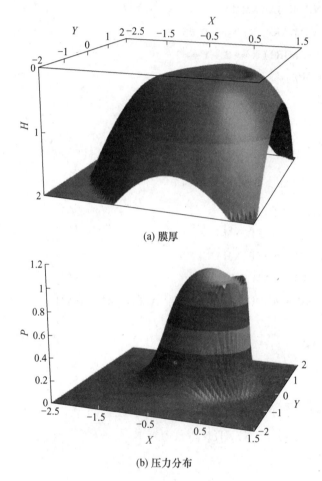

(a) 膜厚

(b) 压力分布

图 14.2　点接触弹流润滑膜厚与压力分布数值解

# 第十五章
# 线接触等温脂润滑弹流润滑计算方法与程序

## 15.1 线接触等温脂润滑弹流润滑基本方程

### 1. Reynolds 方程

利用式(9.5)可将基于 Ostwald 模型润滑脂的一维 Reynolds 方程改写为

$$\frac{n}{2n+1}\left(\frac{1}{2}\right)^{\frac{n+1}{n}}\left\{\frac{\mathrm{d}}{\mathrm{d}x}\left[\rho h^{\frac{2n+1}{n}}\left(\frac{1}{\phi}\frac{\mathrm{d}p}{\mathrm{d}x}\right)^{\frac{1}{n}}\right]\right\} = U\frac{\mathrm{d}(\rho h)}{\mathrm{d}x} \tag{15.1}$$

式中，$h$ 为膜厚；$\overline{h}$ 为 $\frac{\mathrm{d}p}{\mathrm{d}x} = 0$ 的膜厚；$U$ 为平均速度，$U = \frac{u_1 + u_2}{2}$，$u_1$ 和 $u_2$ 分别为滚道和滚子的表面切向速度；$x$ 为润滑脂流动方向，$n$ 为流变参数，$n \leqslant 1$。

### 2. 膜厚方程

$$h(x) = h_0 + \frac{x^2}{2R} - \frac{2}{\pi E'}\int_{x_0}^{x_e} p(s)\ln(x-s)^2\mathrm{d}s + C \tag{15.2}$$

式中，$R$ 为等效曲率半径，$R = \frac{R_1 R_2}{R_1 - R_2}$，$R_1$、$R_2$ 分别为两圆柱半径；$s$ 是 $x$ 轴上的附加坐标，表示任意线载 $p(s)\mathrm{d}s$ 与坐标原点的距离；$p(s)$ 为载荷分布函数；$x_0$ 和 $x_e$ 为载荷 $p(x)$ 的起点和终点坐标；$c$ 为待定常数。

### 3. 粘压与密压方程

由于目前没有被广泛认可的润滑脂的粘压方程和密压方程，这里暂采用与润滑油方程相同的计算方法，如果有相应的公式，可在计算中进行置换即可，不影响计算的过程。

粘压方程

$$\phi = \phi_0\exp\left\{(\ln\phi_0 + 9.67)\left[(1 + 5.1\times10^{-9}p)^z - 1\right]\right\} \tag{15.3}$$

式中，$z$ 为常数，近似取 0.68；$\phi_0$ 为润滑脂在常压下的塑性粘度，相当于润滑油的粘度。

另外，润滑脂的密度认为是常数，即 $\rho = \rho_0$。

## ■ 15.2 线接触等温脂润滑弹流润滑计算方法

### 1. 量纲一化方程

若考虑不可压情况，经量纲一化后的弹流润滑线接触问题的 Reynolds 方程为

$$\frac{\mathrm{d}}{\mathrm{d}X}\Big[\varepsilon\Big(\frac{\mathrm{d}P}{\mathrm{d}X}\Big)^{1/n}\Big] - \frac{\mathrm{d}H}{\mathrm{d}X} = 0 \tag{15.4}$$

式中，$\varepsilon = \lambda\dfrac{H^{\left(2+\frac{1}{n}\right)}}{\phi^{*\frac{1}{n}}}$；$\lambda = \dfrac{p_H^{\frac{1}{n}}b^{2+\frac{1}{n}}}{2U\Big(2+\dfrac{1}{n}\Big)R^{\left(1+\frac{1}{n}\right)}2^{\frac{1}{n}}\phi_0^{\frac{1}{n}}}$；$b$ 为接触区半宽；$X$ 为量纲一化

坐标，$X = \dfrac{x}{b}$；$P$ 为量纲一化压力，$P = \dfrac{p}{p_H}$；$H$ 为量纲一化膜厚，$H = \dfrac{hR}{b^2}$。

边界条件为

    入口区　　$P(X_0) = 0$

    出口区　　$P(X_e) = 0$　　　$\dfrac{\mathrm{d}P(X_e)}{\mathrm{d}X} = 0$

膜厚方程

$$H(X) = H_0 + \frac{X^2}{2} - \frac{1}{\pi}\int_{X_0}^{X_e}\ln|X - X'|p(X')\mathrm{d}X' \tag{15.5}$$

粘度 – 压力关系

$$\phi^* = \exp\{[\ln(\phi_0) + 9.67][-1 + (1 + 5.1\times10^{-9}P\cdot p_H)^{0.68}]\} \tag{15.6}$$

载荷方程

$$W = \int_{X_0}^{X_e}P\mathrm{d}x = \frac{\pi}{2} \tag{15.7}$$

以上各式中：$P$ 为量纲一化压力，$P = \dfrac{p}{p_H}$ 为压力；$p_H$ 为 Hertz 最大压力；$X$ 为量纲一

化坐标 $X = \dfrac{x}{b}$，$x$ 为坐标；$b$ 为 Hertz 接触区半长；$H$ 为量纲一化膜厚，$H = \dfrac{hR}{b^2}$，$h$ 为

膜厚，$R$ 为物体等效半径；$\phi^*$ 为量纲一化粘度 $\phi^* = \dfrac{\phi}{\phi_0}$，$\phi$ 为润滑脂粘度，$\phi_0$ 为零

压时润滑脂塑性粘度；$U$ 为平均速度 $U = \dfrac{u_1 + u_2}{2}$，$u_1$ 和 $u_2$ 分别为两表面切向速度；

$H_0$ 为量纲一化刚体位移。$X_0$ 和 $X_e$ 分别为入口处和出口处量纲一化坐标。$X_0$ 通常是
给定的，而 $X_e$ 要通过边界条件确定。

### 2. 差分方程

利用中心和向前差分格式离散式（15.6），可得到离散后的差分方程。膜厚方程
和载荷方程也可以按数值积分方法写成离散的形式，这些方程可写成

$$\frac{\varepsilon_{i+1/2}(P_{i+1} - P_i)^{1/n} - \varepsilon_{i-1/2}(P_i - P_{i-1})^{1/n}}{\Delta X^{1+1/n}} - \frac{\rho_i^*H_i - \rho_{i-1}^*H_{i-1}}{\Delta X} = 0 \tag{15.8}$$

式中，$\varepsilon_{i\pm1/2} = \dfrac{1}{2}(\varepsilon_i + \varepsilon_{i\pm1})$；$\Delta X = X_i - X_{i-1}$。

入口区边界条件为 $P(X_0) = 0$；出口区的边界条件通过置负压为 0 来确定。

膜厚离散方程

$$H_i = H_0 + \frac{x_i^2}{2} - \frac{1}{\pi}\sum_{j=1}^{n}K_{ij}P_j \qquad\qquad (15.9)$$

其中，$K_{ij}$ 为变形系数。

离散载荷方程为

$$\Delta X\sum_{i=1}^{n}\frac{P_i + P_{i+1}}{2} = \frac{\pi}{2} \qquad\qquad (15.10)$$

式中，$K_{ij}$ 为弹性变形刚度系数。

迭代法与线接触弹流计算相同，这里不再赘述。

## ■ 15.3 线接触等温脂润滑弹流润滑计算程序

**1. 计算程序框图**（图 15.1）

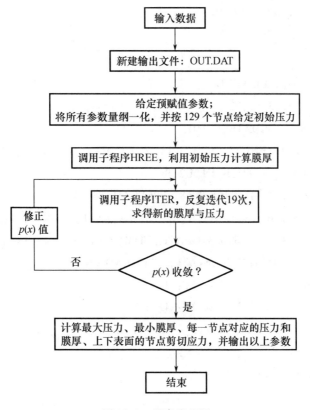

图 15.1 程序流程图

主程序的功能包括：

1）预赋值参数

节点数　$N = 129$

量纲一的起始点坐标　$X0 = -4.0$

量纲一的终止点坐标　$XE = 1.4$

载荷　$W = 3.0E5$ N

综合弹性模量　$E1 = 2.26E11$ Pa

初始粘度　$EDA0 = 0.4$ Pa·s

圆柱半径　$R = 0.012183$ m

速度　$US = 0.87$ m·s$^{-1}$

滑滚比　$CU = 0.67$

迭代系数　$C1 = 0.5$

流变参数　$FN = 0.8$

预赋值参数可以根据具体情况修改，需要重新编译和连接后方可运行。

2）输入参数

载荷特性系数 S = "Y"或"y"为算例； = "N"或"n"为非算例

如果 S = "N"或"n"，则需输入：

Hertz 接触最大压力　$PH$

**2. 源程序**

```
PROGRAM GREASELINEEHL
CHARACTER * 1 S,S1,S2
CHARACTER * 16 CDATE,CTIME
COMMON /COM1/ENDA,A1,A2,A3,Z,C1,C3,CW,LMAX,FF/COM2/EDA0/
COM4/X0,XE/COM3/E1,PH,B,U1,U2,R
DATA PAI,Z,P0/3.14159265,0.68,1.96E8/S1,S2/1HY,1Hy/
DATA N,X0,XE,W,E1,EDA0,R,US,CU,C1,FN/129, -4.,1.4,1.E5,2.26E11,
0.4,0.012183,0.87,0.67,0.5,0.8/CDATE,CTIME/'The date is','The time is'/
OPEN(8,FILE='OUT. DAT',STATUS='UNKNOWN')
1    FORMAT(20X,A12,I2.2,':',I2.2,':',I4.4)
2    FORMAT(20X,A12,I2.2,':',I2.2,':',I2.2,'. ',I2.2)
WRITE( * , * )'Show the example or not ( Y or N)? '
READ( * ,'(A)')S
IF(S. EQ. S1. OR. S. EQ. S2)THEN
GOTO 10
ENDIF
WRITE( * , * )' PH ='
```

```
        READ( * , * ) PH
        W = 2. * PAI * R * PH * ( PH/E1 )
        WRITE( * , * )' W =', W
10      CW = N + 0. 1
        FF = 1. /FN
        LMAX = ALOG( CW )/ALOG( 2. )
        N = 2 ** LMAX + 1
        LMIN = ( ALOG( CW ) - ALOG( SQRT( CW ) ) )/ALOG( 2. )
        LMAX = LMIN
        W1 = W/( E1 * R )
        PH = E1 * SQRT( 0. 5 * W1/PAI )
        A1 = ( ALOG( EDA0 ) + 9. 67 )
        A2 = PH/P0
        A3 = 0. 59/( PH * 1. E - 9 )
        B = 4. * R * PH/E1
        ALFA = Z * A1/P0
        G = ALFA * E1
        U = EDA0 * US/( 2. * E1 * R )
        C3 = 1. 6 * ( R/B ) ** 2 * G ** 0. 6 * U ** 0. 7 * W1 ** ( - 0. 13 )
        ENDA = B ** ( 2. + FF ) * ( PH/2/EDA0 ) ** FF/R ** ( 1 + FF )/US/( 2. + FF )
        U1 = 0. 5 * ( 2. + CU ) * U
        U2 = 0. 5 * ( 2. - CU ) * U
        WRITE( * , * )' B, PH, G, U =', B, PH, G, U
        CW = - 1. 13 * C3
        WRITE( * , * ) N, X0, XE, W, E1, EDA0, R, US, PH
        WRITE( 8, * ) N, W, E1, EDA0, R, US, B, PH, FF
        WRITE( * , 40 )
40      FORMAT( 2X, ' Wait Please ', // )
        CALL SUBAK( N )
        CALL MULTI( N )
        STOP
        END
        SUBROUTINE MULTI( N )
        REAL * 8 X( 1100 ), P( 1100 ), H( 1100 ), RO( 1100 ), POLD( 1100 ), EPS( 1100 ),
   EDA( 1100 ), R( 1100 ), K( 1100 ), E( 1100 )
        COMMON /COM1/ENDA, A1, A2, A3, Z, C1, C3, CW, LMAX, FF/COM4/X0, XE/
```

```
      COM3/E1,PH,B,U1,U2,RR
          DATA MK,G0/1,1.570796325/
          NX = N
          DX = (XE - X0)/(N - 1.0)
          DO 10 I = 1,N
          X(I) = X0 + (I - 1) * DX
          IF(ABS(X(I)).GE.1.0)P(I) = 0.0
          IF(ABS(X(I)).LT.1.0)P(I) = SQRT(1. - X(I) * X(I))
  10      CONTINUE
          CALL HREE(N,DX,H00,G0,X,P,H,RO,EPS,EDA)
          CALL FZ(N,P,POLD)
  14      KK = 19
          CALL ITER(N,KK,DX,H00,G0,X,P,H,RO,EPS,EDA,R)
          MK = MK + 1
          CALL ERROP(N,P,POLD,ERP)
          IF(ERP.GT.1.E - 4.AND.MK.LE.800)THEN
          GOTO 14
          ENDIF
          WRITE( * , * )PH,RR,B
  105     IF(MK.GE.800)THEN
          WRITE( * , * )'Pressures are not convergent !!!'
          READ( * , * )
          ENDIF
          FM = FRICT(N,DX,X,H,P,EDA)
          H2 = 1.E3
          P2 = 0.0
          DO 106 I = 1,N
          IF(H(I).LT.H2)H2 = H(I)
          IF(P(I).GT.P2)P2 = P(I)
  106     CONTINUE
          DO 108 I = 1,N
          K(I) = P(I) * PH/1.E9
          E(I) = H(I) * B * B * 1.E6/RR
  108     CONTINUE
          H3 = H2 * B * B/RR
          P3 = P2 * PH
```

```
110   FORMAT(6(1X,E12.6))
120   CONTINUE
      WRITE(8, * )'P2,H2,P3,H3 =',P2,H2,P3,H3
      CALL OUTHP(N,X, K,E)
      RETURN
      END
      SUBROUTINE OUTHP(N,X, K,E)
      REAL * 8   X(N), K(N),E(N)
      DX = X(2) - X(1)
      DO 10 I = 1,N
      WRITE(8,20)X(I),K(I),E(I)
10    CONTINUE
20    FORMAT(1X,6(F20.6,1X))
      RETURN
      END
      SUBROUTINE HREE(N,DX,H00,G0,X,P,H,RO,EPS,EDA)
      REAL * 8   X(N),P(N),H(N),RO(N),EPS(N),EDA(2200)
      REAL * 8   W(2200)
      COMMON /COM1/ENDA,A1,A2,A3,Z,C1,C3,CW,K,FF/COM2/EDA0/COMAK/
AK(0:1100)
      DATA KK,NW,PAI1/0,2200,0.318309886/
      IF(KK. NE. 0)GOTO 3
      HM0 = C3
      H00 = 0.0
3     W1 = 0.0
      DO 4 I = 1,N
4     W1 = W1 + P(I)
      C3 = (DX * W1)/G0
      DW = 1. - C3
      CALL DISP(N,NW,K,DX,P,W)
      HMIN = 1.E3
      DO 30 I = 1,N
      H0 = 0.5 * X(I) * X(I) - PAI1 * W(I)
      IF(H0. LT. HMIN)HMIN = H0
      H(I) = H0
30    CONTINUE
```

```
      IF( KK. NE. 0 ) GOTO 32
      KK = 1
      H00 = - HMIN + HM0
32    H0 = H00 + HMIN
      IF( H0. LE. 0. 0 ) GOTO 48
      IF( H0 + 0. 3 * CW * DW. GT. 0. 0 ) HM0 = H0 + 0. 3 * CW * DW
      IF( H0 + 0. 3 * CW * DW. LE. 0. 0 ) HM0 = HM0 * C3
48    H00 = HM0 - HMIN
50    DO 60 I = 1 , N
60    H( I ) = H00 + H( I )
      DO 100 I = 1 , N
      EDA( I ) = EXP( A1 * ( - 1. + ( 1. + A2 * P( I ) ) ** Z ) )
      RO( I ) = ( A3 + 1. 34 * P( I ) )/( A3 + P( I ) )
      EPS( I ) = RO( I ) * H( I ) ** ( 2 + FF ) * ENDA/EDA( I ) ** FF
100   CONTINUE
      RETURN
      END
      SUBROUTINE ITER( N , KK , DX , H00 , G0 , X , P , H , RO , EPS , EDA , R )
      REAL * 8 X( N ) , P( N ) , H( N ) , RO( N ) , EPS( N ) , EDA( N ) , R( N )
      COMMON /COM1/ENDA , A1 , A2 , A3 , Z , C1 , C3 , CW , LMAX , FF/COMAK/AK( 0 :
1100 )
      DATA KG1 , PAI/0 , 3. 14159265/
      IF( KG1. NE. 0 ) GOTO 5
      KG1 = 1
      DX1 = 1. /DX
      DX2 = DX * DX
      DX3 = 1. /DX2
      DX4 = DX1/PAI
      DX5 = DX1 ** ( 1 + FF )
      DXL = DX * ALOG( DX )
      AK0 = DX * AK( 0 ) + DXL
      AK1 = DX * AK( 1 ) + DXL
5     DO 100 K = 1 , KK
      D2 = 0. 5 * ( EPS( 1 ) + EPS( 2 ) )
      D3 = 0. 5 * ( EPS( 2 ) + EPS( 3 ) )
      D5 = DX1 * ( RO( 2 ) * H( 2 ) - RO( 1 ) * H( 1 ) )
```

```
     D7 = DX4 * (RO(2) * AK0 - RO(1) * AK1)
     PP = 0.
     DO 70 I = 2, N - 1
     D1 = D2
     D2 = D3
     D4 = D5
     D6 = D7
     IF(I + 2. LE. N)D3 = 0.5 * (EPS(I + 1) + EPS(I + 2))
     D5 = DX1 * (RO(I + 1) * H(I + 1) - RO(I) * H(I))
     D7 = DX4 * (RO(I + 1) * AK0 - RO(I) * AK1)
     DD = (D1 + D2) * DX3
     IF(0.05 * DD. LT. ABS(D6))GOTO 10
     RI = - DX5 * (D2 * SIGN(1.0,(P(I + 1) - P(I))) * ABS((P(I + 1) - P(I))) **
(FF) - D1 * SIGN(1.0,(P(I) - P(I - 1))) * ABS((P(I) - P(I - 1)) ** (FF)) + D4
     R(I) = RI
     DLDP = - FF * DX5 * (D1 * ABS((P(I) - P(I - 1))) ** (FF - 1) + D2 *
ABS((P(I + 1) - P(I))) ** (FF - 1)) + D6
     RI = RI/DLDP
     RI = RI/C1
     GOTO 20
10   RI = - DX5 * (D2 * SIGN(1.0,(P(I + 1) - P(I))) * ABS((P(I + 1) - P(I))) **
(FF) - D1 * SIGN(1.0,(P(I) - PP)) * ABS((P(I) - PP)) ** (FF)) + D4
     R(I) = RI
     DLDP = - FF * DX5 * (2 * D1 * ABS((P(I) - PP)) ** (FF - 1) + D2 *
ABS((P(I + 1) - P(I))) ** (FF - 1)) + 2. * D6
     RI = RI/DLDP
     RI = 0.5 * RI
     IF(I. GT. 2. AND. P(I - 1) - C1 * RI. GT. 0)P(I - 1) = P(I - 1) - C1 * RI
20   PP = P(I)
     P(I) = P(I) + C1 * RI
     IF(P(I). LT. 0.0)P(I) = 0.0
     IF(P(I). LE. 0.0)R(I) = 0.0
70   CONTINUE
     CALL HREE(N, DX, H00, G0, X, P, H, RO, EPS, EDA)
100  CONTINUE
```

```
       RETURN
       END
       SUBROUTINE DISP(N,NW,KMAX,DX,P1,W)
       REAL*8 P1(N),W(NW),P(2200),AK1(0:50),AK2(0:50)
       COMMON /COMAK/AK(0:1100)
       DATA NMAX,KMIN/2200,1/
       N2 = N
       M = 3 + 2*ALOG(FLOAT(N))
       K1 = N + KMAX
       DO 10 I = 1,N
10     P(K1 + I) = P1(I)
       DO 20 KK = KMIN,KMAX − 1
       K = KMAX + KMIN − KK
       N1 = (N2 + 1)/2
       CALL DOWNP(NMAX,N1,N2,K,P)
20     N2 = N1
       DX1 = DX*2**(KMAX − KMIN)
       CALL WI(NMAX,N1,KMIN,KMAX,DX,DX1,P,W)
       DO 30 K = KMIN + 1,KMAX
       N2 = 2*N1 − 1
       DX1 = DX1/2.
       CALL AKCO(M + 5,KMAX,K,AK1)
       CALL AKIN(M + 6,AK1,AK2)
       CALL WCOS(NMAX,N1,N2,K,W)
       CALL CORR(NMAX,N2,K,M,1,DX1,P,W,AK1)
       CALL WINT(NMAX,N2,K,W)
       CALL CORR(NMAX,N2,K,M,2,DX1,P,W,AK2)
30     N1 = N2
       DO 40 I = 1,N
40     W(I) = W(K1 + I)
       RETURN
       END
       SUBROUTINE DOWNP(NMAX,N1,N2,K,P)
       REAL*8 P(NMAX)
       K1 = N1 + K − 1
       K2 = N2 + K − 1
```

```
       DO 10 I = 3 , N1 - 2
       I2 = 2 * I + K2
10     P( K1 + I) = ( 16. * P( I2) + 9. * ( P( I2 - 1) + P( I2 + 1) ) - ( P( I2 - 3) + P( I2 +
       3) ) ) )/32.
       P( K1 + 2) = 0. 25 * ( P( K2 + 3) + P( K2 + 5) ) + 0. 5 * P( K2 + 4)
       P( K1 + N1 - 1) = 0. 25 * ( P( K2 + N2 - 2) + P( K2 + N2) ) + 0. 5 * P( K2 + N2 - 1)
       RETURN
       END
       SUBROUTINE WCOS( NMAX , N1 , N2 , K , W)
       REAL * 8 W( NMAX)
       K1 = N1 + K - 1
       K2 = N2 + K
       DO 10 I = 1 , N1
       II = 2 * I - 1
10     W( K2 + II) = W( K1 + I)
       RETURN
       END
       SUBROUTINE WINT( NMAX , N , K , W)
       REAL * 8 W( NMAX)
       K2 = N + K
       DO 10 I = 4 , N - 3 , 2
       II = K2 + I
10     W( II) = ( 9. * ( W( II - 1) + W( II + 1) ) - ( W( II - 3) + W( II + 3) ) )/16.
       I1 = K2 + 2
       I2 = K2 + N - 1
       W( I1) = 0. 5 * ( W( I1 - 1) + W( I1 + 1) )
       W( I2) = 0. 5 * ( W( I2 - 1) + W( I2 + 1) )
       RETURN
       END
       SUBROUTINE CORR( NMAX , N , K , M , I1 , DX , P , W , AK)
       REAL * 8 P( NMAX) , W( NMAX) , AK( 0 : M)
       K1 = N + K
       IF( I1. EQ. 2) GOTO 20
       DO 10 I = 1 , N , 2
       II = K1 + I
       J1 = MAX0( 1 , I - M)
```

```
        J2 = MIN0( N,I + M )
        DO 10 J = J1,J2
        IJ = IABS( I – J )
10      W( II ) = W( II ) + AK( IJ ) * DX * P( K1 + J )
        RETURN
20      DO 30 I = 2,N,2
        II = K1 + I
        J1 = MAX0( 1,I – M )
        J2 = MIN0( N,I + M )
        DO 30 J = J1,J2
        IJ = IABS( I – J )
30      W( II ) = W( II ) + AK( IJ ) * DX * P( K1 + J )
        RETURN
        END
        SUBROUTINE WI( NMAX,N,KMIN,KMAX,DX,DX1,P,W )
        REAL * 8 P( NMAX ),W( NMAX )
        COMMON /COMAK/AK( 0:1100 )
        K1 = N + 1
        K = 2 ** ( KMAX – KMIN )
        C = ALOG( DX )
        DO 10 I = 1,N
        II = K1 + I
        W( II ) = 0. 0
        DO 10 J = 1,N
        IJ = K * IABS( I – J )
10      W( II ) = W( II ) + ( AK( IJ ) + C ) * DX1 * P( K1 + J )
        RETURN
        END
        SUBROUTINE AKCO( KA,KMAX,K,AK1 )
        REAL * 8 AK1( 0:KA )
        COMMON /COMAK/AK( 0:1100 )
        J = 2 ** ( KMAX – K )
        DO 10 I = 0,KA
        II = J * I
10      AK1( I ) = AK( II )
        RETURN
```

```
        END
        SUBROUTINE AKIN(KA,AK1,AK2)
        REAL * 8 AK1(KA),AK2(KA)
        DO 10 I = 4,KA - 3
10      AK2(I) = (9. * (AK1(I - 1) + AK1(I + 1)) - (AK1(I - 3) + AK1(I + 3)))/16.
        AK2(1) = (9. * AK1(2) - AK1(4))/8.
        AK2(2) = (9. * (AK1(1) + AK1(3)) - (AK1(3) + AK1(5)))/16.
        AK2(3) = (9. * (AK1(2) + AK1(4)) - (AK1(2) + AK1(6)))/16.
        DO 20 I = 1,KA
20      AK2(I) = AK1(I) - AK2(I)
        DO 30 I = 1,KA - 1,2
        I1 = I + 1
        AK1(I) = 0. 0
30      AK1(I1) = AK2(I1)
        RETURN
        END
        SUBROUTINE SUBAK(MM)
        COMMON /COMAK/AK(0:1100)
        DO 10 I = 0,MM
10      AK(I) = (I + 0.5) * (ALOG(ABS(I + 0.5)) - 1.) - (I - 0.5) * (ALOG(ABS
     (I - 0.5)) - 1.)
        RETURN
        END
        FUNCTION FRICT(N,DX,X,H,P,EDA)
        REAL * 8 X(N),H(N),P(N),EDA(N)
        COMMON /COM3/E1,PH,B,U1,U2,R
        DATA TAU0,AT/1. 98E7,0. 078/
        OPEN (10,FILE = 'TAU. DAT')
        TP = TAU0/PH
        TE = TAU0/E1
        A = AT/TAU0
        BR = B/R
        FRICT = 0. 0
        DO 10 I = 1,N
        DP = 0. 0
        A = 1. 0 + AT * P(I)/TAU0
```

```
         IF(I. NE. N) DP = (P(I+1) - P(I))/DX
         TAU1 = 0.5 * H(I) * DP * (BR/TP/A)
         TAU2 = 2. * U1 * EDA(I)/(H(I) * BR ** 2 * TE * A)
         FRICT = FRICT + ABS(TAU1) + TAU2
         TAU2 = 0.05 * TAU2
         WRITE(10,5) X(I),TAU1,TAU2,P(I),H(I)
5        FORMAT(5(E12.6,1X))
10       CONTINUE
         FRICT = FRICT * DX * B * TAU0
         RETURN
         END
         SUBROUTINE FZ(N,P,POLD)
         REAL * 8 P(N),POLD(N)
         DO 10 I = 1,N
10       POLD(I) = P(I)
         RETURN
         END
         SUBROUTINE ERROP(N,P,POLD,ERP)
         REAL * 8 P(N),POLD(N)
         SD = 0.0
         SUM = 0.0
         DO 10 I = 1,N
         SD = SD + ABS(P(I) - POLD(I))
         POLD(I) = P(I)
10       SUM = SUM + P(I)
         ERP = SD/SUM
         RETURN
         END
```

### 3. 计算结果

根据程序运算结果可以对线接触等温脂润滑弹流润滑的润滑特性进行分析,图 15.2 所示是在预赋值参数下计算出的典型的弹流润滑膜示意图,它具有以下几个主要特征:(1)脂润滑等温弹流润滑膜厚形状和压力分布与油润滑情况相似;(2)在接触区中部,润滑膜压力接近于 Hertz 压力分布,而润滑膜呈近似平行状;(3)在出口区处,润滑膜压力出现明显的且宽度极窄的二次压力峰,之后,压力急剧下降到环境压力;(4)在二次压力峰相对应处,润滑膜开始收缩,形成出口区的颈缩现象,颈缩处的膜厚为最小润滑膜厚度。

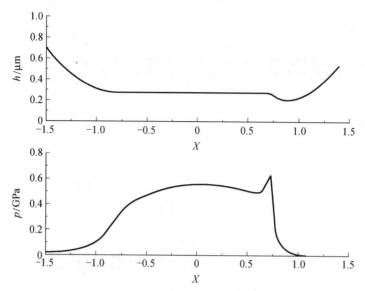

图 15.2　典型的等温弹流脂润滑膜形状和压力分布

（$U = 0.87$ m/s，$w = 100$ kN，$n = 0.846$）

图 15.3 所示为流变参数对润滑膜的影响图，从图中可看出，随着流变参数 $n$ 的增大，二次压力峰的高度升高，其位置向入口区移动，膜厚相应增加。

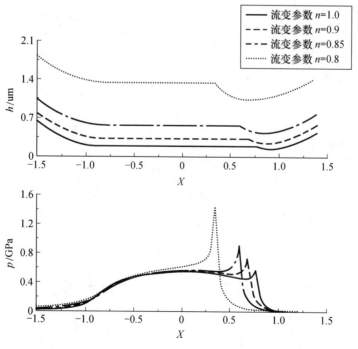

图 15.3　流变参数对润滑膜的影响

（$w = 100$ kN，$U = 0.87$ m/s）

# 第十六章

# 点接触等温脂润滑弹流润滑计算方法与程序

## ■ 16.1 点接触等温脂润滑弹流润滑基本方程

### 1. Reynolds 方程

对于许多工程问题，可以忽略表面 $y$ 方向的运动，并考虑 $U$ 不随 $x$ 变化时，基于 Ostwald 模型指数型本构方程的点接触脂润滑 Reynolds 方程可写成：

$$\frac{n}{2n+1}\left(\frac{1}{2}\right)^{\frac{n+1}{n}}\left\{\frac{\partial}{\partial x}\left[\rho h^{\frac{2n+1}{n}}\left(\frac{1}{\phi}\frac{\partial p}{\partial x}\right)^{\frac{1}{n}}\right]+\frac{\partial}{\partial y}\left[\rho h^{\frac{2n+1}{n}}\left(\frac{1}{\phi}\frac{\partial p}{\partial y}\right)^{\frac{1}{n}}\right]\right\}=U\frac{\partial(\rho h)}{\partial x} \quad (16.1)$$

式中，$\phi$ 为润滑脂塑性粘度；$h$ 为膜厚；$U$ 为平均速度，$U=\dfrac{u_1+u_2}{2}$，$u_1$ 和 $u_2$ 分别为上下两表面的切向速度；$x$ 为润滑脂流动方向；$n$ 为流变参数，$n\leqslant 1$。

### 2. 膜厚方程

$$h(x,y) = h_0 + \frac{x^2}{2R_x} + \frac{y^2}{2R_y} + v(x,y) \quad (16.2)$$

### 3. 变形方程

$$v(x,y) = \frac{2}{\pi E}\iint_{\Omega}\frac{p(s,t)}{\sqrt{(x-s)^2+(y-t)^2}}\mathrm{d}s\mathrm{d}t \quad (16.3)$$

式中，$E$ 为综合弹性模量，$\dfrac{1}{E}=\dfrac{1}{2}\left(\dfrac{1-\nu_1^2}{E_1}+\dfrac{1-\nu_2^2}{E_2}\right)$。

### 4. 粘压方程

$$\phi = \phi_0\exp\left\{(\ln\phi_0+9.67)\left[-1+\left(1+\frac{p}{p_0}\right)^z\right]\right\} \quad (16.4)$$

式中，$z$ 为常数，近似取 0.68。

### 5. 密压方程

$$\rho = \rho_0 \quad (16.5)$$

考虑到密度的变化对脂润滑弹流的影响较小，这里假设润滑脂为不可压缩。

# 16.2 点接触等温脂润滑弹流润滑计算方法

### 1. 量纲一化方程

本文考虑的是点接触脂润滑弹流问题，经量纲一化后的 Reynolds 方程为

$$\frac{\partial}{\partial X}\left(\varepsilon'\frac{\partial P}{\partial X}\right) + \frac{\partial}{\partial Y}\left(\varepsilon''\frac{\partial P}{\partial Y}\right) - \frac{\partial(\rho^* H)}{\partial X} = 0 \tag{16.6}$$

式中，$\varepsilon' = \varepsilon\left|\frac{\partial P}{\partial X}\right|^{\frac{1-n}{n}}$，$\varepsilon'' = \varepsilon\left|\frac{\partial P}{\partial Y}\right|^{\frac{1-n}{n}}$，$\varepsilon = \frac{\lambda\rho^* H^{2+\frac{1}{n}}}{\phi^{*\frac{1}{n}}}$，$\lambda = \frac{p_H^{\frac{1}{n}}b^{2+\frac{1}{n}}}{2U\left(2+\frac{1}{n}\right)2^{\frac{1}{n}}R_x^{1+\frac{1}{n}}\phi_0^{\frac{1}{n}}}$；$R_x$

为表面在 $x$ 方向上的综合曲率半径；$P$ 为量纲一化压力，$P = \frac{p}{p_H}$；$p_H$ 为最大 Hertz 接

触应力；$H$ 为量纲一化膜厚，$H = \frac{hR_x}{b^2}$；$b$ 为 Hertz 接触圆的半径；$X$ 为量纲一化坐标，

$X = \frac{x}{b}$；$Y$ 为量纲一化坐标，$Y = \frac{y}{b}$；$\rho^*$ 为量纲一化的密度，$\rho^* = \frac{\rho}{\rho_0}$；$\rho_0$ 常温常压的

密度；$\phi^*$ 为量纲一化粘度，$\phi^* = \frac{\phi}{\phi_0}$，$\phi$ 为润滑脂粘度，$\phi_0$ 为常压下的润滑脂塑性

粘度。

其边界条件为

    入口区       $P(X_0, Y) = 0$

    出口区       $P(X_e, Y) = 0$      $\frac{\partial P(X_e, Y)}{\partial X} = 0$

    端部         $P\big|_{Y=\pm 1} = 0$

膜厚方程

$$H(X, Y) = H_0 + \frac{X^2 + Y^2}{2} + \frac{2}{\pi^2}\int_{X_0}^{X_e}\int_{Y_0}^{Y_e}\frac{P(S, T)\,\mathrm{d}S\mathrm{d}T}{\sqrt{(X-S)^2 + (Y-T)^2}} \tag{16.7}$$

粘度 – 压力关系

$$\phi^* = \exp\{[\ln(\phi_0) + 9.67][-1 + (1 + 5.1 \times 10^{-9}P \cdot p_H)^{0.68}]\} \tag{16.8}$$

载荷方程

$$\int_{X_0}^{X_e}\int_{Y_0}^{Y_e}P(X, Y)\,\mathrm{d}X\mathrm{d}Y = \frac{2}{3}\pi \tag{16.9}$$

量纲一化的密度

$$\rho^* = 1 \tag{16.10}$$

### 2. 差分方程

对量纲一化的 Reynolds 方程进行差分，得

$$\frac{\varepsilon'_{i-1/2,j}P_{i-1,j} + \varepsilon'_{i+1/2,j}P_{i+1,j} + \varepsilon''_{i,j-1/2}P_{i,j-1} + \varepsilon''_{i,j+1/2}P_{i,j+1} - \varepsilon_0 P_{i,j}}{\Delta X^2}$$

$$- \frac{\rho^*_{i,j}H_{i,j} - \rho^*_{i-1,j}H_{i-1,j}}{\Delta X} = 0 \tag{16.11}$$

式中，$\varepsilon'_{i-1/2,j} = \frac{1}{2}(\varepsilon_{i,j} + \varepsilon_{i-1,j})\left|\frac{P_{i,j} - P_{i-1,j}}{\Delta X}\right|^{\frac{1-n}{n}}$；$\varepsilon'_{i+1/2,j} = \frac{1}{2}(\varepsilon_{i,j} + \varepsilon_{i+1,j})$

$\left|\frac{P_{i+1,j} - P_{i,j}}{\Delta X}\right|^{\frac{1-n}{n}}$；$\varepsilon''_{i,j-1/2} = \frac{1}{2}(\varepsilon_{i,j} + \varepsilon_{i,j-1})\left|\frac{P_{i,j} - P_{i,j-1}}{\Delta Y}\right|^{\frac{1-n}{n}}$；$\varepsilon''_{i,j+1/2} = \frac{1}{2}(\varepsilon_{i,j} +$

$\varepsilon_{i,j+1})\left|\frac{P_{i,j} - P_{i,j+1}}{\Delta Y}\right|^{\frac{1-n}{n}}$；$\varepsilon_0 = \varepsilon'_{i-1/2,j} + \varepsilon'_{i+1/2,j} + \varepsilon''_{i,j-1/2} + \varepsilon''_{i,j+1/2}$；因网格等分，有量

纲一化节点间距 $\Delta Y = \Delta X$。

膜厚方程

$$H_{ij} = H_0 + \frac{X_i^2 + Y_j^2}{2} + \frac{2}{\pi^2}\sum_{k=1}^{n}\sum_{l=1}^{n}D_{ij}^{kl}P_{kl} \tag{16.12}$$

式中，$D_{ij}^{kl}$ 为弹性变形刚度系数。

载荷方程

$$\Delta X \Delta Y \sum_{i=1}^{n}\sum_{j=1}^{n}P_{ij} = \frac{2}{3}\pi \tag{16.13}$$

与线接触情况一样，求解点接触问题也是在低压区用 Gauss – Seidel 迭代法，在高压区采用 Jacobi 双极子迭代法。Gauss – Seidel 迭代法与线接触相同，而 Jacobi 双极子迭代法因为本点与相邻的其他四个节点压力增量有关，所以必须求解一个矩阵方程，同时进行一系列压力的修正。迭代计算过程与等温点接触油润滑相同，不赘述。

## ■ 16.3 点接触等温脂润滑弹流润滑计算程序

### 1. 计算框图（图 16.1）

### 2. 计算源程序

预赋值参数：节点数 $N = 65 \times 65$；量纲一化 $X$ 起始点坐标 $X0 = -2.5$；量纲一化 $X$ 终止点坐标 $XE = 1.5$；量纲一化 $Y$ 起始点坐标 $Y0 = -2.0$；量纲一化 $Y$ 终止点坐标 $YE = 2.0$；综合弹性模量 $E1 = 2.21E11$ Pa；初始粘度 $EDA0 = 0.028$ Pa·s；半径 $RX = RY = 0.05$ m。

输入参数：载荷 $W0$；速度 $US$。

输出参数：节点压力 $P(I, J)$ 在 PRESSURE.DAT 中；节点膜厚 $H(I, J)$ 在 FILM.DAT 中；其他数据在文件 OUT.DAT 中。

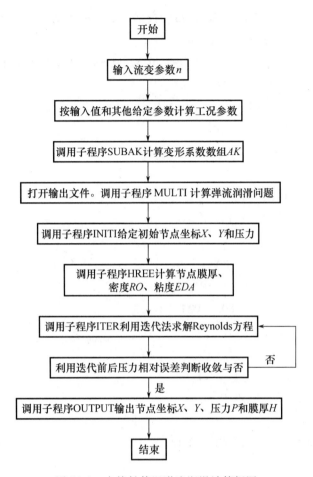

图 16.1　点接触等温弹流润滑计算框图

PROGRAM GREASEPOINTEHL

DIMENSION THETA(15),EALFA(15),EBETA(15)

COMMON /COM1/Z,ENDA,AKC,HM0,HMC,EK,EAL,EBE,AD,AD1,KK1,KK2,
KK3,KK4,FN,FN1,FF

COMMON /COM2/W0,E1,RX,B,PH,US,U1,U2,EDA0

COMMON /COM3/A1,A2,A3,LMIN

DATA PAI,Z,AKC,AD,AD1/3.14159265,0.68,1.0,0.0,0.0/

DATA T0,EDA0,AK,AK1,AK2,CV,CV1,CV2,RO0,RO1,RO2,S0,D0/303.,
0.058,0.14,46.,46.,2000.,470.,470.,890.,7850.,7850.,−1.1,−0.00065/

DATA N,NZ,RX,RY,X0,XE,E1,US,CT,W0/65,5,0.05,0.05,−2.5,1.5,
2.21E11,1.5,0.31,39.24/

DATA THETA/10.,20.,30.,35.,40.,45.,50.,55.,60.,65.,70.,75.,80.,
85.,90./

```
      DATA EALFA/6. 612,3. 778,2. 731,2. 397,2. 136,1. 926,1. 754,1. 611,1. 486,
1. 378,1. 284,1. 202,1. 128,1. 061,1. 0/
      DATA EBETA/0. 319,0. 408,0. 493,0. 53,0. 567,0. 604,0. 641,0. 678,0. 717,
0. 759,0. 802,0. 846,0. 893,0. 944,1. 0/
      DATA KK1,KK2,KK3,KK4/0,0,0,0/
      WRITE( * , * )'n < = 1 INPUT n = ? '
      READ( * , * )FN
      FN1 = 1. 0/FN
      FF = 1. 0/FN - 1. 0
      WRITE( * , * )"FF = ",FF
      EK = RX/RY
      AA = 0. 5 * (1. /RX + 1. /RY)
      BB = 0. 5 * ABS(1. /RX - 1. /RY)
      CC = ACOS(BB/AA) * 180. 0/PAI
      EAL = 1. 0
      EBE = 1. 0
      DO I = 1,15
      IF(CC. LT. THETA(I))THEN
      WRITE( * , * )I
      EAL = EALFA(I - 1) + (CC - THETA(I)) * (EALFA(I) - EALFA(I - 1))/(
THETA(I) - THETA(I - 1))
      EBE = EBETA(I - 1) + (CC - THETA(I)) * (EBETA(I) - EBETA(I - 1))/(
THETA(I) - THETA(I - 1))
      GOTO 10
      ENDIF
      ENDDO
10    EA = EAL * (1. 5 * W0/AA/E1) ** (1. /3. 0)
      EB = EBE * (1. 5 * W0/AA/E1) ** (1. /3. 0)
      PH = 1. 5 * W0/(EA * EB * PAI)
      OPEN(8,FILE ='FILM. DAT',STATUS ='UNKNOWN')
      OPEN(9,FILE ='PRESS. DAT',STATUS ='UNKNOWN')
      OPEN(10,FILE ='OUT. DAT',STATUS ='UNKNOWN')
      WRITE( * , * )"N,X0,XE,PH,E1,EDA0,RX,US"
      WRITE( * , * )N,X0,XE,PH,E1,EDA0,RX,US
      WRITE(16, * )"N,X0,XE,PH,E1,EDA0,RX,US"
      WRITE(16, * )N,X0,XE,PH,E1,EDA0,RX,US
```

```
        H00 = 0. 0
        MM = N − 1
        LMIN = ALOG( N − 1. )/ALOG( 2. ) − 1. 99
        U = EDA0 ∗ ( US/2. ) ∗∗ FN/( E1 ∗ RX ∗∗ FN )
        WRITE( ∗ , ∗ )" U = " , U
        U1 = 0. 5 ∗ ( 2. + AKC ) ∗ U
        U2 = 0. 5 ∗ ( 2. − AKC ) ∗ U
        A1 = ALOG( EDA0 ) + 9. 67
        A2 = 5. 1E − 9 ∗ PH
        A3 = 0. 59/( PH ∗ 1. E − 9 )
        B = PAI ∗ PH ∗ RX/E1
        W = 2. ∗ PAI ∗ PH/( 3. ∗ E1 ) ∗ ( B/RX ) ∗∗ 2
        ALFA = Z ∗ 5. 1E − 9 ∗ A1
        G = ALFA ∗ E1
        AHM = 1. 0 − EXP( − 0. 68 ∗ 1. 03 )
        AHC = 1. 0 − 0. 61 ∗ EXP( − 0. 73 ∗ 1. 03 )
        HM0 = 3. 63 ∗ ( RX/B ) ∗∗ 2 ∗ G ∗∗ 0. 49 ∗ U ∗∗ 0. 68 ∗ W ∗∗ ( − 0. 073 ) ∗ AHM
        HMC = 2. 69 ∗ ( RX/B ) ∗∗ 2 ∗ G ∗∗ 0. 53 ∗ U ∗∗ 0. 67 ∗ W ∗∗ ( − 0. 067 ) ∗ AHC
        ENDA = 2. ∗ U ∗ ( 3. + FF ) ∗ 2. 0 ∗∗ ( 1. 0 + FF ) ∗ ( E1/PH ) ∗∗ ( 1. 0 + FF ) ∗
    ( RX/B ) ∗∗ ( 3. 0 + FF )
        WRITE( ∗ , ∗ )" ENDA = " , ENDA
        UTL = EDA0 ∗ US ∗ RX/( B ∗ B ∗ 2. E7 )
        W0 = 2. 0 ∗ PAI ∗ EA ∗ EB ∗ PH/3. 0
        T1 = PH ∗ B/RX
        T2 = EDA0 ∗ US ∗ RX/( B ∗ B )
        WRITE( ∗ , ∗ )'                Wait please '
        CALL SUBAK( MM )
        CALL MULTI( N , NZ , X0 , XE , H00 )
        STOP
        END
        SUBROUTINE MULTI( N , NZ , X0 , XE , H00 )
        DIMENSION X ( 65 ) , Y ( 65 ) , H ( 4500 ) , RO ( 4500 ) , EPS ( 4500 ) , EDA ( 4500 ) ,
    P( 4500 ) , POLD( 4500 ) , T( 65 , 65 , 5 )
        COMMON /COM1/Z , ENDA , AKC , HM0 , HMC , EK , EAL , EBE , AD , AD1 , KK1 , KK2 ,
    KK3 , KK4 , FN , FN1 , FF
        DATA MK , KTK , G00/200 , 1 , 2. 0943951/
```

```
      G0 = G00 * EAL * EBE
      NX = N
      NY = N
      NN = ( N + 1 )/2
      CALL INITI( N , DX , X0 , XE , X , Y , P , POLD )
      CALL HREE( N , DX , H00 , G0 , X , Y , H , RO , EPS , EDA , P )
      M = 0
14    KK = 15
      CALL ITER( N , KK , DX , H00 , G0 , X , Y , H , RO , EPS , EDA , P )
      CALL ERP( N , ER , P , POLD )
      ER = ER/KK
      WRITE( * , * )'ER =',ER
      M = M + 1
      IF( M. LT. MK. AND. ER. GT. 1. E - 4 )GOTO 14
      CALL OUPT( N , DX , X , Y , H , P , EDA , TMAX )
      RETURN
      END
      SUBROUTINE INITI( N , DX , X0 , XE , X , Y , P , POLD )
      DIMENSION X( N ) , Y( N ) , P( N , N ) , POLD( N , N )
      NN = ( N + 1 )/2
      DX = ( XE - X0 )/( N - 1. )
      Y0 = - 0. 5 * ( XE - X0 )
      DO 5 I = 1 , N
      X( I ) = X0 + ( I - 1 ) * DX
      Y( I ) = Y0 + ( I - 1 ) * DX
5     CONTINUE
      DO 10 I = 1 , N
      D = 1. - X( I ) * X( I )
      DO 10 J = 1 , NN
      C = D - Y( J ) * Y( J )
      IF( C. LE. 0. 0 )P( I , J ) = 0. 0
10    IF( C. GT. 0. 0 )P( I , J ) = SQRT( C )
      DO 20 I = 1 , N
      DO 20 J = NN + 1 , N
      JJ = N - J + 1
20    P( I , J ) = P( I , JJ )
```

```
      DO I = 1,N
      DO J = 1,N
      POLD(I,J) = P(I,J)
      ENDDO
      ENDDO
      RETURN
      END
      SUBROUTINE HREE(N,DX,H00,G0,X,Y,H,RO,EPS,EDA,P)
      DIMENSION X(N),Y(N),P(N,N),H(N,N),RO(N,N),EPS(N,N),
     EDA(N,N)
      DIMENSION W(150,150),P0(150,150),ROU(65,65)
      COMMON /COM1/Z,ENDA,AKC,HM0,HMC,EK,EAL,EBE,AD,AD1,KK1,KK2,
     KK3,KK4,FN,FN1,FF
      COMMON /COM2/W0,E1,RX,B,PH,US,U1,U2,EDA0
      COMMON /COM3/A1,A2,A3,LMIN
      DATA KR,NW,PAI,PAI1,DELTA/0,150,3. 14159265,0. 2026423,0. 0/
      NN = (N + 1)/2
      CALL VI(NW,N,DX,P,W)
      HMIN = 1. E3
      DO 30 I = 1,N
      DO 30 J = 1,NN
      RAD = X(I) * X(I) + EK * Y(J) * Y(J)
      W1 = 0. 5 * RAD + DELTA
      ZZ = 0. 5 * AD1 * AD1 + X(I) * ATAN(AD * PAI/180. 0)
      IF(W1. LE. ZZ)W1 = ZZ
      H0 = W1 + W(I,J)
      IF(H0. LT. HMIN)HMIN = H0
30    H(I,J) = H0
      IF(KK. EQ. 0)THEN
      KG1 = 0
      H01 = - HMIN + HM0
      DH = 0. 005 * HM0
      H02 = - HMIN
      H00 = 0. 5 * (H01 + H02)
      ENDIF
      W1 = 0. 0
```

```
         DO 32 I = 1 , N
         DO 32 J = 1 , N
32       W1 = W1 + P( I , J )
         W1 = DX * DX * W1/G0
         DW = 1. - W1
         IF( KK. EQ. 0 ) THEN
         KK = 1
         GOTO 50
         ENDIF
         IF( DW. LT. 0. 0 ) THEN
         KG1 = 1
         H00 = AMIN1( H01 , H00 + DH )
         ENDIF
         IF( DW. GT. 0. 0 ) THEN
         KG2 = 2
         H00 = AMAX1( H02 , H00 - DH )
         ENDIF
50       DO 60 I = 1 , N
         DO 60 J = 1 , NN
         H( I , J ) = H00 + H( I , J )
         IF( P( I , J ). LT. 0. 0 ) P( I , J ) = 0. 0
         EDA1 = EXP( A1 * ( - 1. + ( 1. + A2 * P( I , J ) ) ** Z ) )
         EDA( I , J ) = EDA1
         RO( I , J ) = 1.
         EPS( I , J ) = ENDA * RO( I , J ) * H( I , J ) ** ( 2. + FN1 )/( EDA( I , J ) ** FN1 )
60       CONTINUE
         DO 70 J = NN + 1 , N
         JJ = N - J + 1
         DO 70 I = 1 , N
         H( I , J ) = H( I , JJ )
         RO( I , J ) = RO( I , JJ )
         EDA( I , J ) = EDA( I , JJ )
70       EPS( I , J ) = EPS( I , JJ )
         RETURN
         END
         SUBROUTINE ITER( N , KK , DX , H00 , G0 , X , Y , H , RO , EPS , EDA , P )
```

```
      DIMENSION X(N),Y(N),P(N,N),H(N,N),RO(N,N),EPS(N,N),
EDA(N,N)
      DIMENSION D(70),A(350),B(210),ID(70)
      COMMON /COM1/Z,ENDA,AKC,HM0,HMC,EK,EAL,EBE,AD,AD1,KK1,KK2,
KK3,KK4,FN,FN1,FF
      COMMON /COMAK/AK(0:65,0:65)
      DATA KG1,PAI1,C1,C2/0,0.2026423,0.27,0.27/
      IF(KG1.NE.0)GOTO 2
      KG1 = 1
      AK00 = AK(0,0)
      AK10 = AK(1,0)
      AK20 = AK(2,0)
      BK00 = AK00 - AK10
      BK10 = AK10 - 0.25 * (AK00 + 2. * AK(1,1) + AK(2,0))
      BK20 = AK20 - 0.25 * (AK10 + 2. * AK(2,1) + AK(3,0))
2     NN = (N + 1)/2
      MM = N - 1
      DX1 = 1./DX
      DX2 = DX * DX
      DX3 = 1./DX2
      DO 100 K = 1,KK
      PMAX = 0.0
      DO 70 J = 2,NN
      J0 = J - 1
      J1 = J + 1
      IA = 1
8     MM = N - IA
      IF(P(MM,J0).GT.1.E-6)GOTO 20
      IF(P(MM,J).GT.1.E-6)GOTO 20
      IF(P(MM,J1).GT.1.E-6)GOTO 20
      IA = IA + 1
      IF(IA.LT.N)GOTO 8
      GOTO 70
20    IF(MM.LT.N-1)MM = MM + 1
      DPDX1 = ABS((P(2,J) - P(1,J)) * DX1) ** (FF)
      D2 = 0.5 * (EPS(1,J) + EPS(2,J)) * DPDX1
```

```
      DO 50 I = 2,MM
      I0 = I - 1
      I1 = I + 1
      II = 5 * I0
      DPDX2 = ABS((P(I1,J) - P(I,J)) * DX1) ** (FF)
      DPDY1 = ABS((P(I,J) - P(I,J0)) * DX1) ** (FF)
      DPDY2 = ABS((P(I,J1) - P(I,J)) * DX1) ** (FF)
      D1 = D2
      D2 = 0.5 * (EPS(I1,J) + EPS(I,J)) * DPDX2
      D4 = 0.5 * (EPS(I,J0) + EPS(I,J)) * DPDY1
      D5 = 0.5 * (EPS(I,J1) + EPS(I,J)) * DPDY2
      P1 = P(I0,J)
      P2 = P(I1,J)
      P3 = P(I,J)
      P4 = P(I,J0)
      P5 = P(I,J1)
      D3 = D1 + D2 + D4 + D5
      IF(H(I,J).LE.0.0)THEN
      ID(I) = 0
      A(II + 1) = 0.0
      A(II + 2) = 0.0
      A(II + 3) = 1.0
      A(II + 4) = 0.0
      A(II + 5) = 1.0
      A(II - 4) = 0.0
      GOTO 50
      ENDIF
      ID(I) = 1
      IF(J.EQ.NN)P5 = P4
      A(II + 1) = PAI1 * (RO(I0,J) * AK10 - RO(I,J) * AK20)
      A(II + 2) = DX3 * D1 + PAI1 * (RO(I0,J) * AK00 - RO(I,J) * AK10)
      A(II + 3) = - DX3 * D3 + PAI1 * (RO(I0,J) * AK10 - RO(I,J) * AK00)
      A(II + 4) = DX3 * D2 + PAI1 * (RO(I0,J) * AK20 - RO(I,J) * AK10)
      A(II + 5) = - DX3 * (D1 * P1 + D2 * P2 + D4 * P4 + D5 * P5 - D3 * P3) + DX1 *
 (RO(I,J) * H(I,J) - RO(I0,J) * H(I0,J))
 50   CONTINUE
```

```
        CALL TRA4(MM,D,A,B)
        DO 60 I = 2,MM
        IF(ID(I).EQ.1)P(I,J) = P(I,J) + C1 * D(I)
        IF(P(I,J).LT.0.0)P(I,J) = 0.0
        IF(PMAX.LT.P(I,J))PMAX = P(I,J)
60      CONTINUE
70      CONTINUE
        DO 80 J = 1,NN
        JJ = N + 1 - J
        DO 80 I = 1,N
80      P(I,JJ) = P(I,J)
        CALL HREE(N,DX,H00,G0,X,Y,H,RO,EPS,EDA,P)
100     CONTINUE
        RETURN
        END
        SUBROUTINE TRA4(N,D,A,B)
        DIMENSION D(N),A(5,N),B(3,N)
        C = 1./A(3,N)
        B(1,N) = -A(1,N) * C
        B(2,N) = -A(2,N) * C
        B(3,N) = A(5,N) * C
        DO 10 I = 1,N - 2
        IN = N - I
        IN1 = IN + 1
        C = 1./(A(3,IN) + A(4,IN) * B(2,IN1))
        B(1,IN) = -A(1,IN) * C
        B(2,IN) = -(A(2,IN) + A(4,IN) * B(1,IN1)) * C
10      B(3,IN) = (A(5,IN) - A(4,IN) * B(3,IN1)) * C
        D(1) = 0.0
        D(2) = B(3,2)
        DO 20 I = 3,N
20      D(I) = B(1,I) * D(I-2) + B(2,I) * D(I-1) + B(3,I)
        RETURN
        END
        SUBROUTINE VI(NW,N,DX,P,V)
        DIMENSION P(N,N),V(NW,NW)
```

```
      COMMON /COMAK/AK(0:65,0:65)
      PAI1 = 0. 2026423
      DO 40 I = 1 , N
      DO 40 J = 1 , N
      H0 = 0. 0
      DO 30 K = 1 , N
      IK = IABS( I − K )
      DO 30 L = 1 , N
      JL = IABS( J − L )
30    H0 = H0 + AK( IK,JL ) * P( K,L )
40    V( I,J ) = H0 * DX * PAI1
      RETURN
      END
      SUBROUTINE SUBAK( MM )
      COMMON /COMAK/AK(0:65,0:65)
      S( X,Y ) = X + SQRT( X ** 2 + Y ** 2 )
      DO 10 I = 0 , MM
      XP = I + 0. 5
      XM = I − 0. 5
      DO 10 J = 0 , I
      YP = J + 0. 5
      YM = J − 0. 5
      A1 = S( YP,XP )/S( YM,XP )
      A2 = S( XM,YM )/S( XP,YM )
      A3 = S( YM,XM )/S( YP,XM )
      A4 = S( XP,YP )/S( XM,YP )
      AK( I,J ) = XP * ALOG ( A1 ) + YM * ALOG ( A2 ) + XM * ALOG ( A3 ) + YP *
ALOG ( A4 )
10    AK( J,I ) = AK( I,J )
      RETURN
      END
      SUBROUTINE ERP( N,ER,P,POLD )
      DIMENSION P( N,N ),POLD( N,N )
      ER = 0. 0
      SUM = 0. 0
      NN = ( N + 1 )/2
```

```
      DO 10 I = 1 , N
      DO 10 J = 1 , NN
      ER = ER + ABS( P( I , J ) - POLD( I , J ) )
      SUM = SUM + P( I , J )
10    CONTINUE
      ER = ER/SUM
      DO I = 1 , N
      DO J = 1 , N
      POLD( I , J ) = P( I , J )
      ENDDO
      ENDDO
      RETURN
      END
      SUBROUTINE OUPT( N , DX , X , Y , H , P , EDA , TMAX )
      DIMENSION X( N ) , Y( N ) , H( N , N ) , P( N , N ) , EDA( N , N )
      COMMON /COM1/Z , ENDA , AKC , HM0 , HMC , EK , EAL , EBE , AD , AD1 , KK1 , KK2 ,
KK3 , KK4 , FN , FN1 , FF
      COMMON /COM2/W0 , E1 , RX , B , PH , US , U1 , U2 , EDA0
      A = 0. 0
      WRITE( 8 , 40 ) A , ( Y( I ) , I = 1 , N )
      DO I = 1 , N
      WRITE( 8 , 40 ) X( I ) , ( H( I , J ) , J = 1 , N )
      ENDDO
      WRITE( 9 , 40 ) A , ( Y( I ) , I = 1 , N )
      DO I = 1 , N
      WRITE( 9 , 40 ) X( I ) , ( P( I , J ) , J = 1 , N )
      ENDDO
40    FORMAT( 66( E12. 6 , 1X ) )
      HMIN = 1. E3
      PMAX = 0. 0
      DO J = 1 , N
      DO I = 2 , N
      IF( H( I , J ). LT. HMIN ) HMIN = H( I , J )
      IF( P( I , J ). GT. PMAX ) PMAX = P( I , J )
      ENDDO
      ENDDO
```

$HMIN = HMIN * B * B/RX$

$PMAX = PMAX * PH$

$WRITE(10, * )' HMIN, PMAX, TMAX ', HMIN, PMAX, TMAX$

RETURN

END

### 3. 计算结果

按程序中给定的工况参数，计算得到的膜厚与压力分布如图 16.2 所示。

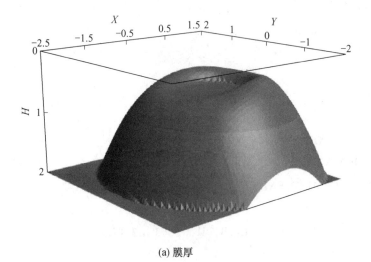

(a) 膜厚

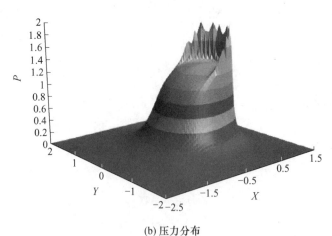

(b) 压力分布

图 16.2　点接触脂润滑弹流膜厚与压力分布数值解

# 第十七章

# 线接触热弹流润滑计算方法与程序

## ■ 17.1 线接触热弹流润滑基本方程

在线弹流润滑计算的基础上加入能量方程，即可得到热弹流润滑计算方程。其主要方程如下：

**1. Reynolds 方程**

$$\frac{\mathrm{d}}{\mathrm{d}x}\left(\frac{\rho h^3}{\eta}\frac{\mathrm{d}p}{\mathrm{d}x}\right) = 12U\frac{\mathrm{d}(\rho h)}{\mathrm{d}x} \tag{17.1}$$

**2. 能量方程**

$$\rho c_p u \frac{\partial T}{\partial x} + \frac{T}{\rho}\frac{\partial \rho}{\partial T}\left(u\frac{\partial p}{\partial x}\right) - K\frac{\partial^2 T}{\partial z^2} = \eta\left(\frac{\partial u}{\partial z}\right)^2 \tag{17.2}$$

式中，$c_p$ 为定压比热容；$K$ 为热传导系数。

能量方程式(17.2)，因为有 $\dfrac{\partial^2 T}{\partial z^2}$ 项，因此在上、下两个界面上需要给定边界条件。可表达为

$$T(x,0) = \frac{K}{\sqrt{\pi\rho_1 c_1 K_1 u_1}}\int_{-\infty}^{x}\frac{\partial T}{\partial z}\bigg|_{x,0}\frac{\mathrm{d}s}{\sqrt{x-s}} + T_0$$

$$T(x,h) = \frac{K}{\sqrt{\pi\rho_2 c_2 K_2 u_2}}\int_{-\infty}^{x}\frac{\partial T}{\partial z}\bigg|_{x,h}\frac{\mathrm{d}s}{\sqrt{x-s}} + T_0 \tag{17.3}$$

式中，$T_0$ 为初始温度；$\rho_1$ 和 $\rho_2$、$c_1$ 和 $c_2$、$K_1$ 和 $K_2$、$u_1$ 和 $u_2$ 分别为上、下表面材料的密度、比热、传热系数和切向速度。

**3. 膜厚方程**

$$h(x) = h_c + \frac{x^2}{2R} + v(x) \tag{17.4}$$

**4. 变形方程**

$$v(x) = -\frac{2}{\pi E}\int_{s_1}^{s_2}p(s)\ln(s-x)^2\mathrm{d}s + c \tag{17.5}$$

**5. 粘压 – 粘温方程（Roelands）**

$$\eta = \eta_0 \exp\left\{ (\ln \eta_0 + 9.67)\left[ (1 + 5.1 \times 10^{-9}p)^{0.68} \times \left( \frac{T - 138}{T_0 - 138} \right)^{-1.1} - 1 \right] \right\}$$

$$(17.6)$$

**6. 密压 – 密温方程**

$$\rho = \rho_0 \left( 1 + \frac{0.6p}{1 + 1.7p} + D(T - T_0) \right) \tag{17.7}$$

式中，$p$ 的单位是 GPa，$D = -0.00065 \text{ K}^{-1}$。

另外，为了计算温度，不仅要知道两表面的平均速度 $U$，还要知道两表面具体的速度。若表面滑滚比为 $s$，则有

$$u_1 = 0.5 \times (2 + s) \times U$$
$$u_2 = 0.5 \times (2 - s) \times U \tag{17.8}$$

## 17.2 线接触热弹流润滑计算方法

**1. 量纲一化方程**

经量纲一化后的弹流润滑线接触问题的 Reynolds 方程为

$$\frac{\mathrm{d}}{\mathrm{d}X}\left( \varepsilon \frac{\mathrm{d}P}{\mathrm{d}X} \right) - \frac{\mathrm{d}(\rho^* H)}{\mathrm{d}X} = 0 \tag{17.9}$$

式中，$\varepsilon = \dfrac{\rho^* H^3}{\eta \lambda}$，$\lambda = \dfrac{12\eta_0 U R^2}{b^2 p_H}$；$X$ 为量纲一化坐标，$X = \dfrac{x}{b}$；$b$ 为接触区半宽；$P$ 为量纲一化压力，$P = \dfrac{p}{p_H}$，$p_H$ 为最大 Hertz 接触应力；$H$ 为量纲一化膜厚，$H = \dfrac{hR}{b^2}$。

边界条件为

入口区 $\quad P(X_0) = 0$

出口区 $\quad P(X_e) = 0 \qquad \dfrac{\mathrm{d}P(X_e)}{\mathrm{d}X} = 0$

量纲一化的能量方程为

$$A\rho^* u^* \frac{\partial T}{\partial X} + B \frac{u^* T^*}{\rho^*} \frac{\partial \rho^*}{\partial T^*} \frac{\partial P}{\partial X} + C \frac{\partial^2 T}{\partial Z^2} + D\eta^* \left( \frac{\partial u^*}{\partial Z} \right)^2 = 0 \tag{17.10}$$

式中，$T^*$ 为量纲一化温度，$T^* = \dfrac{T}{T_0}$；$A = \dfrac{\rho_0 c_p U T_0}{b}$；$B = \dfrac{U p_H}{b}$；$C = -\dfrac{K T_0 R}{b^2}$；$D = -\eta_0 \left( \dfrac{UR}{b^2} \right)^2$。

膜厚方程

$$H(X) = H_0 + \frac{X^2}{2} - \frac{1}{\pi} \int_{X_0}^{X_e} \ln |X - X'| P(X')\mathrm{d}X' \tag{17.11}$$

密度 – 压力关系

$$\rho^* = 1 + \frac{0.6p}{1 + 1.7p} + D(T - T_0) \tag{17.12}$$

粘度 – 压力关系

$$\eta^* = \exp\{[\ln(\eta_0) + 9.67][-1 + (1 + 5.1 \times 10^{-9} P \cdot p_H)^{0.68}]\} \tag{17.13}$$

载荷方程

$$W = \int_{X_0}^{X_e} P \mathrm{d}x = \frac{\pi}{2} \tag{17.14}$$

### 2. 差分方程

利用中心和向前差分格式离散式(1.21)和式(1.22),可得到离散后的差分方程。膜厚方程和载荷方程也可以按数值积分方法写成离散的形式,这些方程可写成

$$\frac{\varepsilon_{i-1/2} P_{i-1} - (\varepsilon_{i-1/2} + \varepsilon_{i+1/2}) P_i + \varepsilon_{i+1/2} P_{i+1}}{\Delta X^2} = \frac{\rho_i^* H_i - \rho_{i-1}^* H_{i-1}}{\Delta X} \tag{17.15}$$

式中,$\varepsilon_{i\pm1/2} = \frac{1}{2}(\varepsilon_i + \varepsilon_{i\pm1})$;$\Delta X = X_i - X_{i-1}$。

入口区边界条件为 $P(X_0) = 0$;出口区的边界通过置负压为 0 而确定。

能量方程

$$A \rho^* u^* \left( \frac{T_{i,k} - T_{i-1,k}}{\Delta X} \right) + B \frac{T^*}{\rho^*} \frac{\partial \rho^*}{\partial T^*} \left( u^* \frac{P_{i,j} - P_{i-1,j}}{\Delta X} \right)$$

$$+ C \frac{T_{i,k+1} - 2T_{i,k} + T_{i,k-1}}{\Delta Z^2} + D \eta^* \left( \frac{u_{i,k+1}^* - u_{i,k}^*}{\Delta Z} \right)^2 = 0 \tag{17.16}$$

式中,$k$ 为膜厚方向的节点序号;$\rho^*$、$\eta^*$、$\frac{\partial \rho^*}{\partial T^*}$ 等可以通过表达式解析计算,因此不必差分。

离散膜厚方程

$$H_i = H_0 + \frac{x_i^2}{2} - \frac{1}{\pi} \sum_{j=1}^{n} K_{ij} P_j \tag{17.17}$$

其中,$K_{ij}$ 为变形系数。

离散载荷方程

$$\Delta X \sum_{i=1}^{n} \frac{P_i + P_{i+1}}{2} = \frac{\pi}{2} \tag{17.18}$$

式中,$K_{ij}$ 为弹性变形刚度系数。

由于能量方程中的温度、粘压,粘温方程中的粘度和膜厚方程中的弹性变形都随压力而变化,因此一般的做法是先给定一个初始压力分布(如 Hertz 接触压力)和温度分布(均匀温度场),计算膜厚和粘度值,然后代入 Reynolds 方程求解新压力分布,对前一次的压力分布进行迭代修正,然后代入能量方程求温度。利用新的温度修正粘度值,再迭代求解压力,反复此过程,直至两次迭代得到的压力差十分接近,

迭代结束。从而求得最终的压力分布、含弹性变形的膜厚和温度分布。

# ■ 17.3 线接触热弹流润滑计算程序

在线接触热弹流润滑计算方法程序中，除了用到前面的求解 Reynolds 方程和弹性变形方法外，还采用了多重网格法和求解温度方程方法。下面重点介绍这两部分的求解框图。

**1. 多重网格法计算框图（图 17.1）**

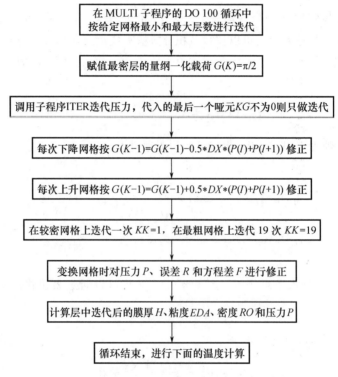

图 17.1　多重网格计算框图

**2. 温度计算程序框图**（图 17.2）

温度计算程序主要包括温度计算主子程序 THERM、温度边界条件子程序 TBOUND、等效粘度子程序 EROEQ、速度分布计算子程序 UCAL、温度计算迭代子程序 TCAL 和误差计算子程序 ERRO。这部分的计算框图如下：

图 17.3 是计算总流程图。

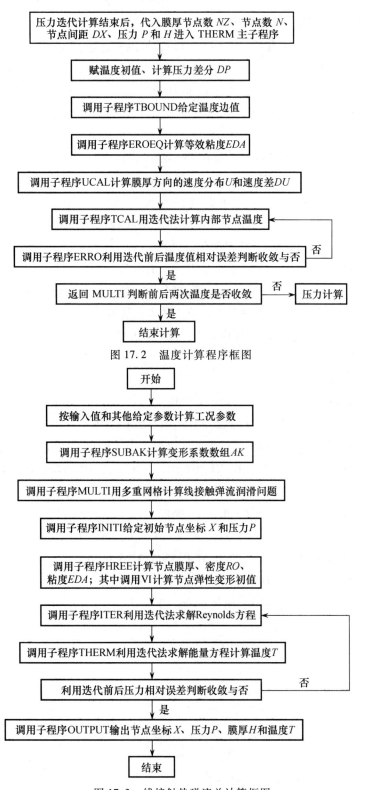

图 17.2　温度计算程序框图

图 17.3　线接触热弹流总计算框图

### 3. 线接触热弹流计算源程序

程序中，预赋值变量有：节点数 $N = 129$，量纲一化坐标初值 $X0 = -4$，量纲一化坐标终值 $XE = 1.4$，载荷 $W = 1.768E5$ N，综合弹性模量 $E1 = 2.21E11$ Pa，润滑油粘度 $EDA0 = 0.03$ Pa·s，当量接触半径 $R = 0.02$ m，综合速度 $US = 1.77$ m·s$^{-1}$，迭代系数 $C1 = 0.37$，迭代系数 $C2 = 0.37$，膜厚方向层数 $NZ = 5$，滑滚比 $CU = 0.25$，温度迭代系数 $CT = 0.35$。

另外，在 BLOCK DATA 中还赋值了初始温度 $T0 = 303$ K，界面温度计算系数 $AK0 = 0.14$ W·m$^{-1}$·K，$AK1 = 46$ W·m$^{-1}$·K，$AK2 = 46$ W·m$^{-1}$·K，比热系数 $CV = 2000$ J·kg$^{-1}$·K$^{-1}$，$CV1 = 470$ J·kg$^{-1}$·K$^{-1}$，$CV2 = 470$ J·kg$^{-1}$·K$^{-1}$，初始密度 $RO0 = 890$ kg·m$^{-3}$，工程单位密度 $RO1 = 7850$ kg·m$^{-3}$，$RO2 = 7850$ kg·m$^{-3}$，润滑油温度 – 密度系数 $D0 = -0.00065$。

运行时要求输入 S，若 S = "y" 或 "Y"，是计算算例。否则根据所需工况输入以下参数：输入是否考虑温度的字符，"y" 或 "Y" 考虑温度；其他不考虑温度。若不是计算算例，则需要输入以下参数数值：节点数 $N$、量纲一化初始坐标 $X0$，量纲一化终止坐标 $XE$、载荷 $W$、综合弹性模量 $E$、润滑油密度 $EDA0$、综合半径 $R$、速度 $US$。

```
PROGRAM LINEEHLT
CHARACTER * 1 S,S1,S2
CHARACTER * 16 FILEO,CDATE,CTIME
COMMON /COM1/ENDA,A1,A2,A3,Z,C1,C2,C3,CW
COMMON /COM2/T0,EDA0,AK0,AK1,AK2,CV,CV1,CV2,RO0,RO1,RO2,D0
COMMON /COM3/E1,PH,B,U1,U2,R,CT/COM4/X0,XE/COM5/H2,P2,T2,
ROM,HM,FM
DATA PAI,Z,P0/3.14159265,0.68,1.96E8/,KT,S1,S2/0,1HY,1Hy/
DATA N,X0,XE,W,E1,EDA0,R,Us,C1,C2,NZ,CU,CT/129, - 4.,1.4,
1.768E5,2.21E11,0.03,0.02,1.77,0.37,0.37,5,0.25,0.35/
OPEN(8,FILE ='OUT. DAT',STATUS ='UNKNOWN')
WRITE( * , * )'Show the example or not ( Y or N)? '
READ( * ,'(A)')S
IF( S. EQ. S1. OR. S. EQ. S2 )THEN
KT = 2
GOTO 10
ELSE
WRITE( * , * )' Temperature is considered or not ( Y or N) ? '
READ( * ,'(A)')S
IF( S. EQ. S1. OR. S. EQ. S2 )KT = 2
ENDIF
```

```
      WRITE( * , * )' N , X0 , XE , W , E , EDA0 , R , US ='
      READ( * , * ) N , X0 , XE , W , E1 , EDA0 , R , US
      IF( KT. EQ. 2 ) THEN
      WRITE( * , * )' NZ , CU ='
      READ( * , * ) NZ , CU
      ENDIF
      WRITE( * , * )' Change iteration factors or not ( Y or N ) ? '
      READ( * ,'( A )') S
      IF( S. EQ. S1. OR. S. EQ. S2 ) THEN
      WRITE( * , * )' C1 , C2 ='
      READ( * , * ) C1 , C2
      ENDIF
10    CW = N + 0. 1
      LMAX = ALOG( CW )/ALOG( 2. )
      N = 2 ** LMAX + 1
      LMIN = ( ALOG( CW ) - ALOG( SQRT( CW ) ) )/ALOG( 2. )
      LMAX = LMIN
      H00 = 0. 0
      W1 = W/( E1 * R )
      PH = E1 * SQRT( 0. 5 * W1/PAI )
      A1 = ( ALOG( EDA0 ) + 9. 67 )
      A2 = PH/P0
      A3 = 0. 59/( PH * 1. E - 9 )
      T2 = 0. 0
      B = 4. * R * PH/E1
      ALFA = Z * A1/P0
      G = ALFA * E1
      U = EDA0 * US/( 2. * E1 * R )
      CC1 = SQRT( 2. * U )
      AM = 2. * PAI * ( PH/E1 ) ** 2/CC1
      AL = G * SQRT( CC1 )
      CW = ( PH/E1 ) * ( B/R )
      C3 = 1. 6 * ( R/B ) ** 2 * G ** 0. 6 * U ** 0. 7 * W1 ** ( - 0. 13 )
      ENDA = 3. * ( PAI/AM ) ** 2/8.
      U1 = 0. 5 * ( 2. + CU ) * U
      U2 = 0. 5 * ( 2. - CU ) * U
```

```
         CW = - 1. 13 * C3
         WRITE( * ,40)
40   FORMAT(2X,'                    Wait       Please ',//)
         CALL SUBAK( N)
         CALL MULTI( N,NZ,KT,LMIN,LMAX,H00)
         STOP
         END
         SUBROUTINE  MULTI( N,NZ,KT,LMIN,LMAX,H00)
         DIMENSION  X(1100),P(1100),H(1100),RO(1100),POLD(1100),EPS(1100),
     EDA(1100),P0(2200),F(1100),F0(2200),R(1100),R0(2200),G(10),T(22000)
         COMMON /COM1/ENDA,A1,A2,A3,Z,C1,C2,C3,CW
         COMMON /COMK/K/COMT/LT, T1 (1100)/COM3/E1, PH, B, U1, U2, RR, CT/
     COM5/H2,P2,T2,RM,HM,FM
         DATA MK,IT,KH,NMAX,PAI,G0/0,0,0,1100,3. 14159265,1. 570796325/
         LT = LMAX
         NX = N
         K = LMIN
         N0 = ( N - 1)/2 ** ( LMIN - 1)
         CALL KNDX( K,N,N0,N1,NMAX,DX,X)
         DO 10 I = 1 ,N
         T1( I) = 1. 0
         IF( ABS( X( I)). GE. 1. 0)P( I) = 0. 0
10   IF( ABS( X( I)). LT. 1. 0)P( I) = SQRT(1. - X( I) * X( I))
12   CALL HREE( N,DX,H00,G0,X,P,H,RO,EPS,EDA,F,0)
         IF( KH. NE. 0)GOTO 14
         KH = 1
         GOTO 12
14   CALL FZ( N,P,POLD)
         DO 100 L = LMIN,LMAX
         K = L
         G( K) = PAI/2.
         DO 18 I = 1 ,N
         R( I) = 0. 0
         F( I) = 0. 0
         R0( N1 + I) = 0. 0
18   F0( N1 + I) = 0. 0
```

```
20   KK = 2
     CALL ITER(N,KK,DX,H00,G0,X,P,H,RO,EPS,EDA,F,R,0)
     KK = 1
     CALL ITER(N,KK,DX,H00,G0,X,P,H,RO,EPS,EDA,F,R,1)
     G(K - 1) = G(K)
     DO 24 I = 1,N
     IF(I. LT. N)G(K - 1) = G(K - 1) - 0.5 * DX * (P(I) + P(I + 1))
24   P0(N1 + I) = P(I)
     N2 = N
     K = K - 1
     CALL KNDX(K,N,N0,N1,NMAX,DX,X)
     CALL TRANS(N,N2,P,H,RO,EPS,EDA,R)
     CALL ITER(N,KK,DX,H00,G0,X,P,H,RO,EPS,EDA,F,R,2)
     DO 26 I = 1,N
     IF(I. LT. N)G(K) = G(K) + 0.5 * DX * (P(I) + P(I + 1))
26   F(I) = H(I)
     G0 = G(K)
     CALL HREE(N,DX,H00,G0,X,P,H,RO,EPS,EDA,F,1)
     DO 28 I = 1,N
     R0(N1 + I) = R(I)
28   F0(N1 + I) = F(I)
     IF(K. NE. 1)GOTO 20
     KK = 19
     CALL ITER(N,KK,DX,H00,G0,X,P,H,RO,EPS,EDA,F,R,0)
40   DO 42 I = 1,N
42   P0(N1 + I) = P(I)
     N2 = N1
     K = K + 1
     CALL KNDX(K,N,N0,N1,NMAX,DX,X)
     G0 = G(K)
     DO 50 I = 2,N,2
     I1 = N1 + I
     I2 = N2 + I/2
     P(I - 1) = P0(I2)
     P(I) = P0(I1) + 0.5 * (P0(I2) + P0(I2 + 1) - P0(I1 - 1) - P0(I1 + 1))
50   IF(P(I). LT. 0.0)P(I) = 0.
```

```
        DO 52 I = 1 , N
        R( I ) = R0( N1 + I )
52      F( I ) = F0( N1 + I )
        CALL HREE( N , DX , H00 , G0 , X , P , H , RO , EPS , EDA , F , 0 )
        KK = 1
        CALL ITER( N , KK , DX , H00 , G0 , X , P , H , RO , EPS , EDA , F , R , 0 )
        IF( K. LT. L ) GOTO 40
100     CONTINUE
        MK = MK + 1
        CALL ERROP( N , P , POLD , ERP )
        IF( ERP. GT. 0. 01 * C2. AND. MK. LE. 12 ) GOTO 14
        MK = 8
        IF( KT. NE. 2 ) GOTO 105
        CALL THERM( NX , NZ , DX , T , P , H )
        CALL ERROM( NX , NZ , T1 , T , KT )
        IT = IT + 1
        IF( KT. EQ. 2. AND. IT. LT. 10 ) GOTO 14
        KT = 2
        IF( IT. GE. 10 ) THEN
        WRITE( * , * )'Temperature is not convergent ! ! ! '
        READ( * , * )
        ENDIF
105     IF( MK. GE. 10 ) THEN
        WRITE( * , * )'Pressures are not convergent ! ! ! '
        READ( * , * )
        ENDIF
        FM = FRICT( N , DX , H , P , EDA )
        DO I = 1 , N
        WRITE( 8 , 110 ) X( I ) , P( I ) , H( I )
        H( I ) = H( I ) * B * B/RR
        P( I ) = P( I ) * PH
        ENDDO
110     FORMAT( 1X , 6( E12. 6 , 1X ) )
        DO I = 2 , N - 1
        IF( P( I ). GE. P( I - 1 ). AND. P( I ). GE. P( I + 1 ) ) THEN
        HM = H( I )
```

```
        RM = RO(I)
        GOTO 120
        ENDIF
        ENDDO
120  DO I = 1,N
        H(I) = H(I) * 1. E6
        P(I) = P(I) * 1. E - 9
        ENDDO
        IF(KT. EQ. 2)THEN
        CALL OUPT(NX,NZ,X,T)
        ENDIF
        RETURN
        END
        SUBROUTINE HREE(N,DX,H00,G0,X,P,H,RO,EPS,EDA,F0,KG)
        DIMENSION X(N),P(N),H(N),RO(N),EPS(N),EDA(N),F0(N)
        DIMENSION W(2200)
        COMMON /COM1/ENDA, A1, A2, A3, Z, C1, C2, C3, CW/COMK/K/COMT/LT,
T1(1100)/COM2/T0, EDA0, AK0, AK1, AK2, CV, CV1, CV2, RO0, RO1, RO2, D0/
COMAK/AK(0:1100)
        DATA KK,MK1,MK2,NW,PAI1/0,3,0,2200,0. 318309886/
        IF(KK. NE. 0)GOTO 3
        HM0 = C3
3    W1 = 0. 0
        DO 4 I = 1,N
4    W1 = W1 + P(I)
        C3 = (DX * W1)/G0
        DW = 1. - C3
        IF(K. EQ. 1)GOTO 6
        CALL VI(N,DX,P,W)
        GOTO 10
6    WX = - PAI1 * W1 * DX * ALOG(DX)
        DO 8 I = 1,N
        W(I) = WX
        DO 8 J = 1,N
        IJ = IABS(I - J)
8    W(I) = W(I) - PAI1 * AK(IJ) * P(J) * DX
```

```
10     HMIN = 1. E3
       DO 30 I = 1 , N
       H0 = 0.5 * X( I ) * X( I ) + W( I )
       IF( KG. EQ. 1 ) GOTO 20
       IF( H0 + F0( I ). LT. HMIN ) HMIN = H0 + F0( I )
       H( I ) = H0
       GOTO 30
20     F0( I ) = F0( I ) - H00 - H0
30     CONTINUE
       IF( KG. EQ. 1 ) RETURN
       H0 = H00 + HMIN
       IF( KK. NE. 0 ) GOTO 32
       KK = 1
       H00 = - H0 + HM0
32     IF( H0. LE. 0. 0 ) GOTO 48
       IF( K. NE. 1 ) GOTO 50
40     MK = MK + 1
       IF( MK. LE. MK1 ) GOTO 50
       IF( MK. GE. MK2 ) MK = 0
       IF( H0 + CW * DW. GT. 0. 0 ) HM0 = H0 + CW * DW
       IF( H0 + CW * DW. LE. 0. 0 ) HM0 = HM0 * C3
48     H00 = HM0 - HMIN
50     DO 60 I = 1 , N
60     H( I ) = H00 + H( I ) + F0( I )
       IT = 2 ** ( LT - K )
       DO 100 I = 1 , N
       II = IT * ( I - 1 ) + 1
       CT1 = - 0. 05 * T0 * ( T1( II ) - 1. 0 )
       CT2 = D0 * T0 * ( T1( II ) - 1. )
       EDA( I ) = EXP( CT1 ) * EXP( A1 * ( - 1. + ( 1. + A2 * P( I ) ) ** Z ) )
       RO( I ) = ( A3 + 1. 34 * P( I ) )/( A3 + P( I ) ) + CT2
       EPS( I ) = RO( I ) * H( I ) ** 3/( ENDA * EDA( I ) )
100    CONTINUE
       RETURN
       END
       SUBROUTINE ITER( N , KK , DX , H00 , G0 , X , P , H , RO , EPS , EDA , F0 , R0 , KG )
       DIMENSION X( N ) , P( N ) , H( N ) , RO( N ) , EPS( N ) , EDA( N ) , F0( N ) , R0( N )
```

```
      COMMON /COM1/ENDA,A1,A2,A3,Z,C1,C2,C3/COMAK/AK(0:1100)
      DATA PAI/3.14159265/
      DX1 = 1./DX
      DX2 = DX * DX
      DX3 = 1./DX2
      DX4 = DX1/PAI
      DXL = DX * ALOG(DX)
      AK0 = DX * AK(0) + DXL
      AK1 = DX * AK(1) + DXL
      DO 100 K = 1,KK
      RMAX = 0.0
      D2 = 0.5 * (EPS(1) + EPS(2))
      D3 = 0.5 * (EPS(2) + EPS(3))
      D5 = DX1 * (RO(2) * H(2) - RO(1) * H(1))
      D7 = DX4 * (RO(2) * AK0 - RO(1) * AK1)
      PP = 0.
      DO 70 I = 2,N - 1
      D1 = D2
      D2 = D3
      D4 = D5
      D6 = D7
      IF(I + 2. LE. N)D3 = 0.5 * (EPS(I + 1) + EPS(I + 2))
      D5 = DX1 * (RO(I + 1) * H(I + 1) - RO(I) * H(I))
      D7 = DX4 * (RO(I + 1) * AK0 - RO(I) * AK1)
      IF(KG. NE. 0)GOTO 30
      DD = (D1 + D2) * DX3
      IF(DD. LT. 0. 1 * ABS(D6))GOTO 10
      RI = - DX3 * (D1 * P(I - 1) - (D1 + D2) * P(I) + D2 * P(I + 1)) + D4 + R0(I)
      DLDP = - DX3 * (D1 + D2) + D6
      RI = C1 * RI/DLDP
      GOTO 20
10    RI = - DX3 * (D1 * PP - (D1 + D2) * P(I) + D2 * P(I + 1)) + D4 + R0(I)
      DLDP = - DX3 * (2. * D1 + D2) + 2. * D6
      RI = C2 * RI/DLDP
      IF(I. GT. 2. AND. P(I - 1) - RI. GT. 0. 0)P(I - 1) = P(I - 1) - RI
20    PP = P(I)
      P(I) = P(I) + RI
```

```
      IF( P( I). LT. 0. 0) P( I) = 0. 0
      IF( K. NE. KK) GOTO 70
      IF( RMAX. LT. ABS( RI). AND. P( I). GT. 0. 0) RMAX = ABS( RI)
      GOTO 70
30    IF( KG. EQ. 2) GOTO 40
      R0( I) = - DX3 * ( D1 * P( I - 1) - ( D1 + D2) * P( I) + D2 * P( I + 1)) + D4 +
R0( I)
      GOTO 70
40    R0( I) = DX3 * ( D1 * P( I - 1) - ( D1 + D2) * P( I) + D2 * P( I + 1)) - D4 + R0( I)
70    CONTINUE
      IF( KG. NE. 0) GOTO 100
      CALL HREE( N, DX, H00, G0, X, P, H, RO, EPS, EDA, F0, 0)
100   CONTINUE
      RETURN
      END
      SUBROUTINE VI( N, DX, P, V)
      DIMENSION P( N), V( N)
      COMMON /COMAK/ AK( 0:1100)
      PAI1 = 0. 318309886
      C = ALOG( DX)
      DO 10 I = 1, N
      V( I) = 0. 0
      DO 10 J = 1, N
      IJ = IABS( I - J)
10    V( I) = V( I) + ( AK( IJ) + C) * DX * P( J)
      DO I = 1, N
      V( I) = - PAI1 * V( I)
      ENDDO
      RETURN
      END
      SUBROUTINE SUBAK( MM)
      COMMON /COMAK/ AK( 0:1100)
      DO 10 I = 0, MM
10    AK( I) = ( I + 0. 5) * ( ALOG( ABS( I + 0. 5)) - 1. ) - ( I - 0. 5) * ( ALOG( ABS( I
      - 0. 5)) - 1. )
      RETURN
```

```
      END
      FUNCTION FRICT(N,DX,H,P,EDA)
      DIMENSION H(N),P(N),EDA(N)
      COMMON /COM3/E1,PH,B,U1,U2,R,CT
      DATA TAU0/4.E7/
      TP = TAU0/PH
      TE = TAU0/E1
      BR = B/R
      FRICT = 0.0
      DO I = 1,N
      DP = 0.0
      IF(I.NE.N)DP = (P(I+1) - P(I))/DX
      TAU = 0.5 * H(I) * ABS(DP) * (BR/TP) + 2. * ABS(U1 - U2) * EDA(I)/(H
     (I) * BR ** 2 * TE)
      FRICT = FRICT + TAU
      ENDDO
      FRICT = FRICT * DX * B * TAU0
      RETURN
      END
      SUBROUTINE FZ(N,P,POLD)
      DIMENSION P(N),POLD(N)
      DO 10 I = 1,N
10    POLD(I) = P(I)
      RETURN
      END
      SUBROUTINE ERROP(N,P,POLD,ERP)
      DIMENSION P(N),POLD(N)
      SD = 0.0
      SUM = 0.0
      DO 10 I = 1,N
      SD = SD + ABS(P(I) - POLD(I))
10    SUM = SUM + P(I)
      ERP = SD/SUM
      RETURN
      END
      SUBROUTINE KNDX(K,N,N0,N1,NMAX,DX,X)
```

```
       DIMENSION X(NMAX)
       COMMON /COM4/X0,XE
       N = 2 ** (K - 1) * N0
       DX = (XE - X0)/N
       N = N + 1
       N1 = N + K
       DO 10 I = 1,N
10     X(I) = X0 + (I - 1) * DX
       RETURN
       END
       SUBROUTINE TRANS(N1,N2,P,H,RO,EPS,EDA,R)
       DIMENSION P(N2),H(N2),RO(N2),EPS(N2),EDA(N2),R(N2)
       DO 10 I = 1,N1
       II = 2 * I - 1
       P(I) = P(II)
       H(I) = H(II)
       R(I) = R(II)
       RO(I) = RO(II)
       EPS(I) = EPS(II)
10     EDA(I) = EDA(II)
       RETURN
       END
       SUBROUTINE OUPT(NX,NZ,X,T)
       DIMENSION X(NX),T(NX,NZ)
       DO I = 1,NX
       DO K = 1,NZ
       T(I,K) = 303. * (T(I,K) - 1.0)
       END DO
       END DO
       DO I = 1,NX
       WRITE(8,30)X(I),(T(I,K),K = 1,NZ)
       ENDDO
30     FORMAT(6(1X,E12.6))
       RETURN
       END
       SUBROUTINE ERROM(NX,NZ,T1,T,KT)
```

```
      DIMENSION T(NX,NZ),T1(NX)
      KT = 2
      ERM = 0.
      C1 = 1./FLOAT(NZ)
      DO 20 I = 1,NX
      TT = 0.
      DO 10 K = 1,NZ
10    TT = TT + T(I,K)
      TT = C1 * TT
      ER = ABS((TT - T1(I))/TT)
      IF(ER. GT. ERM)ERM = ER
20    T1(I) = TT
      IF(ERM. LT. 0. 003)KT = 1
      RETURN
      END
      SUBROUTINE THERM(NX,NZ,DX,T,P,H)
      DIMENSION T(NX,NZ),P(NX),H(NX),T1(21),TI(21),TF(21),U(21),
     DU(21),W(21),EDA(21),RO(21),EDA1(21),EDA2(21),ROR(21),UU(21)
      DATA KK/0/
      IF(KK. NE. 0)GOTO 4
      DO 2 K = 1,NZ
2     T(1,K) = 1.0
4     DO 30 I = 2,NX
      KG = 0
      DO 8 K = 1,NZ
      TF(K) = T(I - 1,K)
      IF(KK. NE. 0)GOTO 6
      T1(K) = T(I - 1,K)
      GOTO 8
6     T1(K) = T(I,K)
8     TI(K) = T1(K)
      P1 = P(I)
      H1 = H(I)
      DP = (P(I) - P(I - 1))/DX
      CALL TBOUD(NX,NZ,I,CC1,CC2,T)
10    CALL EROEQ(NZ,T1,P1,EDA,RO,EDA1,EDA2,KG)
```

```
        CALL UCAL( NZ,DX,H1,EDA,RO,ROR,EDA1,EDA2,U,UU,DU,W,DP)
        CALL TCAL( NZ,DX,CC1,CC2,T1,TF,U,W,DU,H1,DP,EDA,RO)
        CALL ERRO( NZ,TI,T1,ETS)
        KG = KG + 3
        IF( ETS. GT. 1. E - 4. AND. KG. LE. 50 ) GOTO 10
        DO 20 K = 1,NZ
        ROR( K ) = RO( K )
        UU( K ) = U( K )
20      T( I,K ) = T1( K )
30      CONTINUE
        KK = 1
        RETURN
        END
        SUBROUTINE TBOUD( NX,NZ,I,CC1,CC2,T)
        DIMENSION T( NX,NZ)
        CC1 = 0.
        CC2 = 0.
        O 10 L = 1,I - 1
        DS = 1. /SQRT( FLOAT( I - L) )
        IF( L. EQ. I - 1 ) DS = 1. 1666667
        CC1 = CC1 + DS * ( T( L,2) - T( L,1) )
10      CC2 = CC2 + DS * ( T( L,NZ) - T( L,NZ - 1) )
        RETURN
        END
        SUBROUTINE ERRO( NZ,T0,T,ETS)
        DIMENSION T0( NZ) ,T( NZ)
        ETS = 0. 0
        DO 10 K = 1,NZ
        IF( T( K). LT. 1. E - 5 ) ETS0 = 1.
        IF( T( K). GE. 1. E - 5 ) ETS0 = ABS( ( T( K ) - T0( K ) )/T( K ) )
        IF( ETS0. GT. ETS ) ETS = ETS0
10      T0( K ) = T( K )
        RETURN
        END
        SUBROUTINE EROEQ( NZ,T,P,EDA,RO,EDA1,EDA2,KG)
        DIMENSION T( NZ) ,EDA( NZ) ,RO( NZ) ,EDA1( NZ) ,EDA2( NZ)
```

```
      COMMON /COM1/ENDA,A1,A2,A3,Z,O1,O2,O3/COM2/T0,EDA0,AK0,AK1,
AK2,CV,CV1,CV2,RO0,RO1,RO2,D0/COM3/E1,PH,B,U1,U2,R,CC
      DATA A4,A5/0.455445545,0.544554455/
      IF(KG.NE.0)GOTO 20
      B1 = (1. + A2 * P) ** Z
      B2 = (A3 + 1.34 * P)/(A3 + P)
      B3 = -0.05 * T0
20    DO 30 K = 1,NZ
      EDA(K) = EXP(A1 * (-1. + B1)) * EXP(B3 * (T(K) - 1.0))
30    RO(K) = B2 + D0 * T0 * (T(K) - 1.)
      CC1 = 0.5/(NZ - 1.)
      CC2 = 1./(NZ - 1.)
      C1 = 0.
      C2 = 0.
      DO 40 K = 1,NZ
      IF(K.EQ.1)GOTO 32
      C1 = C1 + 0.5/EDA(K) + 0.5/EDA(K - 1)
      C2 = C2 + CC1 * ((K - 1.)/EDA(K) + (K - 2.)/EDA(K - 1))
32    EDA1(K) = C1 * CC2
40    EDA2(K) = C2 * CC2
      IF(KG.NE.2)RETURN
      C1 = 0.
      C2 = 0.
      C3 = 0.
      DO 50 K = 1,NZ
      IF(K.EQ.1)GOTO 50
      C1 = C1 + 0.5 * (RO(K) + RO(K - 1))
      C2 = C2 + 0.5 * (RO(K) * EDA1(K) + RO(K) * EDA1(K - 1))
      C3 = C3 + 0.5 * (RO(K) * EDA2(K) + RO(K) * EDA2(K - 1))
50    CONTINUE
      B1 = 12. * CC2 * (C1 * EDA2(NZ)/EDA1(NZ) - C2)
60    B2 = 2. * CC2/(U1 + U2) * (C1 * (U1 - U2)/EDA1(NZ) + C3 * U1)
      RETURN
      END
      SUBROUTINE UCAL(NZ,DX,H,EDA,RO,ROR,EDA1,EDA2,U,UU,DU,W,DP)
      DIMENSION U(NZ),DU(NZ),W(NZ),ROR(NZ),UU(NZ),EDA(NZ),
```

```
       RO(NZ),EDA1(NZ),EDA2(NZ)
       COMMON/COM2/T0,EDA0,AK0,AK1,AK2,CV,CV1,CV2,RO0,RO1,RO2,D0/
COM3/E1,PH,B,U1,U2,R,CC
       DATA KK/0/
       IF(KK. NE. 0)GOTO 20
       A1 = U1
       A2 = PH * (B/R) ** 3/E1
       A3 = U2 - U1
20     CC1 = A2 * DP * H
       CC2 = CC1 * H
       CC3 = A3/H
       CC4 = 1. /EDA1(NZ)
       DO 30 K = 1,NZ
       U(K) = A1 + CC2 * (EDA2(K) - CC4 * EDA2(NZ) * EDA1(K)) + A3 * CC4 *
EDA1(K)
       IF(U(K). LT. 0. 0)U(K) = 0.
30     DU(K) = CC1/EDA(K) * ((K - 1. )/(NZ - 1. ) - CC4 * EDA2(NZ)) + CC3 *
CC4/EDA(K)
       A4 = B/((NZ - 1) * R * DX)
       C1 = A4 * H
       IF(KK. EQ. 0)GOTO 50
       DO 40 K = 2,NZ - 1
       W(K) = (RO(K - 1) * W(K - 1) + C1 * (RO(K) * U(K) - ROR(K) *
UU(K)))/RO(K)
40     CONTINUE
50     KK = 1
       RETURN
       END
       SUBROUTINE TCAL(NZ,DX,CC1,CC2,T,TF,U,W,DU,H,DP,EDA,RO)
       DIMENSION T(NZ),TF(NZ),U(NZ),DU(NZ),W(NZ),EDA(NZ),RO(NZ),
A(4,21),D(21),AA(2,21)
       COMMON /COM2/T0,EDA0,AK0,AK1,AK2,CV,CV1,CV2,RO0,RO1,RO2,D0/
COM3/E1,PH,B,U1,U2,R,CC
       DATA KK,CC5,PAI,TAU0/0,0. 6666667,3. 14159265,4. E7/
       IF(KK. NE. 0)GOTO 5
       KK = 1
```

```
          TAU = TAU0 * B * B/( E1 * R * R)
          A2 = - CV * RO0 * E1 * B ** 3/( EDA0 * AK0 * R)
          A3 = - E1 * PH * B ** 3 * D0/( AK0 * EDA0 * T0 * R)
          A4 = - ( E1 * R) ** 2/( AK0 * EDA0 * T0)
          A5 = 0. 5 * R/B * A2
          A6 = AK0 * SQRT( EDA0 * R/( PAI * RO1 * CV1 * U1 * E1 * AK1 * B ** 3))
          A7 = AK0 * SQRT( EDA0 * R/( PAI * RO2 * CV2 * U2 * E1 * AK2 * B ** 3))
   5      CC3 = A6 * SQRT( DX)
          CC4 = A7 * SQRT( DX)
          DZ = H/( NZ - 1. )
          DZ1 = 1. /DZ
          DZ2 = DZ1 * DZ1
          CC6 = A3 * DP
          DO 10 K = 2, NZ - 1
          A( 1, K) = DZ2 + DZ1 * A5 * RO( K) * W( K)
          A( 2, K) = - 2. * DZ2 + A2 * RO( K) * U( K)/DX + CC6 * U( K)/RO( K)
          A( 3, K) = DZ2 - DZ1 * A5 * RO( K) * W( K)
          AE = ABS( EDA( K) * DU( K))
  10      A( 4, K) = A4 * ABS( DU( K)) * AE + A2 * RO( K) * U( K) * TF( K)/DX
          A( 1, 1) = 0.
          A( 2, 1) = 1. + 2. * DZ1 * CC3 * CC5
          A( 3, 1) = - 2. * DZ1 * CC3 * CC5
          A( 1, NZ) = - 2. * DZ1 * CC4 * CC5
          A( 2, NZ) = 1. + 2. * DZ1 * CC4 * CC5
          A( 3, NZ) = 0.
          A( 4, 1) = 1. + CC1 * CC3 * DZ1
          A( 4, NZ) = 1. - CC2 * CC4 * DZ1
          CALL TRA3( NZ, D, A, AA)
          DO 20 K = 1, NZ
  20      T( K) = ( 1. - CC) * T( K) + CC * D( K)
  30      CONTINUE
          RETURN
          END
          SUBROUTINE TRA3( N, D, A, B)
          DIMENSION D( N), A( 4, N), B( 2, N)
          C = 1. /A( 2, N)
```

```
        B(1,N) = - A(1,N) * C
        B(2,N) = A(4,N) * C
        DO 10 I = 1,N - 1
        IN = N - I
        IN1 = IN + 1
        C = 1. /( A(2,IN) + A(3,IN) * B(1,IN1) )
        B(1,IN) = - A(1,IN) * C
   10   B(2,IN) = ( A(4,IN) - A(3,IN) * B(2,IN1) ) * C
        D(1) = B(2,1)
        DO 20 I = 2,N
   20   D(I) = B(1,I) * D(I - 1) + B(2,I)
        RETURN
        END
        BLOCK DATA
        COMMON /COM2/T0,EDA0,AK0,AK1,AK2,CV,CV1,CV2,RO0,RO1,RO2,D0
        DATA T0, AK0, AK1, AK2, CV, CV1, CV2, RO0, RO1, RO2, D0/303. ,0. 14,46. ,
46. ,2000. ,470. ,470. ,890. 7850. ,7850. , - 0. 00065/
        END
```

### 4. 算例条件与温度分布

按程序中给定的工况参数，在膜厚方向划分 5 层，计算得到的温度分布曲线如图 17.4 所示。

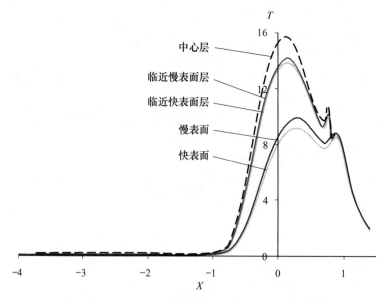

图 17.4　线接触热弹流各层温度分布计算结果

# 第十八章

# 点接触热弹流润滑计算方法与程序

## ▣ 18.1 点接触热弹流润滑基本方程

点接触热弹流润滑求解方程是在点弹流润滑计算的基础上加入三维能量方程(含膜厚方向)构成的。热弹流润滑计算方程主要有:

**1. Reynolds 方程**

$$\frac{\partial}{\partial x}\left(\frac{\rho h^3}{\eta}\frac{\partial p}{\partial x}\right) + \frac{\partial}{\partial y}\left(\frac{\rho h^3}{\eta}\frac{\partial p}{\partial y}\right) = -12U\frac{\partial(\rho h)}{\partial x} \tag{18.1}$$

**2. 能量方程**

$$\rho c_\rho\left(u\frac{\partial T}{\partial x} + v\frac{\partial T}{\partial y}\right) = K\frac{\partial^2 T}{\partial z^2} - \frac{T}{\rho}\frac{\partial\rho}{\partial T}\left(u\frac{\partial p}{\partial x} + v\frac{\partial p}{\partial y}\right) + \eta\left[\left(\frac{\partial u}{\partial z}\right)^2 + \left(\frac{\partial v}{\partial z}\right)^2\right] \tag{18.2}$$

式中, $c_\rho$ 为定压比热容; $K$ 为热传导系数。

因为能量方程式(18.2)有 $\frac{\partial^2 T}{\partial z^2}$ 项,因此在上、下两个界面上需要给定边界条件。可表达为

$$T(x,y,0) = \frac{K}{\sqrt{\pi\rho_1 c_1 K_1 u_1}}\int_{-\infty}^{x}\left.\frac{\partial T}{\partial z}\right|_{x,y,0}\frac{\mathrm{d}s}{\sqrt{x-s}} + T_0$$

$$T(x,y,h) = \frac{K}{\sqrt{\pi\rho_2 c_2 K_2 u_2}}\int_{-\infty}^{x}\left.\frac{\partial T}{\partial z}\right|_{x,y,h}\frac{\mathrm{d}s}{\sqrt{x-s}} + T_0 \tag{18.3}$$

式中, $T_0$ 为初始温度; $\rho_1$ 和 $\rho_2$ 、 $c_1$ 和 $c_2$ 、 $K_1$ 和 $K_2$ 、 $u_1$ 和 $u_2$ 分别为上、下表面材料的密度、比热、传热系数和切向速度。

**3. 膜厚方程**

$$h(x,y) = h_0 + \frac{x^2}{2R_x} + \frac{y^2}{2R_y} + v(x,y) \tag{18.4}$$

膜厚方程中含有变形项,其表达式为

$$v(x,y) = \frac{2}{\pi E}\iint_\Omega \frac{p(s,t)}{\sqrt{(x-s)^2 + (y-t)^2}}\mathrm{d}s\mathrm{d}t \tag{18.5}$$

式中，$E$ 为综合弹性模量，$\dfrac{1}{E} = \dfrac{1}{2}\left(\dfrac{1 - \nu_1^{\,2}}{E_1} + \dfrac{1 - \nu_2^{\,2}}{E_2}\right)$。

**4. 粘压 – 粘温方程（Roelands）**

$$\eta = \eta_0 \exp\left\{(\ln\eta_0 + 9.67)\left[(1 + 5.1\times10^{-9}p)^{0.68} \times \left(\dfrac{T - 138}{T_0 - 138}\right)^{-1.1} - 1\right]\right\}$$

$$(18.6)$$

**5. 密压 – 密温方程**

$$\rho = \rho_0\left[1 + \dfrac{0.6p}{1 + 1.7p} + D(T - T_0)\right] \qquad (18.7)$$

式中，$p$ 的单位是 GPa，$D = -0.00065\ \mathrm{K}^{-1}$。

另外，为了计算温度，不仅要知道两表面的平均速度 $U$，还要知道两表面的具体速度。若表面滑滚比为 $s$，则有

$$\begin{aligned} u_1 &= 0.5\times(2 + s)\times U \\ u_2 &= 0.5\times(2 - s)\times U \end{aligned} \qquad (18.8)$$

# ■ 18.2 点接触热弹流润滑计算方法

### 1. 量纲一化方程

经量纲一化后的弹流润滑点接触问题的 Reynolds 方程为

$$\dfrac{\partial}{\partial X}\left[\varepsilon\dfrac{\partial P}{\partial X}\right] + \alpha^2\dfrac{\partial}{\partial Y}\left[\varepsilon\dfrac{\partial P}{\partial Y}\right] - \dfrac{\partial(\rho^* H)}{\partial X} = 0 \qquad (18.9)$$

式中，$\varepsilon = \dfrac{\rho^* H^3}{\eta^* \lambda}$，$\lambda = \dfrac{12\eta_0 u R_x^2}{a^3 p_H K_{ex}^2}$，$R_x$ 为表面在 $x$ 方向上的综合曲率半径，$K_{ex}$ 为表面在 $x$ 方向上的椭圆系数；$X$ 为量纲一化坐标，$X = \dfrac{x}{a}$；$a$ 为接触区在 $x$ 方向上的椭圆半轴长；$Y$ 为量纲一化坐标，$Y = \dfrac{y}{b}$；$b$ 为接触区在 $y$ 方向上的椭圆半轴长；$\alpha = \dfrac{a}{b}$；$P$ 为量纲一化压力，$P = \dfrac{p}{p_H}$，$p_H$ 为最大 Hertz 接触应力；$H$ 为量纲一化膜厚，$H = \dfrac{hR_x}{a^2}$。

边界条件为

入口区　　　$P(X_0,\ Y) = 0$

出口区　　　$P(X_e,\ Y) = 0$　　　$\dfrac{\partial P(X_e,\ Y)}{\partial X} = 0$

端部　　　　$P\big|_{Y=\pm1} = 0$

量纲一化的能量方程为

$$A\rho^* u^*\left(\dfrac{\partial T}{\partial X} + \alpha\dfrac{\partial T}{\partial Y}\right) + B\dfrac{T^*}{\rho^*}\dfrac{\partial\rho^*}{\partial T^*}\left(u^*\dfrac{\partial P}{\partial X} + \alpha v^*\dfrac{\partial P}{\partial Y}\right) + C\dfrac{\partial^2 T}{\partial Z^2} + D\eta^*\left(\dfrac{\partial u^*}{\partial Z}\right)^2 = 0$$

$$(18.10)$$

式中，$T^*$ 为量纲一化温度，$T^* = \dfrac{T}{T_0}$；$A = \dfrac{\rho_0 c_p U T_0}{b}$；$B = \dfrac{U p_H}{b}$；$C = -\dfrac{K T_0 R}{b^2}$；$D = -\eta_0 \left( \dfrac{UR}{b^2} \right)^2$。

膜厚方程

$$H(X,Y) = H_0 + \frac{X^2 + Y^2}{2} + \frac{2}{\pi} \int_{X_0}^{X_e} \int_{Y_0}^{Y_e} \frac{P(S,T)\,\mathrm{d}S\mathrm{d}T}{\sqrt{(X-S)^2 + (Y-T)^2}} \tag{18.11}$$

密压-密温方程

$$\rho^* = 1 + \frac{0.6p}{1 + 1.7p} + D(T - T_0) \tag{18.12}$$

粘压-粘温方程（Roelands）

$$\eta = \exp\left\{ (\ln \eta_0 + 9.67) \left[ (1 + 5.1 \times 10^{-9} p)^{0.68} \times \left( \frac{T - 138}{T_0 - 138} \right)^{-1.1} - 1 \right] \right\}$$
$$\tag{18.13}$$

载荷方程

$$\int_{X_0}^{X_e} \int_{Y_0}^{Y_e} P(X,Y)\,\mathrm{d}X\mathrm{d}Y = \frac{2}{3}\pi \tag{18.14}$$

由于能量方程中的温度、粘压、粘温方程的粘度和膜厚方程中的弹性变形都随压力而变化，因此一般的做法是先给定一个初始压力分布（如 Hertz 接触压力）和温度分布（均匀温度场），计算膜厚和粘度值，然后代入 Reynolds 方程求解新压力分布，对前一次的压力分布进行迭代修正，然后代入能量方程求温度。利用新的温度修正粘度值，再迭代求解压力，反复此过程，直至两次迭代得到的压力差十分接近，迭代结束。从而求得最终的压力分布、含弹性变形的膜厚和温度分布。

**2. 差分方程**

点接触 Reynolds 方程的离散形式可写成

$$\frac{\varepsilon_{i-1/2,j}P_{i-1,j} + \varepsilon_{i+1/2,j}P_{i+1,j} + \varepsilon_{i,j-1/2}P_{i,j-1} + \varepsilon_{i,j+1/2}P_{i,j+1} - \varepsilon_0 P_{ij}}{\Delta X^2} = \frac{\rho_{ij}^* H_{ij} - \rho_{i-1,j}^* H_{i-1,j}}{\Delta X}$$
$$\tag{18.15}$$

式中，$\varepsilon_{i\pm1/2,j} = \dfrac{1}{2}(\varepsilon_{i,j} + \varepsilon_{i\pm1,j})$；$\varepsilon_0 = \varepsilon_{i-1/2,j} + \varepsilon_{i+1/2,j} + \varepsilon_{i,j-1/2} + \varepsilon_{i,j+1/2}$；这里采用了等距网格，因此有 $\Delta Y = \Delta X$。

能量方程的离散形式可写成

$$A\rho^* u^* \left( \frac{T_{i,j,k} - T_{i-1,j,k}}{\Delta X} + \alpha \frac{T_{i,j,k} - T_{i,j-1,k}}{\Delta Y} \right) + B \frac{T^*}{\rho^*} \frac{\partial \rho^*}{\partial T^*} \left( u^* \frac{P_{i,j} - P_{i-1,j}}{\Delta X} + \alpha v^* \frac{P_{i,j} - P_{i,j-1}}{\Delta Y} \right)$$
$$+ C \frac{T_{i,j,k+1} - 2T_{i,j,k} + T_{i,j,k-1}}{\Delta Z^2} + D\eta^* \left( \frac{u_{i,j,k+1}^* - u_{i,j,k}^*}{\Delta Z} \right)^2 = 0 \tag{18.16}$$

式中，$k$ 为膜厚方向的节点序号；$\rho^*$、$\eta^*$、$\dfrac{\partial \rho^*}{\partial T^*}$ 等可以通过表达式解析计算，因此

不必差分。

膜厚方程

$$H_{ij} = H_0 + \frac{X_i^2 + Y_j^2}{2} + \frac{2}{\pi^2} \sum_{k=1}^{n} \sum_{l=1}^{n} D_{ij}^{kl} P_{kl} \qquad (18.17)$$

式中，$D_{ij}^{kl}$ 为弹性变形刚度系数。

载荷方程

$$\Delta X \Delta Y \sum_{i=1}^{n} \sum_{j=1}^{n} P_{ij} = \frac{2}{3}\pi \qquad (18.18)$$

其他迭代计算过程与线接触相同，不赘述。

## 18.3  点接触热弹流润滑计算程序

### 1. 计算框图

点接触热弹流润滑计算方法基本步骤与线接触热弹流润滑计算方法的类似。但是，在主程序中加入了部分考虑椭圆率的计算语句，并通过预赋值数据插值获得。算例给出了椭圆接触的热弹流计算结果。

在程序中，预赋值变量有：$PAI = 3.14159265$，压粘系数 $Z = 0.68$，节点数 $N = 65$，载荷 $W0 = 39.24$ N，综合弹性模量 $E1 = 2.21E11$ Pa，润滑油粘度 $EDA0 = 0.03$ Pa·s，$X$ 方向曲率半径 $RX = 0.01$ m，$Y$ 方向曲率半径 $RY = 0.04$ m，综合速度 $US = 1.5$，量纲一化坐标初值 $X0 = -2.5$，量纲一化坐标终值 $XE = 1.5$，膜厚方向层数 $NZ = 5$，温度迭代系数 $CT = 0.31$，滑滚比 $AKC = 1.0$。

另外，在 BLOCK DATA 中还赋值了初始温度 $T0 = 303$ K，界面温度计算系数 $AK0 = 0.14$ W·m$^{-1}$·K，$AK1 = 46$ W·m$^{-1}$·K，$AK2 = 46$ W·m$^{-1}$·K，比热系数 $CV = 2000$ J·kg$^{-1}$·K$^{-1}$，$CV1 = 470$ J·kg$^{-1}$·K$^{-1}$，$CV2 = 470$ J·kg$^{-1}$·K$^{-1}$，初始密度 $RO0 = 890$ kg·m$^{-3}$，工程单位密度 $RO1 = 7850$ kg·m$^{-3}$，$RO2 = 7850$ kg·m$^{-3}$，温度粘度系数 $S0 = -1.1$，润滑油温度 – 密度系数 $D0 = -0.00065$。

运行时输入 $KT = 2$，考虑温度计算算例，否则不考虑温度。

另外，在 DATA 中，赋值了用于插值计算的 $\theta$、椭圆率系数 $e_\alpha$ 和 $e_\beta$ 系数的数组，如下：

DATA THETA/10., 20., 30., 35., 40., 45., 50., 55., 60., 65., 70., 75., 80., 85., 90./

DATA EALFA/6.612, 3.778, 2.731, 2.397, 2.136, 1.926, 1.754, 1.611, 1.486, 1.378, 1.284, 1.202, 1.128, 1.061, 1.0/

DATA EBETA/0.319, 0.408, 0.493, 0.53, 0.567, 0.604, 0.641, 0.678, 0.717, 0.759, 0.802, 0.846, 0.893, 0.944, 1.0/

具体计算流程图如图 18.1 所示：

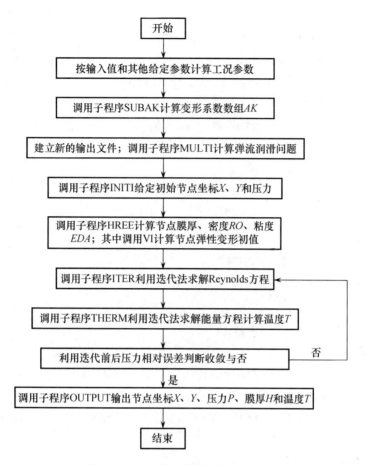

图 18.1　点接触热弹流计算程序框图

## 2. 计算程序

```
PROGRAM POINTEHLT
DIMENSION THETA(15),EALFA(15),EBETA(15)
COMMON /COM1/ENDA,A1,A2,A3,Z,HM0/COM3/E1,PH1,B1,U1,U2,RE,CT/
COMK/LMIN,AKC
COMMON /COM2/T0,AK0,AK1,AK2,CV,CV1,CV2,RO0,RO1,RO2,S0,D0
COMMON /COMW/W0,T1,T2,RX,B,PH/COMC/KT,NF/COMD/AD,AD1,KK1,
KK2,KK3,KK4/COME/US,EDA0/COMH/HMC
COMMON /COMEK/EK,EAL,EBE
DATA PAI,Z/3.14159265,0.68/,N,W0,E1,EDA0,RX,RY,US,X0,XE/65,
39.24,2.21E11,0.03,0.01,0.03,1.5,-2.5,1.5/
DATA NZ,CT,AKC/5,0.31,1.0/
DATA THETA/10.,20.,30.,35.,40.,45.,50.,55.,60.,65.,70.,75.,80.,
```

85. ,90. /

```
      DATA EALFA/6.612,3.778,2.731,2.397,2.136,1.926,1.754,1.611,1.486,
1.378,1.284,1.202,1.128,1.061,1.0/
      DATA EBETA/0.319,0.408,0.493,0.53,0.567,0.604,0.641,0.678,0.717,
0.759,0.802,0.846,0.893,0.944,1.0/
      DATA KK1,KK2,KK3,KK4,NF,AD,AD1,EAL,EBE/0,0,0,0,0,0.0,0.0,
1.0,1.0/
      EK = RX/RY
      WRITE( * , * )'KT ='
      READ( * , * )KT
      AA = 0.5 * (1./RX + 1./RY)
      BB = 0.5 * ABS(1./RX - 1./RY)
      CC = ACOS(BB/AA) * 180.0/PAI
      DO I = 1,15
      IF(CC. LT. THETA(I))THEN
      WRITE( * , * )I
      EAL = EALFA(I - 1) + (CC - THETA(I)) * (EALFA(I) - EALFA(I - 1))/
(THETA(I) - THETA(I - 1))
      EBE = EBETA(I - 1) + (CC - THETA(I)) * (EBETA(I) - EBETA(I - 1))/
(THETA(I) - THETA(I - 1))
      GOTO 1
      ENDIF
      ENDDO
1     EA = EAL * (1.5 * W0/AA/E1) ** (1./3.0)
      EB = EBE * (1.5 * W0/AA/E1) ** (1./3.0)
      PH = 1.5 * W0/(EA * EB * PAI)
      OPEN(8,FILE = 'FILM. DAT',STATUS = 'UNKNOWN')
      OPEN(9,FILE = 'PRESS. DAT',STATUS = 'UNKNOWN')
      OPEN(10,FILE = 'OUT. DAT',STATUS = 'UNKNOWN')
      WRITE( * , * )N,X0,XE,PH,E1,EDA0,RX,US
      H00 = 0.0
      MM = N - 1
      LMIN = ALOG(N - 1.)/ALOG(2.) - 1.99
      U = EDA0 * US/(2. * E1 * RX)
      U1 = 0.5 * (2. + AKC) * U
      U2 = 0.5 * (2. - AKC) * U
```

```
A1 = ALOG( EDA0 ) + 9. 67
A2 = 5. 1E - 9 * PH
A3 = 0. 59/( PH * 1. E - 9 )
B = PAI * PH * RX/E1
PH1 = PH
B1 = B
RE = RX
W = 2. * PAI * PH/( 3. * E1 ) * ( B/RX ) ** 2
ALFA = Z * 5. 1E - 9 * A1
G = ALFA * E1
AHM = 1. 0 - EXP( - 0. 68 * 1. 03 )
AHC = 1. 0 - 0. 61 * EXP( - 0. 73 * 1. 03 )
HM0 = 3. 63 * ( RX/B ) ** 2 * G ** 0. 49 * U ** 0. 68 * W ** ( - 0. 073 ) * AHM
HMC = 2. 69 * ( RX/B ) ** 2 * G ** 0. 53 * U ** 0. 67 * W ** ( - 0. 067 ) * AHC
ENDA = 12. * U * ( E1/PH ) * ( RX/B ) ** 3
UTL = EDA0 * US * RX/( B * B * 2. E7 )
W0 = 2. 0 * PAI * EA * EB * PH/3. 0
T1 = PH * B/RX
T2 = EDA0 * US * RX/( B * B )
WRITE( * , * )'                    Wait please'
CALL SUBAK( MM )
CALL MULTI( N, NZ, X0, XE, H00 )
STOP
END
SUBROUTINE MULTI( N, NZ, X0, XE, H00 )
DIMENSION X( 65 ) , Y( 65 ) , H( 4500 ) , RO( 4500 ) , EPS( 4500 ) , EDA( 4500 ) ,
P( 4500 ) , POLD( 4500 ) , T( 65 , 65 , 5 )
COMMON /COMT/T1( 65 , 65 )/COMC/KT, NF
COMMON /COMEK/EK, EAL, EBE
DATA MK, KTK, G00/200, 1, 2. 0943951/
G0 = G00 * EAL * EBE
NX = N
NY = N
NN = ( N + 1 )/2
DO I = 1, N
DO J = 1, N
```

```
        T1(I,J) = 1.0
        DO K = 1,5
        T(I,J,K) = 1.0
        ENDDO
        ENDDO
        ENDDO
        CALL INITI(N,DX,X0,XE,X,Y,P,POLD)
        CALL HREE(N,DX,H00,G0,X,Y,H,RO,EPS,EDA,P)
        M = 0
        KTK = 0
14      KK = 15
15      CALL ITER(N,KK,DX,H00,G0,X,Y,H,RO,EPS,EDA,P)
        M = M + 1
        CALL ERP(N,ER,P,POLD)
        ER = ER/KK
        WRITE( * , * )'ER =',ER
        IF(KT. NE. 0)GOTO 17
        IF(M. LT. MK. AND. ER. GT. 1. E - 7)GOTO 14
        GOTO 120
17      KT1 = 0
18      CALL THERM(NX,NY,NZ,DX,P,H,T)
        CALL ERROM(NX,NY,NZ,T,ERM)
        IF(ER. LT. 1.0E - 5)GOTO 120
        IF(KT1. LT. 1)THEN
        KT1 = KT1 + 1
        GOTO 18
        ENDIF
        IF(KTK. LT. MK)THEN
        KTK = KTK + 1
        GOTO 14
        ENDIF
120     CONTINUE
        OPEN(11,FILE ='TEM. DAT',STATUS ='UNKNOWN')
        WRITE(11,110)X0,(Y(I),I = 1,N)
        TMAX = 0.0
        DO I = 1,N
```

```
       WRITE(11,110)X(I),(273.0*(T1(I,JJ)-1.),JJ=1,N)
       DO J=1,N
       IF(TMAX. LT. 273. 0*(T1(I,J)-1.))TMAX=273.*(T1(I,J)-1.)
       ENDDO
       ENDDO
110    FORMAT(66(E12. 6,1X))
130    CALL OUPT(N,DX,X,Y,H,P,EDA,TMAX)
       RETURN
       END
       SUBROUTINE INITI(N,DX,X0,XE,X,Y,P,POLD)
       DIMENSION X(N),Y(N),P(N,N),POLD(N,N)
       NN=(N+1)/2
       DX=(XE-X0)/(N-1.)
       Y0=-0.5*(XE-X0)
       DO 5 I=1,N
       X(I)=X0+(I-1)*DX
       Y(I)=Y0+(I-1)*DX
5      CONTINUE
       DO 10 I=1,N
       D=1. -X(I)*X(I)
       DO 10 J=1,NN
       C=D-Y(J)*Y(J)
       IF(C. LE. 0. 0)P(I,J)=0. 0
10     IF(C. GT. 0. 0)P(I,J)=SQRT(C)
       DO 20 I=1,N
       DO 20 J=NN+1,N
       JJ=N-J+1
20     P(I,J)=P(I,JJ)
       DO I=1,N
       DO J=1,N
       POLD(I,J)=P(I,J)
       ENDDO
       ENDDO
       RETURN
       END
       SUBROUTINE HREE(N,DX,H00,G0,X,Y,H,RO,EPS,EDA,P)
```

```
    DIMENSION X(N),Y(N),P(N,N),H(N,N),RO(N,N),EPS(N,N),
EDA(N,N)
    DIMENSION W(150,150),P0(150,150),ROU(65,65)
    COMMON /COM1/ENDA,A1,A2,A3,Z,HM0/COMAK/AK(0:65,0:65)
    COMMON /COM2/T0,EAK,EAK1,EAK2,CV,CV1,CV2,RO0,RO1,RO2,S0,D0
    COMMON /COMT/T1(65,65)/COMK/LMIN,AKC/COMD/AD,AD1,KK,KK2,
KK3,KK4/COMC/KT,NF
    COMMON /COMEK/EK,EAL,EBE
    DATA KR,NW,pai,PAI1,delta/0,150,3.14159265,0.2026423,0.0/
    NN=(N+1)/2
    CALL VI(NW,N,DX,P,W)
    HMIN=1.E3
    IF(KR.EQ.0)THEN
    OPEN(12,FILE='ROUGH2.DAT',STATUS='UNKNOWN')
    DO I=1,N
    DO J=NN+1,N
    ROU(I,J)=ROU(I,N+1-J)
    ENDDO
100 FORMAT(33(1X,F10.6))
    ENDDO
    CLOSE(12)
    KR=1
    ENDIF
    DO 30 I=1,N
    DO 30 J=1,NN
    RAD=X(I)*X(I)+EK*Y(J)*Y(J)
    W1=0.5*RAD+DELTA
    ZZ=0.5*AD1*AD1+X(I)*ATAN(AD*PAI/180.0)
    IF(W1.LE.ZZ)W1=ZZ
    H0=W1+W(I,J)
    IF(H0.LT.HMIN)HMIN=H0
30  H(I,J)=H0
    IF(KK.EQ.0)THEN
    KG1=0
    H01=-HMIN+HM0
    DH=0.005*HM0
```

```
        H02 = - HMIN
        H00 = 0. 5 * ( H01 + H02 )
        ENDIF
        W1 = 0. 0
        DO 32 I = 1 , N
        DO 32 J = 1 , N
32      W1 = W1 + P( I,J)
        W1 = DX * DX * W1/G0
        DW = 1. - W1
        IF( KK. EQ. 0 ) THEN
        KK = 1
        GOTO 50
        ENDIF
        IF( DW. LT. 0. 0 ) THEN
        KG1 = 1
        H00 = AMIN1( H01 , H00 + DH )
        ENDIF
        IF( DW. GT. 0. 0 ) THEN
        KG2 = 2
        H00 = AMAX1( H02 , H00 - DH )
        ENDIF
50      DO 60 I = 1 , N
        DO 60 J = 1 , NN
        H( I,J) = H00 + H( I,J)
        CT1 = ( ( T1( I,J) - 0. 455445545 )/0. 544554455 ) ** S0
        CT2 = D0 * T0 * ( T1( I,J) - 1. )
        IF( P( I,J). LT. 0. 0 ) P( I,J) = 0. 0
        EDA1 = EXP( A1 * ( - 1. + ( 1. + A2 * P( I,J) ) ** Z * CT1 ) )
        EDA( I,J) = EDA1
        IF( NF. EQ. 0 ) GOTO 55
        IF( I. NE. 1. AND. J. NE. 1 ) THEN
        DPDX = ( P( I,J) - P( I - 1,J) )/DX
        DPDY = ( P( I,J) - P( I,J - 1 ) )/DX
        EDA( I,J) = EQEDA( DPDX,DPDY,P( I,J),H( I,J),EDA1 )
        ENDIF
        EDA1 = EDA( I,J)
```

```
55    RO(I,J) = (A3 + 1. 34 * P(I,J))/(A3 + P(I,J)) + CT2
60    EPS(I,J) = RO(I,J) * H(I,J) ** 3/(ENDA * EDA1)
      DO 70 J = NN + 1,N
      JJ = N - J + 1
      DO 70 I = 1,N
      H(I,J) = H(I,JJ)
      RO(I,J) = RO(I,JJ)
      EDA(I,J) = EDA(I,JJ)
70    EPS(I,J) = EPS(I,JJ)
      RETURN
      END
      SUBROUTINE ITER(N,KK,DX,H00,G0,X,Y,H,RO,EPS,EDA,P)
      DIMENSION X(N),Y(N),P(N,N),H(N,N),RO(N,N),EPS(N,N),
EDA(N,N)
      DIMENSION D(70),A(350),B(210),ID(70)
      COMMON /COM1/ENDA,A1,A2,A3,Z,C3/COMAK/AK(0:65,0:65)
      DATA KG1,PAI1,C1,C2/0,0. 2026423,0. 31,0. 31/
      IF(KG1. NE. 0)GOTO 2
      KG1 = 1
      AK00 = AK(0,0)
      AK10 = AK(1,0)
      AK20 = AK(2,0)
      BK00 = AK00 - AK10
      BK10 = AK10 - 0. 25 * (AK00 + 2. * AK(1,1) + AK(2,0))
      BK20 = AK20 - 0. 25 * (AK10 + 2. * AK(2,1) + AK(3,0))
2     NN = (N + 1)/2
      MM = N - 1
      DX1 = 1. /DX
      DX2 = DX * DX
      DX3 = 1. /DX2
      DX4 = 0. 3 * DX2
      DO 100 K = 1,KK
      PMAX = 0. 0
      DO 70 J = 2,NN
      J0 = J - 1
      J1 = J + 1
```

```
        JJ = N − J + 1
        IA = 1
8       MM = N − IA
        IF( P( MM ,J0 ). GT. 1. E − 6 ) GOTO 20
        IF( P( MM ,J ). GT. 1. E − 6 ) GOTO 20
        IF( P( MM ,J1 ). GT. 1. E − 6 ) GOTO 20
        IA = IA + 1
        IF( IA. LT. N ) GOTO 8
        GOTO 70
20      IF( MM. LT. N − 1 ) MM = MM + 1
        D2 = 0. 5 ∗ ( EPS( 1 ,J ) + EPS( 2 ,J ) )
        DO 50 I = 2 ,MM
        I0 = I − 1
        I1 = I + 1
        II = 5 ∗ I0
        D1 = D2
        D2 = 0. 5 ∗ ( EPS( I1 ,J ) + EPS( I ,J ) )
        D4 = 0. 5 ∗ ( EPS( I ,J0 ) + EPS( I ,J ) )
        D5 = 0. 5 ∗ ( EPS( I ,J1 ) + EPS( I ,J ) )
        P1 = P( I0 ,JJ )
        P2 = P( I1 ,JJ )
        P3 = P( I ,JJ )
        P4 = P( I ,JJ + 1 )
        P5 = P( I ,JJ − 1 )
        D3 = D1 + D2 + D4 + D5
        IF( J. EQ. NN. AND. ID( I ). EQ. 1 ) P( I ,J ) = P( I ,J ) − 0. 5 ∗ C2 ∗ D( I )
        IF( H( I ,J ). LE. 0. 0 ) THEN
        ID( I ) = 2
        A( II + 1 ) = 0. 0
        A( II + 2 ) = 0. 0
        A( II + 3 ) = 1. 0
        A( II + 4 ) = 0. 0
        A( II + 5 ) = 1. 0
        A( II − 4 ) = 0. 0
        GOTO 50
        ENDIF
```

IF( D1. GE. DX4)GOTO 30

IF( D2. GE. DX4)GOTO 30

IF( D4. GE. DX4)GOTO 30

IF( D5. GE. DX4)GOTO 30

ID( I) = 1

IF( J. EQ. NN)P5 = P4

A( II + 1) = PAI1 * ( RO( I0,J) * BK10 − RO( I,J) * BK20)

A( II + 2) = DX3 * ( D1 + 0. 25 * D3) + PAI1 * ( RO( I0,J) * BK00 − RO( I,J) * BK10)

A( II + 3) = − 1. 25 * DX3 * D3 + PAI1 * ( RO( I0,J) * BK10 − RO( I,J) * BK00)

A( II + 4) = DX3 * ( D2 + 0. 25 * D3) + PAI1 * ( RO( I0,J) * BK20 − RO( I,J) * BK10)

A( II + 5) = − DX3 * ( D1 * P1 + D2 * P2 + D4 * P4 + D5 * P5 − D3 * P3) + DX1 * ( RO( I,J) * H( I,J) − RO( I0,J) * H( I0,J))

GOTO 50

30  ID( I) = 0

P4 = P( I,J0)

IF( J. EQ. NN)P5 = P4

A( II + 1) = PAI1 * ( RO( I0,J) * AK10 − RO( I,J) * AK20)

A( II + 2) = DX3 * D1 + PAI1 * ( RO( I0,J) * AK00 − RO( I,J) * AK10)

A( II + 3) = − DX3 * D3 + PAI1 * ( RO( I0,J) * AK10 − RO( I,J) * AK00)

A( II + 4) = DX3 * D2 + PAI1 * ( RO( I0,J) * AK20 − RO( I,J) * AK10)

A( II + 5) = − DX3 * ( D1 * P1 + D2 * P2 + D4 * P4 + D5 * P5 − D3 * P3) + DX1 * ( RO( I,J) * H( I,J) − RO( I0,J) * H( I0,J))

50  CONTINUE

CALL TRA4( MM,D,A,B)

DO 60 I = 2,MM

IF( ID( I). EQ. 2)GOTO 60

IF( ID( I). EQ. 0)GOTO 52

DD = D( I + 1)

IF( I. EQ. MM)DD = 0

P( I,J) = P( I,J) + C2 * ( D( I) − 0. 25 * ( D( I − 1) + DD))

IF( J0. NE. 1)P( I,J0) = P( I,J0) − 0. 25 * C2 * D( I)

IF( P( I,J0). LT. 0. )P( I,J0) = 0. 0

IF( J1. GE. NN)GOTO 54

P( I,J1) = P( I,J1) − 0. 25 * C2 * D( I)

```
        GOTO 54
52      P(I,J) = P(I,J) + C1 * D(I)
54      IF(P(I,J). LT. 0. 0)P(I,J) = 0. 0
        IF(PMAX. LT. P(I,J))PMAX = P(I,J)
60      CONTINUE
70      CONTINUE
        DO 80 J = 1, NN
        JJ = N + 1 - J
        DO 80 I = 1, N
80      P(I,JJ) = P(I,J)
        CALL HREE(N,DX,H00,G0,X,Y,H,RO,EPS,EDA,P)
100     CONTINUE
        RETURN
        END
        SUBROUTINE TRA4(N,D,A,B)
        DIMENSION D(N),A(5,N),B(3,N)
        C = 1./A(3,N)
        B(1,N) = - A(1,N) * C
        B(2,N) = - A(2,N) * C
        B(3,N) = A(5,N) * C
        DO 10 I = 1, N - 2
        IN = N - I
        IN1 = IN + 1
        C = 1./(A(3,IN) + A(4,IN) * B(2,IN1))
        B(1,IN) = - A(1,IN) * C
        B(2,IN) = - (A(2,IN) + A(4,IN) * B(1,IN1)) * C
10      B(3,IN) = (A(5,IN) - A(4,IN) * B(3,IN1)) * C
        D(1) = 0. 0
        D(2) = B(3,2)
        DO 20 I = 3, N
20      D(I) = B(1,I) * D(I - 2) + B(2,I) * D(I - 1) + B(3,I)
        RETURN
        END
        SUBROUTINE ERP(N,ER,P,POLD)
        DIMENSION P(N,N),POLD(N,N)
        ER = 0. 0
```

```
        SUM = 0. 0
        NN = ( N + 1)/2
        DO 10 I = 1 , N
        DO 10 J = 1 , NN
        ER = ER + ABS( P( I , J) - POLD( I , J) )
        SUM = SUM + P( I , J)
10      CONTINUE
        ER = ER/SUM
        DO I = 1 , N
        DO J = 1 , N
        POLD( I , J) = P( I , J)
        ENDDO
        ENDDO
        RETURN
        END
        SUBROUTINE VI( NW , N , DX , P , V)
        DIMENSION P( N , N) , V( NW , NW)
        COMMON /COMAK/AK( 0 :65 , 0 :65)
        PAI1 = 0. 2026423
        DO 40 I = 1 , N
        DO 40 J = 1 , N
        H0 = 0. 0
        DO 30 K = 1 , N
        IK = IABS( I - K)
        DO 30 L = 1 , N
        JL = IABS( J - L)
30      H0 = H0 + AK( IK , JL) * P( K , L)
40      V( I , J) = H0 * DX * PAI1
        RETURN
        END
        SUBROUTINE SUBAK( MM)
        COMMON /COMAK/AK( 0 :65 , 0 :65)
        S( X , Y) = X + SQRT( X ** 2 + Y ** 2)
        DO 10 I = 0 , MM
        XP = I + 0. 5
        XM = I - 0. 5
```

```
        DO 10 J = 0, I
        YP = J + 0. 5
        YM = J - 0. 5
        A1 = S(YP,XP)/S(YM,XP)
        A2 = S(XM,YM)/S(XP,YM)
        A3 = S(YM,XM)/S(YP,XM)
        A4 = S(XP,YP)/S(XM,YP)
        AK(I,J) = XP * ALOG(A1) + YM * ALOG(A2) + XM * ALOG(A3) + YP * ALOG
(A4)
10      AK(J,I) = AK(I,J)
        RETURN
        END
        SUBROUTINE THERM(NX,NY,NZ,DX,P,H,T)
        DIMENSION T(NX,NY,NZ),T1(21),TI(21),U(21),DU(21),UU(21),V(21),
DV(21),VV(21),W(21),EDA(21),RO(21),EDA1(21),EDA2(21),ROR(21),
P(NX,NX),H(NX,NX),TFX(21),TFY(21)
        COMMON /COMD/AD,AD1,KK1,KK,KK3,KK4
        IF(KK. NE. 0)GOTO 4
        DO 2 K = 1,NZ
        DO 1 J = 1,NY
1       T(1,J,K) = 1. 0
        DO 2 I = 1,NX
2       T(I,1,K) = 1. 0
4       DO 30 I = 2,NX
        DO 30 J = 2,NY
        KG = 0
        DO 6 K = 1,NZ
        TFX(K) = T(I - 1,J,K)
        TFY(K) = T(I,J - 1,K)
        IF(KK. NE. 0)GOTO 5
        T1(K) = T(I - 1,J,K)
        GOTO 6
5       T1(K) = T(I,J,K)
6       TI(K) = T1(K)
        P1 = P(I,J)
        H1 = H(I,J)
```

```
          DPX = ( P( I,J) - P( I - 1 ,J) )/DX
          DPY = ( P( I,J) - P( I,J - 1) )/DX
          CALL TBOUD( NX,NY,NZ,I,J,CC1 ,CC2 ,T)
10        CALL EROEQ( NZ,T1 ,P1 ,H1 ,DPX,DPY,EDA,RO,EDA1 ,EDA2 ,KG)
          CALL UCAL( NZ,DX,H1 ,EDA,RO,ROR,EDA1 ,EDA2 ,U,UU,DU,V,VV,DV,W,
     DPX,DPY)
          CALL TCAL( NZ,DX,CC1 ,CC2 ,T1 ,TFX,TFY,U,V,W,DU,DV,H1 ,DPX,DPY,
     EDA,RO)
          CALL ERRO( NZ,TI,T1 ,ETS)
          KG = KG + 3
          IF( ETS. GT. 1. E - 4. AND. KG. LE. 50) GOTO 10
          DO 20 K = 1 ,NZ
          ROR( K) = RO( K)
          UU( K) = U( K)
          VV( K) = V( K)
20        T( I,J,K) = T1( K)
30        CONTINUE
          KK = 1
          RETURN
          END
          SUBROUTINE TBOUD( NX,NY,NZ,I,J,CC1 ,CC2 ,T)
          DIMENSION T( NX,NY,NZ)
          CC1 = 0.
          CC2 = 0.
          DO 10 L = 1 ,I - 1
          DS = 1. /SQRT( FLOAT( I - L) )
          IF( L. EQ. I - 1) DS = 1. 1666667
          CC1 = CC1 + DS * ( T( L,J,2) - T( L,J,1) )
10        CC2 = CC2 + DS * ( T( L,J,NZ) - T( L,J,NZ - 1) )
          RETURN
          END
          SUBROUTINE ERRO( NZ,T0 ,T,ETS)
          DIMENSION T0( NZ) ,T( NZ)
          ETS = 0. 0
          DO 10 K = 1 ,NZ
          IF( T( K). LT. 1. E - 5) ETS0 = 1.
```

```
        IF(T(K). GE. 1. E - 5)ETS0 = ABS((T(K) - T0(K))/T(K))
        IF(ETS0. GT. ETS)ETS = ETS0
10      T0(K) = T(K)
        RETURN
        END
        SUBROUTINE EROEQ(NZ,T,P,H,DPX,DPY,EDA,RO,EDA1,EDA2,KG)
        DIMENSION T(NZ),EDA(NZ),RO(NZ),EDA1(NZ),EDA2(NZ)
        COMMON /COM1/ENDA,A1,A2,A3,Z,C3/COM2/T0,AK0,AK1,AK2,CV,CV1,
     CV2,RO0,RO1,RO2,S0,D0/COM3/E1,PH,B,U1,U2,R,CC/COMC/KT,NF
        DATA A4,A5/0. 455445545,0. 544554455/
        IF(KG. NE. 0)GOTO 20
        B1 = (1. + A2 * P) ** Z
        B2 = (A3 + 1. 34 * P)/(A3 + P)
20      DO 30 K = 1,NZ
        EDA3 = EXP(A1 * ( - 1. + B1 * ((T(K) - A4)/A5) ** S0))
        EDA(K) = EDA3
        IF(NF. NE. 0)EDA(K) = EQEDA(DPX,DPY,P,H,EDA3)
30      RO(K) = B2 + D0 * T0 * (T(K) - 1. )
        CC1 = 0. 5/(NZ - 1. )
        CC2 = 1. /(NZ - 1. )
        C1 = 0.
        C2 = 0.
        DO 40 K = 1,NZ
        IF(K. EQ. 1)GOTO 32
        C1 = C1 + 0. 5/EDA(K) + 0. 5/EDA(K - 1)
        C2 = C2 + CC1 * ((K - 1. )/EDA(K) + (K - 2. )/EDA(K - 1))
32      EDA1(K) = C1 * CC2
40      EDA2(K) = C2 * CC2
        RETURN
        END
        SUBROUTINE UCAL(NZ,DX,H,EDA,RO,ROR,EDA1,EDA2,U,UU,DU,V,VV,
     DV,W,DPX,DPY)
        DIMENSION U(NZ),UU(NZ),DU(NZ),V(NZ),VV(NZ),DV(NZ),W(NZ),
     ROR(NZ),EDA(NZ),RO(NZ),EDA1(NZ),EDA2(NZ)
        COMMON /COM2/T0,AK0,AK1,AK2,CV,CV1,CV2,RO0,RO1,RO2,S0,D0/
     COM3/E1,PH,B,U1,U2,R,CC
```

```
      COMMON /COMD/AD,AD1,KK1,KK2,KK,KK4
      IF(KK.NE.0)GOTO 20
      A1 = U1
      A2 = PH * (B/R) ** 3/E1
      A3 = U2 - U1
20    CUA = A2 * DPX * H
      CUB = CUA * H
      CVA = A2 * DPY * H
      CVB = CVA * H
      CC3 = A3/H
      CC4 = 1. /EDA1(NZ)
      DO 30 K = 1,NZ
      U(K) = A1 + CUB * (EDA2(K) - CC4 * EDA2(NZ) * EDA1(K)) + A3 * CC4 *
EDA1(K)
      V(K) = CVB * (EDA2(K) - CC4 * EDA2(NZ) * EDA1(K))
      DU(K) = CUA/EDA(K) * ((K - 1. )/(NZ - 1. ) - CC4 * EDA2(NZ)) + CC3 *
CC4/EDA(K)
30    DV(K) = CVA/EDA(K) * ((K - 1. )/(NZ - 1. ) - CC4 * EDA2(NZ))
      A4 = B/((NZ - 1) * R * DX)
      C1 = A4 * H
      IF(KK.EQ.0)GOTO 50
      DO 40 K = 2,NZ - 1
      W(K) = (RO(K - 1) * W(K - 1) + C1 * (RO(K) * (U(K) + V(K)) - ROR(K)
* (UU(K) + VV(K))))/RO(K)
40    CONTINUE
50    KK = 1
      RETURN
      END
      SUBROUTINE TCAL(NZ,DX,CC1,CC2,T,TFX,TFY,U,V,W,DU,DV,H,DPX,
DPY,EDA,RO)
      DIMENSION T(NZ),U(NZ),DU(NZ),V(NZ),DV(NZ),W(NZ),EDA(NZ),RO
(NZ),A(4,21),D(21),AA(2,21),TFX(NZ),TFY(NZ)
      COMMON /COM2/T0,AK0,AK1,AK2,CV,CV1,CV2,RO0,RO1,RO2,S0,D0/
COM3/E1,PH,B,U1,U2,R,CC
      COMMON /COMD/AD,AD1,KK1,KK2,KK3,KK/COME/US,EDA0
      DATA CC5,PAI/0. 6666667,3. 14159265/
```

IF(KK. NE. 0)GOTO 5

KK = 1

A2 = - CV * RO0 * E1 * B ** 3/(EDA0 * AK0 * R)

A3 = - E1 * PH * B ** 3 * D0/(AK0 * EDA0 * T0 * R)

A4 = - (E1 * R) ** 2/(AK0 * EDA0 * T0)

A5 = 0. 5 * R/B * A2

A6 = AK0 * SQRT(EDA0 * R/(PAI * RO1 * CV1 * U1 * E1 * AK1 * B ** 3))

A7 = AK0 * SQRT(EDA0 * R/(PAI * RO2 * CV2 * U2 * E1 * AK2 * B ** 3))

5    CC3 = A6 * SQRT(DX)

CC4 = A7 * SQRT(DX)

DZ = H/(NZ - 1. )

DZ1 = 1. /DZ

DZ2 = DZ1 * DZ1

CC6 = A3 * DPX

CC7 = A3 * DPY

DO 10 K = 2, NZ - 1

A(1, K) = DZ2 + DZ1 * A5 * RO(K) * W(K)

A(2, K) = - 2. * DZ2 + A2 * RO(K) * (U(K) + V(K))/DX + (CC6 * U(K) +
CC7 * V(K))/RO(K)

A(3, K) = DZ2 - DZ1 * A5 * RO(K) * W(K)

10    A(4, K) = A4 * EDA(K) * (DU(K) ** 2 + DV(K) ** 2) + A2 * RO(K) * (U(K) *
TFX(K) + V(K) * TFY(K))/DX

A(1, 1) = 0.

A(2, 1) = 1. + 2. * DZ1 * CC3 * CC5

A(3, 1) = - 2. * DZ1 * CC3 * CC5

A(1, NZ) = - 2. * DZ1 * CC4 * CC5

A(2, NZ) = 1. + 2. * DZ1 * CC4 * CC5

A(3, NZ) = 0.

A(4, 1) = 1. + CC1 * CC3 * DZ1

A(4, NZ) = 1. - CC2 * CC4 * DZ1

CALL TRA3(NZ, D, A, AA)

DO 20 K = 1, NZ

T(K) = (1. - CC) * T(K) + CC * D(K)

20   IF(T(K). LT. 1. )T(K) = 1.

30   CONTINUE

RETURN

```
        END
        SUBROUTINE TRA3(N,D,A,B)
        DIMENSION D(N),A(4,N),B(2,N)
        C = 1./A(2,N)
        B(1,N) = -A(1,N)*C
        B(2,N) = A(4,N)*C
        DO 10 I = 1,N-1
        IN = N-I
        IN1 = IN+1
        C = 1./(A(2,IN)+A(3,IN)*B(1,IN1))
        B(1,IN) = -A(1,IN)*C
10      B(2,IN) = (A(4,IN)-A(3,IN)*B(2,IN1))*C
        D(1) = B(2,1)
        DO 20 I = 2,N
20      D(I) = B(1,I)*D(I-1)+B(2,I)
        RETURN
        END
        SUBROUTINE ERROM(NX,NY,NZ,T,ERM)
        DIMENSION T(NX,NY,NZ)
        COMMON /COMT/T1(65,65)
        ERM = 0.
        C1 = 1./FLOAT(NZ)
        DO 20 I = 2,NX
        DO 20 J = 2,NY
        TT = 0.
        DO 10 K = 1,NZ
10      TT = TT+T(I,J,K)
        TT = C1*TT
        ER = ABS((TT-T1(I,J))/TT)
        IF(ER.GT.ERM)ERM = ER
20      T1(I,J) = TT
        RETURN
        END
        SUBROUTINE OUPT(N,DX,X,Y,H,P,EDA,TMAX)
        DIMENSION X(N),Y(N),H(N,N),P(N,N),EDA(N,N)
        COMMON /COM1/ENDA,A1,A2,A3,Z,HM0/COMH/HMC
```

```
      COMMON /COMW/W0,T1,T2,RX,B,PH/COMK/LMIN,AKC/COMD/AD,AD1,
KK1,KK2,KK3,KK4
      NN = (N+1)/2
      A = 0.0
      WRITE(8,110)A,(Y(I),I=1,N)
      DO I = 1,N
      WRITE(8,110)X(I),(H(I,J),J=1,N)
      ENDDO
      WRITE(9,110)A,(Y(I),I=1,N)
      DO I = 1,N
      WRITE(9,110)X(I),(P(I,J),J=1,N)
      ENDDO
110   FORMAT(66(E12.6,1X))
      F = 0.0
      HMIN = H(1,1)
      PMAX = 0.0
      HM = 0.0
      NCOUN = 0
      NPA = 0
      DO I = 2,N
      DO J = 1,N
      IF(X(I).LE.0.0.AND.X(I+1).GE.0.0)THEN
      IF(Y(J).LE.0.0.AND.Y(I+1).GE.0.0)HC = H(I,J)
      ENDIF
      DPDX = (P(I,J)-P(I-1,J))/DX
      TAU = T1*DPDX*H(I,J)+0.5*AKC*T2*EDA(I,J)/H(I,J)
      F = F+TAU
      IF(H(I,J).LT.HMIN)HMIN = H(I,J)
      IF(P(I,J).GT.PMAX)PMAX = P(I,J)
      RAD = SQRT(X(I)*X(I)+Y(J)*Y(J))
      IF(RAD.LE.0.5)THEN
      NCOUN = NCOUN+1
      HM = HM+H(I,J)
      ENDIF
      IF(P(I,J).GT.1.E-6)THEN
      PA = PA+P(I,J)
```

```
        NPA = NPA + 1
      ENDIF
    ENDDO
    ENDDO
    PA = PA/FLOAT(NPA)
    HM = HM/FLOAT(NCOUN)
    F = B * B * F * DX * DX/W0
    HMIN = HMIN * B * B/RX
    HM = HM * B * B/RX
    HC = HC * B * B/RX
    PMAX = PMAX * PH
    HDM = HM0 * B * B/RX
    HDC = HMC * B * B/RX
    WRITE(10, * )'W0,F,HMIN,HC,HDM,HDC,PMAX,HM,TMAX,PA'
    WRITE(10,120)W0,F,HMIN,HC,HDM,HDC,PMAX,HM,TMAX,PA
120 FORMAT(10(1X,E12.6))
    RETURN
    END
    FUNCTION EQEDA(DPDX,DPDY,P,H,EDA)
    COMMON /COME/U0,EDA0/COMW/W0,T1,T2,R,B,PH/COMK/LMIN,AKC
    DATA TAU0/2. E7/
    DPDX1 = DPDX * PH/B
    DPDY1 = DPDY * PH/B
    P1 = P * PH
    H1 = H * B * B/R
    EDA1 = EDA * EDA0
    TAUL = TAU0 + 0.036 * P1
    C1 = -0.5 * EDA1 * AKC * U0/H1 - 0.5 * H1 * DPDX1
    TAU1 = DPDX1 * H1 + C1
    TAU2 = C1
    TAUY = 0.5 * DPDY1 * H1
    TAUX = AMAX1(ABS(TAU1),ABS(TAU2))
    TAU = SQRT(TAUX ** 2 + TAUY ** 2)
    X = TAUL/TAU
    EQEDA = EDA
    IF(X. LT. 1)THEN
```

EQEDA = EDA * X

ENDIF

IF( EQEDA. LT. 1) EQEDA = 1.

RETURN

END

BLOCK DATA

COMMON /COM2/T0, AK0, AK1, AK2, CV, CV1, CV2, RO0, RO1, RO2, S0, D0

DATA T0, AK0, AK1, AK2, CV, CV1, CV2, RO0, RO1, RO2, S0, D0/303., 0. 14, 46.,

46., 2000., 470., 470., 890., 7850., 7850., − 1. 1, − 0. 00065/

END

### 3. 计算结果

按程序中给定的工况计算得到的膜厚 $H$、压力分布 $P$ 和平均温度分布 $T$ 如图 18.2 所示。由于 $x$ 和 $y$ 方向上的曲率半径不同，所以本问题实际上是椭圆接触问题，从结果看出：接触区的压力分布和温度分布都呈现椭圆接触的形式。

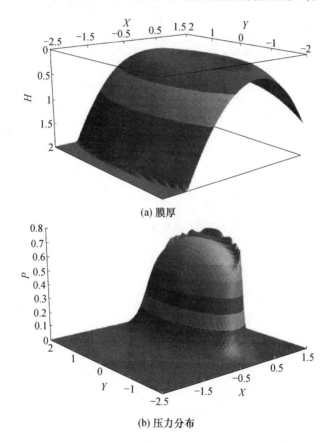

(a) 膜厚

(b) 压力分布

(c) 温度分布

图 18.2    椭圆接触热弹流计算结果

# 第十九章
# 线接触脂润滑热弹流计算方法与程序

## ▪ 19.1 线接触脂润滑热弹流基本方程

线接触脂润滑热弹流计算中所用的 Reynolds 方程和润滑膜几何方程与线接触等温脂润滑弹流计算所用方程式相同。与等温弹流润滑计算相比，热弹流润滑计算最主要是加入了能量方程。因此，线接触脂润滑热弹流计算需要同时求解以下方程：

**1. Reynolds 方程**

利用式(9.5)可将基于 Ostwald 模型润滑脂的一维 Reynolds 改写为

$$\frac{n}{2n+1}\left(\frac{1}{2}\right)^{\frac{n+1}{n}}\left\{\frac{\mathrm{d}}{\mathrm{d}x}\left[\rho h^{\frac{2n+1}{n}}\left(\frac{1}{\phi}\frac{\mathrm{d}p}{\mathrm{d}x}\right)^{\frac{1}{n}}\right]\right\} = U\frac{\mathrm{d}(\rho h)}{\mathrm{d}x} \tag{19.1}$$

式中，$h$ 为膜厚；$\bar{h}$ 为 $\frac{\mathrm{d}p}{\mathrm{d}x}=0$ 处的膜厚；$U$ 为平均速度，$U = \frac{(u_1+u_2)}{2}$，$u_1$ 和 $u_2$ 分别为滚道和滚子的表面切向速度；$x$ 为润滑脂流动方向，$n$ 为流变参数，$n \leqslant 1$。

**2. 润滑膜几何方程（弹性变形方程）**

$$h(x) = h_0 + \frac{x^2}{2R} - \frac{2}{\pi E'}\int_{s_1}^{s_2} p(s)\ln(x-s)^2\mathrm{d}s \tag{19.2}$$

**3. 能量方程**

$$\rho c_p u \frac{\partial T}{\partial x} = K\frac{\partial^2 T}{\partial z^2} - \frac{T}{\rho}\frac{\partial \rho}{\partial T}u\frac{\partial p}{\partial x} + \phi\left(\frac{\partial u}{\partial z}\right)^2 \tag{19.3}$$

式中，$c_p$ 为定压比热容；$K$ 为热传导系数。

**4. 热界面方程**

两个界面上的边界条件为

$$T(x,0) = \frac{K}{\sqrt{\pi\rho_1 c_1 K_1 u_1}}\int_{-\infty}^{x}\frac{\partial T}{\partial z}\bigg|_{x,0}\frac{\mathrm{d}s}{\sqrt{x-s}} + T_0$$

$$T(x,h) = \frac{K}{\sqrt{\pi \rho_2 c_2 K_2 u_2}} \int_{-\infty}^{x} \frac{\partial T}{\partial z}\Big|_{x,h} \frac{\mathrm{d}s}{\sqrt{x-s}} + T_0 \tag{19.4}$$

式中，$T_0$ 为初始温度；$u_1$ 和 $u_2$ 分别为上、下表面切向速度，分别为

$$u_1 = 0.5 \times (2 + s) \times U$$
$$u_2 = 0.5 \times (2 - s) \times U \tag{19.5}$$

式中，$s$ 为滑滚比。

**5. 粘压 – 粘温方程**

$$\phi = \phi_0 \exp\left\{ (\ln \phi_0 + 9.67)\left[ (1 + 5.1 \times 10^{-9} p)^{0.68} \times \left( \frac{T - 138}{T_0 - 138} \right)^{-1.1} - 1 \right] \right\}$$

$$\tag{19.6}$$

**6. 密压 – 密温方程**

$$\rho = \rho_0 \left( 1 + \frac{0.6p}{1 + 1.7p} + D(T - T_0) \right) \tag{19.7}$$

式中，$p$ 的单位是 GPa，$D = -0.00065 \text{ K}^{-1}$。

## 19.2　线接触脂润滑热弹流计算方法

**1. 量纲一化方程**

量纲一化脂润滑 Reynolds 方程为

$$\frac{\mathrm{d}}{\mathrm{d}X}\left[ \varepsilon \left( \frac{\mathrm{d}P}{\mathrm{d}X} \right)^{\frac{1}{n}} \right] - \frac{\mathrm{d}(\rho^* H)}{\mathrm{d}X} = 0 \tag{19.8}$$

式中，$\varepsilon = \lambda \dfrac{\rho^* H^{\left(2 + \frac{1}{n}\right)}}{\phi^{*\frac{1}{n}}}$；$\lambda = \dfrac{p_H^{\frac{1}{n}} b^{2 + \frac{1}{n}}}{2U\left(2 + \frac{1}{n}\right) R^{\left(1 + \frac{1}{n}\right)} 2^{\frac{1}{n}} \phi_0^{\frac{1}{n}}}$，$b$ 为接触区半宽；$X$ 为量纲一

化坐标，$X = \dfrac{x}{b}$；$P$ 为量纲一化压力，$P = \dfrac{p}{p_H}$，$p_H$ 为最大 Hertz 压力；$H$ 为量纲一化膜

厚，$H = \dfrac{hR}{b^2}$，$R$ 为等效曲率半径；式中，$\phi_0$ 为常压下的塑性黏度。

边界条件为

入口区　$P(X_0) = 0$

出口区　$P(X_e) = 0$　$\dfrac{\mathrm{d}P(X_e)}{\mathrm{d}X} = 0$

量纲一化的能量方程为

$$A\rho^* u^* \frac{\partial T}{\partial X} + B \frac{u^* T^*}{\rho^*} \frac{\partial \rho^*}{\partial T^*} \frac{\partial P}{\partial X} + C \frac{\partial^2 T}{\partial Z^2} + D\phi^* \left( \frac{\partial u^*}{\partial Z} \right)^2 = 0 \tag{19.9}$$

式中，$T^*$ 为量纲一化温度，$T^* = \dfrac{T}{T_0}$；$A = \rho_0 c_p U \dfrac{T_0}{b}$；$B = \dfrac{Up_H}{b}$；$C = -\dfrac{KT_0 R}{b^2}$；$D = -\phi_0 \left( \dfrac{UR}{b^2} \right)^2$。

膜厚方程

$$H(X) = H_0 + \frac{X^2}{2} - \frac{1}{\pi} \int_{X_0}^{X_e} \ln |X - X'| P(X') dX' \tag{19.10}$$

密压 - 密温关系

$$\rho^* = 1 + \frac{0.6p}{1 + 1.7p} + D(T - T_0) \tag{19.11}$$

粘压 - 温压关系

$$\phi = \exp\left\{ (\ln \phi_0 + 9.67) \left[ (1 + 5.1 \times 10^{-9}p)^{0.68} \times \left( \frac{T - 138}{T_0 - 138} \right)^{-1.1} - 1 \right] \right\} \tag{19.12}$$

载荷方程

$$\int_{X_0}^{X_e} P dx = \frac{\pi}{2} \tag{19.13}$$

**2. 差分方程**

利用中心和向前差分格式可得到离散 Reynolds 方程为

$$\frac{\varepsilon_{i+\frac{1}{2}} (P_{i+1} - P_i)^{\frac{1}{n}} - \varepsilon_{i-\frac{1}{2}} (P_i - P_{i-1})^{\frac{1}{n}}}{\Delta X^{1+\frac{1}{n}}} - \frac{\rho_i^* H_i - \rho_{i-1}^* H_{i-1}}{\Delta X} = 0 \tag{19.14}$$

式中，$\varepsilon_{i \pm \frac{1}{2}} = \frac{1}{2} (\varepsilon_i + \varepsilon_{i \pm 1})$；$\Delta X = X_i - X_{i-1}$。

式(19.14)的入口边界条件为 $P(X_0) = 0$；出口区的边界通过置负压为 0 而确定。

离散能量方程为

$$A\rho^* u^* \left( \frac{T_{i,k} - T_{i-1,k}}{\Delta X} \right) + B \frac{T^*}{\rho^*} \frac{\partial \rho^*}{\partial T^*} \left( u^* \frac{P_{i,j} - P_{i-1,j}}{\Delta X} \right)$$
$$+ C \frac{T_{i,k+1} - 2T_{i,k} + T_{i,k-1}}{\Delta Z^2} + D\phi^* \left( \frac{u_{i,k+1}^* - u_{i,k}^*}{\Delta Z} \right)^2 = 0 \tag{19.15}$$

式中，$k$ 为膜厚方向的节点序号；$\rho^*$、$\phi^*$、$\frac{\partial \rho^*}{\partial T^*}$ 等可以通过表达式解析计算，因此不必差分。

离散膜厚方程为

$$H_i = H_0 + \frac{x_i^2}{2} - \frac{1}{\pi} \sum_{j=1}^{n} K_{ij} P_j \tag{19.16}$$

式中，$K_{ij}$ 为变形系数。

离散载荷方程为

$$\Delta X \sum_{i=1}^{n} \frac{P_i + P_{i+1}}{2} = \frac{\pi}{2} \tag{19.17}$$

由于能量方程中的温度、粘压、粘温方程的粘度和膜厚方程中的弹性变形都随压力而变化，因此一般的做法是先给定一个初始压力分布（如 Hertz 接触压力）和温度分布（均匀温度场），计算膜厚和粘度值，然后代入 Reynolds 方程求解新压力分布，对前一次的压力分布进行迭代修正，然后代入能量方程求温度。利用新的温度修正粘度值，再迭代求解压力，反复此过程，直至两次迭代得到的压力差十分接近，迭代结束。从而求得最终的压力分布、含弹性变形的膜厚和温度分布。

## ◼ 19.3 线接触脂润滑热弹流计算程序

### 1. 程序框图

线接触脂润滑热弹流计算程序包含一个主程序、多个子程序,主程序用于预赋值参数,各参数的量纲一化和输出参数的设定。前面的子程序为 Reynolds 方程式与润滑膜几何方程式的求解。THERM 以后的子程序,用于温度的计算。即利用上述子程序中返回的数值来联立求解能量方程式和热界面方程式;ERRO 子程序主要为了返回误差值,若所求温度不符合精度要求,则重新进行循环运算。其程序框图如图 19.1 所示。

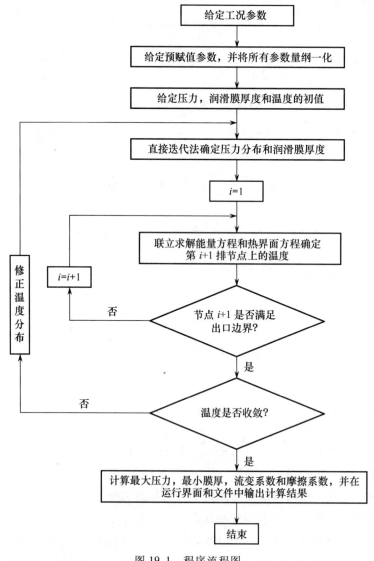

图 19.1 程序流程图

**2. 源程序**

```
PROGRAM GREASELINETHERMEHL
CHARACTER * 1 S,S1,S2
CHARACTER * 16 FILEO
COMMON /COM1/ENDA,A1,A2,A3,Z,C1,C2,C3,CW
COMMON /COM2/T0,EDA0/COM3/E1,PH,B,U1,U2,R,CT/COM4/X0,XE
COMMON /COM5/H2,P2,T2,ROM,HM,FM/COM6/FF
DATA KT,S1,S2/0,1HY,1Hy/
DATA FILEO/4HDATA/
PAI = 3. 14159265
Z = 0. 68
P0 = 1. 96E8
N = 129
X0 = - 4.
XE = 1. 4
W = 1. 768E5
E1 = 2. 21E11
R = 0. 02
US = 1. 77
C1 = 0. 37
C2 = 0. 37
NZ = 5
CU = 0. 25
CT = 0. 35
T2 = 0. 0
FF = 0. 85
OPEN(8,FILE = FILEO,STATUS =' UNKNOWN ')
WRITE( * , * )' Show the example or not ( Y or N)? '
READ( * ,'( A )') S
IF( S. EQ. S1. OR. S. EQ. S2) THEN
KT = 2
GOTO 10
ELSE
WRITE( * , * )' Temperature is considered or not ( Y or N) ? '
READ( * ,'( A )') S
IF( S. EQ. S1. OR. S. EQ. S2) KT = 2
```

```
      ENDIF
      WRITE( * , * )' W,US,FF ='
      READ( * , * )W,US,FF
      IF( KT. EQ. 2 )THEN
      WRITE( * , * )' NZ,CU ='
      READ( * , * )NZ,CU
      ENDIF
      WRITE( * , * )' Change iteration factors or not ( Y or N ) ? '
      READ( * ,'(A)')S
      IF( S. EQ. S1. OR. S. EQ. S2 )THEN
      WRITE( * , * )' C1,C2 ='
      READ( * , * )C1,C2
      ENDIF
10    CW = N + 0. 1
      LMAX = ALOG( CW )/ALOG( 2. )
      N = 2 ** LMAX + 1
      LMIN = ( ALOG( CW ) - ALOG( SQRT( CW ) ) )/ALOG( 2. )
      LMAX = LMIN
      H00 = 0. 0
      W1 = W/( E1 * R )
      PH = E1 * SQRT( 0. 5 * W1/PAI )
      A1 = ( ALOG( EDA0 ) + 9. 67 )
      A2 = PH/P0
      A3 = 0. 59/( PH * 1. E - 9 )
      T2 = 0. 0
      B = 4. * R * PH/E1
      ALFA = Z * A1/P0
      G = ALFA * E1
      U = EDA0 * US/( 2. * E1 * R )
      CC1 = SQRT( 2. * U )
      AM = 2. * PAI * ( PH/E1 ) ** 2/CC1
      AL = G * SQRT( CC1 )
      CW = ( PH/E1 ) * ( B/R )
      C3 = 1. 6 * ( R/B ) ** 2 * G ** 0. 6 * U ** 0. 7 * W1 ** ( - 0. 13 )
      ENDA = B ** ( 2. + 1/FF ) * ( PH/2/EDA0 ) ** ( 1/FF )/R ** ( 1 + 1/FF )/Us/
( 2. + 1/FF )
```

```
      ENDA = 1. /ENDA
      U1 = 0. 5 * (2. + CU) * U
      U2 = 0. 5 * (2. - CU) * U
      CW = - 1. 13 * C3
      WRITE( * ,40)
40    FORMAT(2X,'Wait        Please ',//)
      CALL SUBAK(N)
      CALL MULTI(N,NZ,KT,LMIN,LMAX,H00)
      H2 = H2 * 1. E - 6
      P2 = P2 * 1. E6
      Q = 2. * ROM * HM * US
      FM = FM/W
      STOP
      END
      SUBROUTINE MULTI(N,NZ,KT,LMIN,LMAX,H00)
      DIMENSION X(1100),P(1100),H(1100),RO(1100),POLD(1100),EPS(1100),
    EDA(1100),P0(2200),F(1100),F0(2200),R(1100), R0(2200),G(10),T(22000)
      COMMON /COM1/ENDA,A1,A2,A3,Z,C1,C2,C3,CW/COM6/FF
      COMMON /COMK/K/COMT/LT,T1(1100)/COM3/E1,PH,B,U1,U2,RR,CT
      COMMON /COM5/H2,P2,T2,RM,HM,FM
      DATA MK,IT,KH,NMAX,PAI,G0/0,0,0,1100,3. 14159265,1. 570796325/
      LT = LMAX
      NX = N
      K = LMIN
      N0 = (N - 1)/2 ** (LMIN - 1)
      CALL KNDX(K,N,N0,N1,NMAX,DX,X)
      DO 10 I = 1,N
      T1(I) = 1. 0
      IF(ABS(X(I)). GE. 1. 0)P(I) = 0. 0
10    IF(ABS(X(I)). LT. 1. 0)P(I) = SQRT(1. - X(I) * X(I))
12    CALL HREE(N,DX,H00,G0,X,P,H,RO,EPS,EDA,F,0)
      IF(KH. NE. 0)GOTO 14
      KH = 1
      GOTO 12
14    CALL FZ(N,P,POLD)
      DO 100 L = LMIN,LMAX
```

```
        K = L
        G( K) = PAI/2.
        DO 18 I = 1 , N
        R( I) = 0. 0
        F( I) = 0. 0
        R0( N1 + I) = 0. 0
18      F0( N1 + I) = 0. 0
20      KK = 2
        CALL ITER( N , KK , DX , H00 , G0 , X , P , H , RO , EPS , EDA , F , R , 0)
        KK = 1
        CALL ITER( N , KK , DX , H00 , G0 , X , P , H , RO , EPS , EDA , F , R , 1)
        G( K - 1) = G( K)
        DO 24 I = 1 , N
        IF( I. LT. N) G( K - 1) = G( K - 1) - 0. 5 * DX * ( P( I) + P( I + 1) )
24      P0( N1 + I) = P( I)
        N2 = N
        K = K - 1
        CALL KNDX( K , N , N0 , N1 , NMAX , DX , X)
        CALL TRANS( N , N2 , P , H , RO , EPS , EDA , R)
        CALL ITER( N , KK , DX , H00 , G0 , X , P , H , RO , EPS , EDA , F , R , 2)
        DO 26 I = 1 , N
        IF( I. LT. N) G( K) = G( K) + 0. 5 * DX * ( P( I) + P( I + 1) )
26      F( I) = H( I)
        G0 = G( K)
        CALL HREE( N , DX , H00 , G0 , X , P , H , RO , EPS , EDA , F , 1)
        DO 28 I = 1 , N
        R0( N1 + I) = R( I)
28      F0( N1 + I) = F( I)
        IF( K. NE. 1) GOTO 20
        KK = 19
        CALL ITER( N , KK , DX , H00 , G0 , X , P , H , RO , EPS , EDA , F , R , 0)
40      DO 42 I = 1 , N
42      P0( N1 + I) = P( I)
        N2 = N1
        K = K + 1
        CALL KNDX( K , N , N0 , N1 , NMAX , DX , X)
```

```
         G0 = G(K)
         DO 50 I = 2,N,2
         I1 = N1 + I
         I2 = N2 + I/2
         P(I - 1) = P0(I2)
         P(I) = P0(I1) + 0.5 * (P0(I2) + P0(I2 + 1) - P0(I1 - 1) - P0(I1 + 1))
 50      IF(P(I). LT. 0.0)P(I) = 0.
         DO 52 I = 1,N
         R(I) = R0(N1 + I)
 52      F(I) = F0(N1 + I)
         CALL HREE(N,DX,H00,G0,X,P,H,RO,EPS,EDA,F,0)
         KK = 1
         CALL ITER(N,KK,DX,H00,G0,X,P,H,RO,EPS,EDA,F,R,0)
         IF(K. LT. L)GOTO 40
100      CONTINUE
         MK = MK + 1
         CALL ERROP(N,P,POLD,ERP)
         IF(ERP. GT. 0.01 * C2. AND. MK. LE. 12)GOTO 14
         MK = 8
         IF(KT. NE. 2)GOTO 105
         CALL THERM(NX,NZ,DX,T,P,H)
         CALL ERROM(NX,NZ,T1,T,KT)
         IT = IT + 1
         IF(KT. EQ. 2. AND. IT. LT. 25)GOTO 14
         KT = 2
         IF(IT. GE. 25)THEN
         WRITE( * , * )'Temperature is not convergent ! ! ! '
         READ( * , * )
         ENDIF
105      IF(MK. GE. 10)THEN
         WRITE( * , * )'Pressures are not convergent ! ! ! '
         READ( * , * )
         ENDIF
         FM = FRICT(N,DX,H,P,EDA)
110      FORMAT(6(1X,E12.6))
         DO I = 2,N - 1
```

```
          IF(P(I). GE. P(I-1). AND. P(I). GE. P(I+1))THEN
          HM = H(I) * B * B/RR
          RM = RO(I)
          GOTO 120
          ENDIF
          ENDDO
120       H2 = 1. E5
          P2 = 1. E - 10
          DO I = 1,N
          H(I) = H(I) * B * B * 1. E6/RR
          P(I) = P(I) * PH/1. E6
          IF(H(I). LT. H2)H2 = H(I)
          IF(P(I). GT. P2)P2 = P(I)
          ENDDO
          DO I = 1,N
          WRITE(8,110)X(I),P(I),H(I)
          ENDDO
          IF(KT. EQ. 2)THEN
          CALL OUPT(NX,NZ,X,T,T2)
          ENDIF
          RETURN
          END
          SUBROUTINE HREE(N,DX,H00,G0,X,P,H,RO,EPS,EDA,F0,KG)
          DIMENSION X(N),P(N),H(N),RO(N),EPS(N),EDA(N),F0(N)
          DIMENSION W(2200)
          COMMON /COM1/ENDA,A1,A2,A3,Z,C1,C2,C3,CW/COMK/K/COMT/LT,T1
          (1100)
          COMMON /COM2/T0,EDA0,AK0,AK1,AK2,CV,CV1,CV2, RO0,RO1,RO2,S0,
          D0/COMAK/AK(0:1100)/COM6/FF
          DATA KK,MK1,MK2,NW,PAI1/0,3,0,2200,0. 318309886/
          IF(KK. NE. 0)GOTO 3
          HM0 = C3
3         W1 = 0. 0
          DO 4 I = 1,N
4         W1 = W1 + P(I)
          C3 = (DX * W1)/G0
```

```
        DW = 1. – C3
        IF( K. EQ. 1 ) GOTO 6
        CALL DISP( N , NW , K , DX , P , W )
        GOTO 10
6       WX = W1 * DX * ALOG( DX )
        DO 8 I = 1 , N
        W( I ) = WX
        DO 8 J = 1 , N
        IJ = IABS( I – J )
8       W( I ) = W( I ) + AK( IJ ) * P( J ) * DX
10      HMIN = 1. E3
        DO 30 I = 1 , N
        H0 = 0. 5 * X( I ) * X( I ) – PAI1 * W( I )
        IF( KG. EQ. 1 ) GOTO 20
        IF( H0 + F0( I ). LT. HMIN ) HMIN = H0 + F0( I )
        H( I ) = H0
        GOTO 30
20      F0( I ) = F0( I ) – H00 – H0
30      CONTINUE
        IF( KG. EQ. 1 ) RETURN
        H0 = H00 + HMIN
        IF( KK. NE. 0 ) GOTO 32
        KK = 1
        H00 = – H0 + HM0
32      IF( H0. LE. 0. 0 ) GOTO 48
        IF( K. NE. 1 ) GOTO 50
40      MK = MK + 1
        IF( MK. LE. MK1 ) GOTO 50
        IF( MK. GE. MK2 ) MK = 0
        IF( H0 + CW * DW. GT. 0. 0 ) HM0 = H0 + CW * DW
        IF( H0 + CW * DW. LE. 0. 0 ) HM0 = HM0 * C3
48      H00 = HM0 – HMIN
50      DO 60 I = 1 , N
60      H( I ) = H00 + H( I ) + F0( I )
        IT = 2 ** ( LT – K )
        DO 100 I = 1 , N
```

```
      II = IT * ( I − 1 ) + 1
      CT1 = ( ( T1 ( II ) − 0. 455445545 )/0. 544554455 ) ** S0
      CT2 = D0 * T0 * ( T1 ( II ) − 1. )
      EDA( I ) = EXP( A1 * ( −1. + ( 1. + A2 * P( I ) ) ** Z * CT1 ) )
      RO( I ) = ( A3 + 1. 34 * P( I ) )/( A3 + P( I ) ) + CT2
      EPS( I ) = RO( I ) * H( I ) ** ( 2 + 1/FF )/ENDA/EDA( I ) ** ( 1/FF )
100   CONTINUE
      RETURN
      END
      SUBROUTINE ITER( N , KK , DX , H00 , G0 , X , P , H , RO , EPS , EDA , F0 , R0 , KG )
      DIMENSION X( N ) , P( N ) , H( N ) , RO( N ) , EPS( N ) , EDA( N ) , F0( N ) , R0( N )
      COMMON /COM1/ENDA , A1 , A2 , A3 , Z , C1 , C2 , C3/COM6/FF/COMAK/AK ( 0 :
1100 )
      DATA PAI/3. 14159265/
      DX1 = 1. /DX
      DX2 = DX * DX
      DX3 = 1. /DX2
      DX4 = DX1/PAI
      DX5 = DX1 ** ( 1. 0 + 1/FF )
      DXL = DX * ALOG( DX )
      AK0 = DX * AK( 0 ) + DXL
      AK1 = DX * AK( 1 ) + DXL
      DO 100 K = 1 , KK
      RMAX = 0. 0
      D2 = 0. 5 * ( EPS( 1 ) + EPS( 2 ) )
      D3 = 0. 5 * ( EPS( 2 ) + EPS( 3 ) )
      D5 = DX1 * ( RO( 2 ) * H( 2 ) − RO( 1 ) * H( 1 ) )
      D7 = DX4 * ( RO( 2 ) * AK0 − RO( 1 ) * AK1 )
      PP = 0.
      DO 70 I = 2 , N − 1
      D1 = D2
      D2 = D3
      D4 = D5
      D6 = D7
      IF( I + 2. LE. N ) D3 = 0. 5 * ( EPS( I + 1 ) + EPS( I + 2 ) )
      D5 = DX1 * ( RO( I + 1 ) * H( I + 1 ) − RO( I ) * H( I ) )
```

```
      D7 = DX4 * ( RO( I + 1 ) * AK0 - RO( I ) * AK1 )
      AB1 = ( ABS( P( I + 1 ) - P( I ) ) ) ** ( 1/FF - 1. 0 )
      AB2 = ( ABS( P( I ) - P( I - 1 ) ) ) ** ( 1/FF - 1. 0 )
      IF( KG. NE. 0 )GOTO 30
      DD = ( D1 + D2 ) * DX3
      IF( DD. LT. 0. 1 * ABS( D6 ) )GOTO 10
      RI = - DX5 * ( D2 * ( P( I + 1 ) - P( I ) ) * AB1 - D1 * ( P( I ) - P( I - 1 ) ) * AB2 ) +
   D4 + R0( I )
      DLDP = - DX3 * ( D1 + D2 ) + D6
      RI = C1 * RI/DLDP
      GOTO 20
10    RI = - DX5 * ( D2 * ( P( I + 1 ) - P( I ) ) * AB1 - D1 * ( P( I ) - PP ) * AB2 ) + D4 +
   R0( I )
      DLDP = - 1/FF * DX5 * ( 2 * D1 * AB1 + D2 * AB2 ) + 2. * D6
      RI = C2 * RI/DLDP
      IF( I. GT. 2. AND. P( I - 1 ) - RI. GT. 0. 0 )P( I - 1 ) = P( I - 1 ) - RI
20    PP = P( I )
      P( I ) = P( I ) + RI
      IF( P( I ). LT. 0. 0 )P( I ) = 0. 0
      IF( K. NE. KK )GOTO 70
      IF( RMAX. LT. ABS( RI ). AND. P( I ). GT. 0. 0 )RMAX = ABS( RI )
      GOTO 70
30    IF( KG. EQ. 2 )GOTO 40
      R0( I ) = - DX5 * ( D2 * ( P( I + 1 ) - P( I ) ) * AB1 - D1 * ( P( I ) - P( I - 1 ) ) *
   AB2 ) + D4 + R0( I )
      GOTO 70
40    R0( I ) = DX5 * ( D2 * ( P( I + 1 ) - P( I ) ) * AB1 - D1 * ( P( I ) - P( I - 1 ) ) * AB2 ) -
   D4 + R0( I )
70    CONTINUE
      IF( KG. NE. 0 )GOTO 100
      CALL HREE( N, DX, H00, G0, X, P, H, RO, EPS, EDA, F0 ,0 )
100   CONTINUE
      RETURN
      END
      SUBROUTINE DISP( N, NW, KMAX, DX, P1, W )
      DIMENSION P1( N ), W( NW ), P( 2200 ), AK1( 0:50 ), AK2( 0:50 )
```

```
        COMMON /COMAK/AK(0:1100)
        DATA NMAX,KMIN/2200,1/
        N2 = N
        M = 3 + 2 * ALOG(FLOAT(N))
        K1 = N + KMAX
        DO 10 I = 1,N
10      P(K1 + I) = P1(I)
        DO 20 KK = KMIN,KMAX - 1
        K = KMAX + KMIN - KK
        N1 = (N2 + 1)/2
        CALL DOWNP(NMAX,N1,N2,K,P)
20      N2 = N1
        DX1 = DX * 2 ** (KMAX - KMIN)
        CALL WI(NMAX,N1,KMIN,KMAX,DX,DX1,P,W)
        DO 30 K = KMIN + 1,KMAX
        N2 = 2 * N1 - 1
        DX1 = DX1/2.
        CALL AKCO(M + 5,KMAX,K,AK1)
        CALL AKIN(M + 6,AK1,AK2)
        CALL WCOS(NMAX,N1,N2,K,W)
        CALL CORR(NMAX,N2,K,M,1,DX1,P,W,AK1)
        CALL WINT(NMAX,N2,K,W)
        CALL CORR(NMAX,N2,K,M,2,DX1,P,W,AK2)
30      N1 = N2
        DO 40 I = 1,N
40      W(I) = W(K1 + I)
        RETURN
        END
        SUBROUTINE DOWNP(NMAX,N1,N2,K,P)
        DIMENSION P(NMAX)
        K1 = N1 + K - 1
        K2 = N2 + K - 1
        DO 10 I = 3,N1 - 2
        I2 = 2 * I + K2
10      P(K1 + I) = (16. * P(I2) + 9. * (P(I2 - 1) + P(I2 + 1)) - (P(I2 - 3) + P(I2 +
        3)))/32.
```

```
      P(K1 + 2) = 0.25 * (P(K2 + 3) + P(K2 + 5)) + 0.5 * P(K2 + 4)
      P(K1 + N1 - 1) = 0.25 * (P(K2 + N2 - 2) + P(K2 + N2)) + 0.5 * P(K2 + N2 - 1)
      RETURN
      END
      SUBROUTINE WCOS(NMAX, N1, N2, K, W)
      DIMENSION W(NMAX)
      K1 = N1 + K - 1
      K2 = N2 + K
      DO 10 I = 1, N1
      II = 2 * I - 1
10    W(K2 + II) = W(K1 + I)
      RETURN
      END
      SUBROUTINE WINT(NMAX, N, K, W)
      DIMENSION W(NMAX)
      K2 = N + K
      DO 10 I = 4, N - 3, 2
      II = K2 + I
10    W(II) = (9. * (W(II - 1) + W(II + 1)) - (W(II - 3) + W(II + 3)))/16.
      I1 = K2 + 2
      I2 = K2 + N - 1
      W(I1) = 0.5 * (W(I1 - 1) + W(I1 + 1))
      W(I2) = 0.5 * (W(I2 - 1) + W(I2 + 1))
      RETURN
      END
      SUBROUTINE CORR(NMAX, N, K, M, I1, DX, P, W, AK)
      DIMENSION P(NMAX), W(NMAX), AK(0:M)
      K1 = N + K
      IF(I1. EQ. 2) GOTO 20
      DO 10 I = 1, N, 2
      II = K1 + I
      J1 = MAX0(1, I - M)
      J2 = MIN0(N, I + M)
      DO 10 J = J1, J2
      IJ = IABS(I - J)
10    W(II) = W(II) + AK(IJ) * DX * P(K1 + J)
```

```
        RETURN
20      DO 30 I = 2 , N , 2
        II = K1 + I
        J1 = MAX0 ( 1 , I - M )
        J2 = MIN0 ( N , I + M )
        DO 30 J = J1 , J2
        IJ = IABS ( I - J )
30      W ( II ) = W ( II ) + AK ( IJ ) * DX * P ( K1 + J )
        RETURN
        END
        SUBROUTINE WI ( NMAX , N , KMIN , KMAX , DX , DX1 , P , W )
        DIMENSION P ( NMAX ) , W ( NMAX )
        COMMON / COMAK / AK ( 0 : 1100 )
        K1 = N + 1
        K = 2 ** ( KMAX - KMIN )
        C = ALOG ( DX )
        DO 10 I = 1 , N
        II = K1 + I
        W ( II ) = 0. 0
        DO 10 J = 1 , N
        IJ = K * IABS ( I - J )
10      W ( II ) = W ( II ) + ( AK ( IJ ) + C ) * DX1 * P ( K1 + J )
        RETURN
        END
        SUBROUTINE AKCO ( KA , KMAX , K , AK1 )
        DIMENSION AK1 ( 0 : KA )
        COMMON / COMAK / AK ( 0 : 1100 )
        J = 2 ** ( KMAX - K )
        DO 10 I = 0 , KA
        II = J * I
10      AK1 ( I ) = AK ( II )
        RETURN
        END
        SUBROUTINE AKIN ( KA , AK1 , AK2 )
        DIMENSION AK1 ( KA ) , AK2 ( KA )
        DO 10 I = 4 , KA - 3
```

```
10    AK2(I) = (9. * (AK1(I-1) + AK1(I+1)) - (AK1(I-3) + AK1(I+3)))/16.
      AK2(1) = (9. * AK1(2) - AK1(4))/8.
      AK2(2) = (9. * (AK1(1) + AK1(3)) - (AK1(3) + AK1(5)))/16.
      AK2(3) = (9. * (AK1(2) + AK1(4)) - (AK1(2) + AK1(6)))/16.
      DO 20 I = 1, KA
20    AK2(I) = AK1(I) - AK2(I)
      DO 30 I = 1, KA, 2
      I1 = I + 1
      AK1(I) = 0. 0
30    IF(I1. LE. KA) AK1(I1) = AK2(I1)
      RETURN
      END
      SUBROUTINE SUBAK(MM)
      COMMON /COMAK/AK(0:1100)
      DO 10 I = 0, MM
10    AK(I) = (I + 0. 5) * (ALOG(ABS(I + 0. 5)) - 1. ) - (I - 0. 5) * (ALOG(ABS(I -
      0. 5)) - 1. )
      RETURN
      END
      FUNCTION FRICT(N, DX, H, P, EDA)
      DIMENSION H(N), P(N), EDA(N)
      COMMON /COM3/E1, PH, B, U1, U2, R, CT
      DATA TAU0/4. E7/
      TP = TAU0/PH
      TE = TAU0/E1
      BR = B/R
      FRICT = 0. 0
      DO I = 1, N
      DP = 0. 0
      IF(I. LT. N) THEN
      DP = (P(I + 1) - P(I))/DX
      TAU = 0. 5 * H(I) * ABS(DP) * (BR/TP) + 2. * ABS(U1 - U2) * EDA(I)/
      (H(I) * BR ** 2 * TE)
      FRICT = FRICT + TAU
      ENDIF
      ENDDO
```

```
      FRICT = FRICT * DX * B * TAU0
      RETURN
      END
      SUBROUTINE FZ(N,P,POLD)
      DIMENSION P(N),POLD(N)
      DO 10 I = 1,N
10    POLD(I) = P(I)
      RETURN
      END
      SUBROUTINE ERROP(N,P,POLD,ERP)
      DIMENSION P(N),POLD(N)
      SD = 0.0
      SUM = 0.0
      DO 10 I = 1,N
      SD = SD + ABS(P(I) - POLD(I))
      POLD(I) = P(I)
10    SUM = SUM + P(I)
      ERP = SD/SUM
      RETURN
      END
      SUBROUTINE KNDX(K,N,N0,N1,NMAX,DX,X)
      DIMENSION X(NMAX)
      COMMON /COM4/X0,XE
      N = 2 ** (K - 1) * N0
      DX = (XE - X0)/N
      N = N + 1
      N1 = N + K
      DO 10 I = 1,N
10    X(I) = X0 + (I - 1) * DX
      RETURN
      END
      SUBROUTINE TRANS(N1,N2,P,H,RO,EPS,EDA,R)
      DIMENSION P(N2),H(N2),RO(N2),EPS(N2),EDA(N2),R(N2)
      DO 10 I = 1,N1
      II = 2 * I - 1
      P(I) = P(II)
```

```
        H(I) = H(II)
        R(I) = R(II)
        RO(I) = RO(II)
        EPS(I) = EPS(II)
10      EDA(I) = EDA(II)
        RETURN
        END
        SUBROUTINE OUPT(NX,NZ,X,T,T2)
        DIMENSION X(NX),T(NX,NZ)
        DO I = 1,NX
        DO K = 1,NZ
        T(I,K) = 303. * (T(I,K) - 1.0)
        IF(T(I,K). GT. T2)T2 = T(I,K)
        END DO
        END DO
        WRITE(8,20)NX,NX,NZ
20      FORMAT(15X,' T(1,1) - T(1,',I4,') - T(',I4,',',I2,') ')
        DO I = 1,NX
        WRITE(8,30)X(I),(T(I,K),K = 1,NZ)
        ENDDO
30      FORMAT(6(1X,E12. 6))
        RETURN
        END
        SUBROUTINE ERROM(NX,NZ,T1,T,KT)
        DIMENSION T(NX,NZ),T1(NX)
        KT = 2
        ERM = 0.
        C1 = 1. /FLOAT(NZ)
        DO 20 I = 1,NX
        TT = 0.
        DO 10 K = 1,NZ
10      TT = TT + T(I,K)
        TT = C1 * TT
        ER = ABS((TT - T1(I))/TT)
        IF(ER. GT. ERM)ERM = ER
20      T1(I) = TT
```

```
        IF( ERM. LT. 0. 003) KT = 1
        RETURN
        END
        SUBROUTINE THERM( NX, NZ, DX, T, P, H)
        DIMENSION T( NX, NZ), P( NX), H( NX), T1( 21), TI( 21), TF( 21), U( 21),
   DU( 21), W( 21), EDA( 21), RO( 21), EDA1( 21), EDA2( 21), ROR( 21), UU( 21)
        DATA KK/0/
        IF( KK. NE. 0) GOTO 4
        DO 2 K = 1, NZ
 2      T( 1, K) = 1. 0
 4      DO 30 I = 2, NX
        KG = 0
        DO 8 K = 1, NZ
        TF( K) = T( I - 1, K)
        IF( KK. NE. 0) GOTO 6
        T1( K) = T( I - 1, K)
        GOTO 8
 6      T1( K) = T( I, K)
 8      TI( K) = T1( K)
        P1 = P( I)
        H1 = H( I)
        DP = ( P( I) - P( I - 1))/DX
        CALL TBOUD( NX, NZ, I, CC1, CC2, T)
 10     CALL EROEQ( NZ, T1, P1, EDA, RO, EDA1, EDA2, KG)
        CALL UCAL( NZ, DX, H1, EDA, RO, ROR, EDA1, EDA2, U, UU, DU, W, DP)
        CALL TCAL( NZ, DX, CC1, CC2, T1, TF, U, W, DU, H1, DP, EDA, RO)
        CALL ERRO( NZ, TI, T1, ETS)
        KG = KG + 3
        IF( ETS. GT. 1. E - 4. AND. KG. LE. 50) GOTO 10
        DO 20 K = 1, NZ
        ROR( K) = RO( K)
        UU( K) = U( K)
 20     T( I, K) = T1( K)
 30     CONTINUE
        KK = 1
        RETURN
```

```
        END
        SUBROUTINE TBOUD(NX,NZ,I,CC1,CC2,T)
        DIMENSION T(NX,NZ)
        CC1 = 0.
        CC2 = 0.
        DO 10 L = 1,I - 1
        DS = 1./SQRT(FLOAT(I - L))
        IF(L. EQ. I - 1)DS = 1.1666667
        CC1 = CC1 + DS * (T(L,2) - T(L,1))
10      CC2 = CC2 + DS * (T(L,NZ) - T(L,NZ - 1))
        RETURN
        END
        SUBROUTINE ERRO(NZ,T0,T,ETS)
        DIMENSION T0(NZ),T(NZ)
        ETS = 0.0
        DO 10 K = 1,NZ
        IF(T(K). LT. 1. E - 5)ETS0 = 1.
        IF(T(K). GE. 1. E - 5)ETS0 = ABS((T(K) - T0(K))/T(K))
        IF(ETS0. GT. ETS)ETS = ETS0
10      T0(K) = T(K)
        RETURN
        END
        SUBROUTINE EROEQ(NZ,T,P,EDA,RO,EDA1,EDA2,KG)
        DIMENSION T(NZ),EDA(NZ),RO(NZ),EDA1(NZ),EDA2(NZ)
        COMMON /COM1/ENDA,A1,A2,A3,Z,O1,O2,O3
        COMMON /COM2/T0,EDA0,AK,AK1,AK2,CV,CV1,CV2,RO0,RO1,RO2,S0,D0
        COMMON /COM3/E1,PH,B,U1,U2,R,CC/COM6/FF
        DATA A4,A5/0. 455445545,0. 544554455/
        IF(KG. NE. 0)GOTO 20
        B1 = (1. + A2 * P) ** Z
        B2 = (A3 + 1. 34 * P)/(A3 + P)
20      DO 30 K = 1,NZ
        EDA(K) = EXP(A1 * ( - 1. + B1 * ((T(K) - A4)/A5) ** S0))
30      RO(K) = 1 + D0 * T0 * (T(K) - 1. )
        CC1 = 0. 5/(NZ - 1. )
        CC2 = 1. /(NZ - 1. )
```

```
          C1 = 0.
          C2 = 0.
          DO 40 K = 1 , NZ
          IF( K. EQ. 1 ) GOTO 32
          C1 = C1 + 0.5/EDA( K ) + 0.5/EDA( K - 1 )
          C2 = C2 + CC1 * ( ( K - 1. )/EDA( K ) + ( K - 2. )/EDA( K - 1 ) )
    32    EDA1( K ) = C1 * CC2
    40    EDA2( K ) = C2 * CC2
          IF( KG. NE. 2 ) RETURN
          C1 = 0.
          C2 = 0.
          C3 = 0.
          DO 50 K = 1 , NZ
          IF( K. EQ. 1 ) GOTO 50
          C1 = C1 + 0.5 * ( RO( K ) + RO( K - 1 ) )
          C2 = C2 + 0.5 * ( RO( K ) * EDA1( K ) + RO( K ) * EDA1( K - 1 ) )
          C3 = C3 + 0.5 * ( RO( K ) * EDA2( K ) + RO( K ) * EDA2( K - 1 ) )
    50    CONTINUE
          B1 = 12. * CC2 * ( C1 * EDA2( NZ )/EDA1( NZ ) - C2 )
    60    B2 = 2. * CC2/( U1 + U2 ) * ( C1 * ( U1 - U2 )/EDA1( NZ ) + C3 * U1 )
          RETURN
          END
          SUBROUTINE UCAL( NZ , DX , H , EDA , RO , ROR , EDA1 , EDA2 , U , UU , DU , W , DP )
          DIMENSION U( NZ ) , DU( NZ ) , W( NZ ) , ROR( NZ ) , UU( NZ ) , EDA( NZ ) , RO
        ( NZ ) , EDA1( NZ ) , EDA2( NZ )
          COMMON /COM2/T0 , EDA0 , AK , AK1 , AK2 , CV , CV1 , CV2 , RO0 , RO1 , RO2 ,
        S0 , D0
          COMMON /COM3/E1 , PH , B , U1 , U2 , R , CC
          DATA KK/0/
          IF( KK. NE. 0 ) GOTO 20
          A1 = U1
          A2 = PH * ( B/R ) ** 3/E1
          A3 = U2 - U1
    20    CC1 = A2 * DP * H
          CC2 = CC1 * H
          CC3 = A3/H
```

```
        CC4 = 1. /EDA1(NZ)
        DO 30 K = 1, NZ
        U(K) = A1 + CC2 * (EDA2(K) − CC4 * EDA2(NZ) * EDA1(K)) + A3 * CC4 *
EDA1(K)
        IF(U(K). LT. 0. 0)U(K) = 0.
30      DU(K) = CC1/EDA(K) * ((K − 1. )/(NZ − 1. ) − CC4 * EDA2(NZ)) + CC3 *
CC4/EDA(K)
        A4 = B/((NZ − 1) * R * DX)
        C1 = A4 * H
        IF(KK. EQ. 0)GOTO 50
        DO 40 K = 2, NZ − 1
        W(K) = (RO(K − 1) * W(K − 1) + C1 * (RO(K) * U(K) − ROR(K) *
UU(K)))/RO(K)
40      CONTINUE
50      KK = 1
        RETURN
        END
        SUBROUTINE TCAL(NZ, DX, CC1, CC2, T, TF, U, W, DU, H, DP, EDA, RO)
        DIMENSION T(NZ), TF(NZ), U(NZ), DU(NZ), W(NZ), EDA(NZ), RO(NZ),
A(4, 21), D(21), AA(2, 21)
        COMMON /COM2/T0, EDA0, AK, AK1, AK2, CV, CV1, CV2, RO0, RO1, RO2,
S0, D0
        COMMON /COM3/E1, PH, B, U1, U2, R, CC
        DATA KK, CC5, PAI, TAU0/0, 0. 6666667, 3. 14159265, 4. E7/
        IF(KK. NE. 0)GOTO 5
        KK = 1
        TAU = TAU0 * B * B/(E1 * R * R)
        A2 = − CV * RO0 * E1 * B ** 3/(EDA0 * AK * R)
        A3 = − E1 * PH * B ** 3 * D0/(AK * EDA0 * T0 * R)
        A4 = − (E1 * R) ** 2/(AK * EDA0 * T0)
        A5 = 0. 5 * R/B * A2
        A6 = AK * SQRT(EDA0 * R/(PAI * RO1 * CV1 * U1 * E1 * AK1 * B ** 3))
        A7 = AK * SQRT(EDA0 * R/(PAI * RO2 * CV2 * U2 * E1 * AK2 * B ** 3))
5       CC3 = A6 * SQRT(DX)
        CC4 = A7 * SQRT(DX)
        DZ = H/(NZ − 1. )
```

```
         DZ1 = 1. /DZ
         DZ2 = DZ1 * DZ1
         CC6 = A3 * DP
         DO 10 K = 2,NZ - 1
         A(1,K) = DZ2 + DZ1 * A5 * RO(K) * W(K)
         A(2,K) = -2. * DZ2 + A2 * RO(K) * U(K)/DX + CC6 * U(K)/RO(K)
         A(3,K) = DZ2 - DZ1 * A5 * RO(K) * W(K)
         AE = ABS(EDA(K) * DU(K))
10       A(4,K) = A4 * ABS(DU(K)) * AE + A2 * RO(K) * U(K) * TF(K)/DX
         A(1,1) = 0.
         A(2,1) = 1. + 2. * DZ1 * CC3 * CC5
         A(3,1) = -2. * DZ1 * CC3 * CC5
         A(1,NZ) = -2. * DZ1 * CC4 * CC5
         A(2,NZ) = 1. + 2. * DZ1 * CC4 * CC5
         A(3,NZ) = 0.
         A(4,1) = 1. + CC1 * CC3 * DZ1
         A(4,NZ) = 1. - CC2 * CC4 * DZ1
         CALL TRA3(NZ,D,A,AA)
         DO 20 K = 1,NZ
20       T(K) = (1. - CC) * T(K) + CC * D(K)
30       CONTINUE
         RETURN
         END
         SUBROUTINE TRA3(N,D,A,B)
         DIMENSION D(N),A(4,N),B(2,N)
         C = 1. /A(2,N)
         B(1,N) = -A(1,N) * C
         B(2,N) = A(4,N) * C
         DO 10 I = 1,N - 1
         IN = N - I
         IN1 = IN + 1
         C = 1. /(A(2,IN) + A(3,IN) * B(1,IN1))
         B(1,IN) = -A(1,IN) * C
10       B(2,IN) = (A(4,IN) - A(3,IN) * B(2,IN1)) * C
         D(1) = B(2,1)
         DO 20 I = 2,N
```

20　D(I) = B(1,I) * D(I-1) + B(2,I)

　　RETURN

　　END

　　BLOCK DATA

　　COMMON /COM2/T0, EDA0, AK, AK1, AK2, CV, CV1, CV2, RO0, RO1, RO2,
S0,D0

　　DATA T0, EDA0, AK, AK1, AK2, CV, CV1, CV2, RO0, RO1, RO2, S0, D0/303.,
0.08,0.14,46.,46.,2000.,470.,470.,890.,7850.,7850.,-1.1,-0.00065/

　　END

### 3. 计算结果

根据程序运算结果可以对线接触脂润滑热弹流润滑的润滑特性进行分析，图
19.2 为热弹流润滑状态下线接触脂润滑的压力分布和润滑膜形状受流变参数 $n$ 的影
响曲线。虽然热效应对于弹流润滑的压力和膜厚会产生一定的影响，但在基本特性
方面，热弹流润滑与等温弹流没有显著的差别。

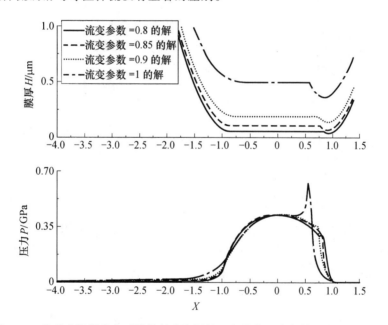

图 19.2　热弹流润滑状态下线接触脂润滑的压力分布流变参数对润滑膜的影响

$(w = 100 \text{ kN}, \ u_0 = 0.87 \text{ m} \cdot \text{s}^{-1})$

图 19.3 所示为润滑膜在预赋值参数下沿膜厚方向上的温升图。线段 A、E 分别
为上、下表面的温升情况，其他三条曲线 B、C、D 表示润滑膜沿膜厚方向上的温
升。从图中可看出，润滑膜和两表面的温度场与压力分布相对应，在二次压力峰的
位置，润滑膜温度呈现一个高峰，但温度峰比压力峰略为滞后。如图所示，两表面
上的温升始终低于润滑膜温升，且运动速度较高的上表面温升低于下表面温升。

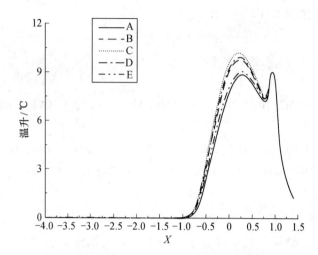

图 19.3　膜厚方向上的温升($w = 100$ kN，$u_0 = 0.87$ m·s$^{-1}$，$n = 0.846$)

# 第二十章

# 点接触脂润滑热弹流计算方法与程序

## ▣ 20.1 点接触脂润滑热弹流基本方程

点接触脂润滑热弹流的求解是在点接触弹流润滑计算的基础上加入能量方程得到的。热弹流脂润滑计算主要方程如下：

### 1. Reynolds 方程

基于 Ostwald 模型指数型本构方程的点接触脂润滑 Reynolds 方程可写成

$$\frac{n}{2n+1}\left(\frac{1}{2}\right)^{\frac{n+1}{n}}\left\{\frac{\partial}{\partial x}\left[\rho h^{\frac{2n+1}{n}}\left(\frac{1}{\phi}\frac{\partial p}{\partial x}\right)^{\frac{1}{n}}\right]+\frac{\partial}{\partial y}\left[\rho h^{\frac{2n+1}{n}}\left(\frac{1}{\phi}\frac{\partial p}{\partial y}\right)^{\frac{1}{n}}\right]\right\}=U\frac{\partial(\rho h)}{\partial x} \quad (20.1)$$

式中，$\phi$ 为润滑脂塑性粘度；$h$ 为膜厚；$U$ 为平均速度，$U=\dfrac{u_1+u_2}{2}$，$u_1$ 和 $u_2$ 分别为上、下两表面的切向速度；$x$ 为润滑脂流动方向；$n$ 为流变参数，$n\leqslant 1$。

### 2. 能量方程

含膜厚方向在内的三维能量方程的表达式为

$$\rho c_p\left(u\frac{\partial T}{\partial x}+v\frac{\partial T}{\partial y}\right)=k\frac{\partial^2 T}{\partial z^2}-\frac{T}{\rho}\frac{\partial\rho}{\partial T}\left(u\frac{\partial p}{\partial x}+v\frac{\partial p}{\partial y}\right)+\phi\left[\left(\frac{\partial u}{\partial z}\right)^2+\left(\frac{\partial v}{\partial z}\right)^2\right] \quad (20.2)$$

式中，$c_p$ 为定压比热容；$K$ 为热传导系数。

因为在能量方程式(20.2)中有 $\dfrac{\partial^2 T}{\partial z^2}$ 项，因此在上、下两个界面上需要给定温度边界条件，这些条件可表达为：

$$T(x,y,0)=\frac{K}{\sqrt{\pi\rho_1 c_1 K_1 u_1}}\int_{-\infty}^{x}\left.\frac{\partial T}{\partial z}\right|_{x,y,0}\frac{\mathrm{d}s}{\sqrt{x-s}}+T_0$$
$$T(x,y,h)=\frac{K}{\sqrt{\pi\rho_2 c_2 K_2 u_2}}\int_{-\infty}^{x}\left.\frac{\partial T}{\partial z}\right|_{x,y,h}\frac{\mathrm{d}s}{\sqrt{x-s}}+T_0$$

$$(20.3)$$

式中，$T_0$ 为初始温度；$\rho_1$ 和 $\rho_2$、$c_1$ 和 $c_2$、$K_1$ 和 $K_2$、$u_1$ 和 $u_2$ 分别为上、下表面材料的密度、比热、传热系数和切向速度。

### 3. 膜厚方程

$$h(x,y) = h_0 + \frac{x^2}{2R_x} + \frac{y^2}{2R_y} + v(x,y) \tag{20.4}$$

式(20.4)中含的变形方程为

$$v(x,y) = \frac{2}{\pi E}\iint_\Omega \frac{p(s,t)}{\sqrt{(x-s)^2 + (y-t)^2}}\mathrm{d}s\mathrm{d}t \tag{20.5}$$

式中，$E$ 为综合弹性模量。

### 4. 粘压－粘温方程（Roelands）

$$\phi = \phi_0\exp\left\{(\ln\phi_0 + 9.67)\left[(1 + 5.1\times10^{-9}p)^{0.68}\times\left(\frac{T-138}{T_0-138}\right)^{-1.1} - 1\right]\right\} \tag{20.6}$$

### 5. 密压－密温方程

$$\rho = \rho_0\left(1 + \frac{0.6p}{1+1.7p} + D(T-T_0)\right) \tag{20.7}$$

式中，$p$ 的单位是 GPa，$D = -0.00065\ \mathrm{K}^{-1}$。

另外，为了计算温度，不仅要知道两表面的平均速度 $U$，还要知道两表面的具体速度。若表面滑滚比为 $s$，则有

$$\begin{aligned} u_1 &= 0.5(2+s)U \\ u_2 &= 0.5(2-s)U \end{aligned} \tag{20.8}$$

## ■ 20.2　点接触脂润滑热弹流计算方法

### 1. 量纲一化方程

经量纲一化后的点接触热弹流脂润滑问题的 Reynolds 方程为

$$\frac{\partial}{\partial X}\left(\varepsilon'\frac{\partial P}{\partial X}\right) + \frac{\partial}{\partial Y}\left(\varepsilon''\frac{\partial P}{\partial Y}\right) - \frac{\partial(\rho^* H)}{\partial X} = 0 \tag{20.9}$$

式中，$\varepsilon' = \varepsilon\left|\dfrac{\partial P}{\partial X}\right|^{\frac{1-n}{n}}$；$\varepsilon'' = \varepsilon\left|\dfrac{\partial P}{\partial Y}\right|^{\frac{1-n}{n}}$；$\varepsilon = \dfrac{\lambda\rho^* H^{\frac{2n+1}{n}}}{\phi^{*\frac{1}{n}}}$；$\lambda = \dfrac{p_H^{\frac{1}{n}}b^{\frac{2n+1}{n}}}{2^{\frac{n+1}{n}}U\left(2+\dfrac{1}{n}\right)R_x^{\frac{n+1}{n}}\phi_0^{\frac{1}{n}}}$。

$R_x$ 为表面在 $x$ 方向上的综合曲率半径；$P$ 为量纲一化压力，$P = \dfrac{p}{p_H}$；$p_H$ 为最大 Hertz 接触应力；$H$ 为量纲一化膜厚，$H = \dfrac{hR_x}{b^2}$；$b$ 为 Hertz 接触圆的半径；$X$ 为量纲一化坐标，$X = \dfrac{x}{b}$；$Y$ 为量纲一化坐标，$Y = \dfrac{y}{b}$；$\rho^*$ 为量纲一化的密度；$n$ 为流变参数。

压力边界条件为

入口区 $\qquad\qquad\qquad\qquad P(X_a,\ Y) = 0$

出口区 $\quad\quad\quad\quad\quad P(X_b, Y) = 0 \quad \dfrac{\partial P(X_b, Y)}{\partial X} = 0$

端部 $\quad\quad\quad\quad\quad\quad\quad\quad P\big|_{Y = \pm 1} = 0$

量纲一化的能量方程为

$$A\rho^* u^* \left( \frac{\partial T}{\partial X} + \alpha \frac{\partial T}{\partial Y} \right) + B \frac{T^*}{\rho^*} \frac{\partial \rho^*}{\partial T^*} \left( u^* \frac{\partial P}{\partial X} + \alpha v^* \frac{\partial P}{\partial Y} \right) + C \frac{\partial^2 T}{\partial Z^2} + D\phi^* \left( \frac{\partial u^*}{\partial Z} \right)^2 = 0$$

$$\text{(20.10)}$$

式中，$T^*$ 为量纲一化温度，$T^* = \dfrac{T}{T_0}$；$A = \dfrac{\rho_0 c_p U T_0}{b}$；$B = \dfrac{U p_H}{b}$；$C = -\dfrac{K T_0 R}{b^2}$；$D = -\phi_0 \left( \dfrac{UR}{b^2} \right)^2$。

膜厚方程

$$H(X, Y) = H_0 + \frac{X^2 + Y^2}{2} + \frac{2}{\pi^2} \int_{-\infty}^{\infty} \int_{-\infty}^{\infty} \frac{P(S, T)\, \mathrm{d}S \mathrm{d}T}{\sqrt{(X - S)^2 + (Y - T)^2}} \quad \text{(20.11)}$$

密压方程

$$\rho^* = 1 + \frac{0.6p}{1 + 1.7p} + D(T - T_0) \quad\quad\quad \text{(20.12)}$$

式中，$\rho_0$ 为常温常压的密度

粘压 – 粘温方程（Roelands）

$$\phi = \exp\left\{ (\ln\phi_0 + 9.67) \left[ (1 + 5.1 \times 10^{-9}p)^{0.68} \times \left( \frac{T - 138}{T_0 - 138} \right)^{-1.1} - 1 \right] \right\}$$

$$\text{(20.13)}$$

载荷方程

$$\iint_{\Omega} P(X, Y)\, \mathrm{d}X \mathrm{d}Y = \frac{2}{3}\pi \quad\quad\quad\quad \text{(20.14)}$$

## 2. 差分方程

对量纲一化的 Reynolds 方程进行差分，得

$$\frac{\varepsilon'_{i-1/2, j} P_{i-1, j} + \varepsilon'_{i+1/2, j} P_{i+1, j} + \varepsilon''_{i, j-1/2} P_{i, j-1} + \varepsilon''_{i, j+1/2} P_{i, j+1} - \varepsilon_0 P_{i, j}}{\Delta X^2}$$

$$\text{(20.15)}$$

$$- \frac{\rho^*_{i, j} H_{i, j} - \rho^*_{i-1, j} H_{i-1, j}}{\Delta X} = 0$$

式中，$\varepsilon'_{i-1/2, j} = \dfrac{1}{2} (\varepsilon_{i, j} + \varepsilon_{i-1, j}) \left| \dfrac{P_{i, j} - P_{i-1, j}}{\Delta X} \right|^{\frac{1-n}{n}}$；$\varepsilon'_{i+1/2, j} = \dfrac{1}{2} (\varepsilon_{i, j} + \varepsilon_{i+1, j}) \cdot$

$\left| \dfrac{P_{i+1, j} - P_{i, j}}{\Delta X} \right|^{\frac{1-n}{n}}$；$\varepsilon''_{i, j-1/2} = \dfrac{1}{2} (\varepsilon_{i, j} + \varepsilon_{i, j-1}) \left| \dfrac{P_{i, j} - P_{i, j-1}}{\Delta Y} \right|^{\frac{1-n}{n}}$；$\varepsilon''_{i, j+1/2} = \dfrac{1}{2} (\varepsilon_{i, j} +$

$\varepsilon_{i, j+1}) \left| \dfrac{P_{i, j} - P_{i, j+1}}{\Delta Y} \right|^{\frac{1-n}{n}}$；$\varepsilon_0 = \varepsilon'_{i-1/2, j} + \varepsilon'_{i+1/2, j} + \varepsilon''_{i, j-1/2} + \varepsilon''_{i, j+1/2}$；因网格等分，所以有

$\Delta Y = \Delta X$。

能量方程

$$A\rho^* u^* \left( \frac{T_{i,j,k} - T_{i-1,j,k}}{\Delta X} + \alpha \frac{T_{i,j,k} - T_{i,j-1,k}}{\Delta Y} \right)$$

$$+ B \frac{T^*}{\rho^*} \frac{\partial \rho^*}{\partial T^*} \left( u^* \frac{P_{i,j} - P_{i-1,j}}{\Delta X} + \alpha v^* \frac{P_{i,j} - P_{i,j-1}}{\Delta Y} \right)$$

$$+ C \frac{T_{i,j,k+1} - 2T_{i,j,k} + T_{i,j,k-1}}{\Delta Z^2} + D\phi^* \left( \frac{u^*_{i,j,k+1} - u^*_{i,j,k}}{\Delta Z} \right)^2 = 0 \qquad (20.16)$$

式中，$k$ 为膜厚方向的节点序号；$\rho^*$、$\phi^*$、$\frac{\partial \rho^*}{\partial T^*}$ 等可以通过表达式解析计算，因此不必差分。膜厚方程 [式 (16.12)] 为

$$H_{ij} = H_0 + \frac{X_i^2 + Y_j^2}{2} + \frac{2}{\pi^2} \sum_{k=1}^{n} \sum_{l=1}^{n} D_{ij}^{kl} P_{kl}$$

式中，$D_{ij}^{kl}$ 为弹性变形刚度系数。载荷方程 [式 (16.13)] 为

$$\Delta X \Delta Y \sum_{i=1}^{n} \sum_{j=1}^{n} P_{ij} = \frac{2}{3} \pi$$

由于能量方程中的温度、粘压、粘温方程的粘度和膜厚方程中的弹性变形都随压力而变化，因此一般的做法是先给定一个初始压力分布（如 Hertz 接触压力）和温度分布（均匀温度场），计算膜厚和粘度值，然后代入 Reynolds 方程求解新压力分布，对前一次的压力分布进行迭代修正，然后代入能量方程求温度。利用新的温度修正粘度值，再迭代求解压力，反复此过程，直至两次迭代得到的压力差十分接近，迭代结束。从而求得最终的压力分布、含弹性变形的膜厚和温度分布。

## ■ 20.3　点接触脂润滑热弹流计算程序

### 1. 计算框图

在程序中，预赋值变量有：$PAI = 3.14159265$，压粘系数 $Z = 0.68$，节点数 $N = 65$，Hertz 接触压力 $W0 = 39.24$ N，综合弹性模量 $E1 = 2.21E11$ Pa，润滑脂塑性粘度 $EDA0 = 0.05$ Pa·s，$X$ 方向曲率半径 $RX = 0.05$ m，$Y$ 方向曲率半径 $RY = 0.05$ m，综合速度 $US = 1.5$，量纲一化坐标初值 $X0 = -2.5$，量纲一化坐标终值 $XE = 1.5$，膜厚方向层数 $NZ = 5$，温度迭代系数 $CT = 0.31$，滑滚比 $AKC = 1.0$。

另外，在 BLOCK DATA 中还赋值了初始温度 $T0 = 303$ K，界面温度计算系数 $AK0 = 0.14$ W·$\text{m}^{-1}$·K，$AK1 = 46$ W·$\text{m}^{-1}$·K，$AK2 = 46$ W·$\text{m}^{-1}$·K，比热系数 $CV = 2000$ J·$\text{kg}^{-1}$·$\text{K}^{-1}$，$CV1 = 470$ J·$\text{kg}^{-1}$·$\text{K}^{-1}$，$CV2 = 470$ J·$\text{kg}^{-1}$·$\text{K}^{-1}$，初始密度 $RO0 = 890$ kg·$\text{m}^{-3}$，工程单位密度 $RO1 = 7850$ kg·$\text{m}^{-3}$，$RO2 = 7850$ kg·$\text{m}^{-3}$，温度粘度系数 $S0 = -1.1$，润滑脂温度 - 密度系数 $D0 = -0.00065$。

运行时输入 $KT = 2$，考虑温度计算算例，否则不考虑温度。具体计算流程如图

20. 1 所示。

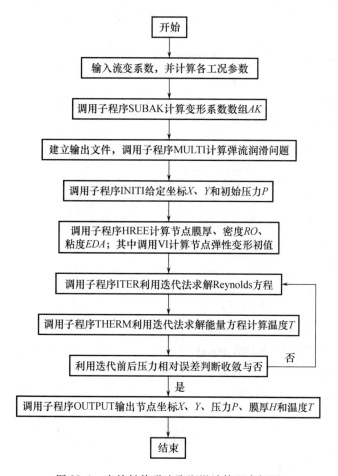

图 20.1　点接触热弹流脂润滑计算程序框图

## 2. 源程序

PROGRAM GREASEPOINTEHLT

DIMENSION THETA(15),EALFA(15),EBETA(15)

COMMON /COM1/Z,ENDA,AKC,HM0,HMC,EK,EAL,EBE,AD,AD1,KK1,KK2,
KK3,KK4,FN,FN1,FF

COMMON /COM2/W0,E1,RX,B,PH,US,U1,U2,T1,T2,CT

COMMON /COM3/T0,EDA0,AK,AK1,AK2,CV,CV1,CV2,RO0,RO1,RO2,S0,D0

COMMON /COM4/A1,A2,A3,LMIN

DATA PAI,Z,AKC,AD,AD1/3. 14159265,0. 68,1. 0,0. 0,0. 0/

DATA T0, EDA0, AK, AK1, AK2, CV, CV1, CV2, RO0, RO1, RO2, S0, D0/303.,
0. 058,0. 14,46.,46.,2000.,470.,470.,890.,7850.,7850., − 1. 1, − 0. 00065/

DATA N,NZ,RX,RY,X0,XE,W0,E1,US,CT/65,5,0. 05,0. 05, − 2. 5,1. 5,39. 24,

```
2. 21E11,1. 5,0. 31/
      DATA THETA/10. , 20. , 30. , 35. , 40. , 45. , 50. , 55. , 60. , 65. , 70. , 75. , 80. ,
85. ,90. /
      DATA EALFA/6. 612, 3. 778, 2. 731, 2. 397, 2. 136, 1. 926, 1. 754, 1. 611, 1. 486,
1. 378 ,1. 284 ,1. 202 ,1. 128 ,1. 061 ,1. 0/
      DATA EBETA/0. 319, 0. 408, 0. 493, 0. 53, 0. 567, 0. 604, 0. 641, 0. 678, 0. 717,
0. 759 ,0. 802 ,0. 846 ,0. 893 ,0. 944 ,1. 0/
      DATA KK1,KK2,KK3,KK4,EAL,EBE/0,0,0,0,1. 0,1. 0/
      WRITE( * , * )' n < = 1 INPUT n = ? '
      READ( * , * ) FN
      FN1 = 1. 0/FN
      FF = 1. 0/FN - 1. 0
      WRITE( * , * )" FF = " ,FF
      EK = RX/RY
      AA = 0. 5 * ( 1. /RX + 1. /RY)
      BB = 0. 5 * ABS( 1. /RX - 1. /RY)
      CC = ACOS( BB/AA) * 180. 0/PAI
      DO I = 1 ,15
      IF( CC. LT. THETA( I ) ) THEN
      WRITE( * , * ) I
      EAL = EALFA( I - 1) + ( CC - THETA( I ) ) * ( EALFA( I ) - EALFA( I - 1) )/
( THETA( I ) - THETA( I - 1) )
      EBE = EBETA( I - 1) + ( CC - THETA( I ) ) * ( EBETA( I ) - EBETA( I - 1) )/
( THETA( I ) - THETA( I - 1) )

      GOTO 10
      ENDIF
      ENDDO
10    EA = EAL * ( 1. 5 * W0/AA/E1) ** ( 1. /3. 0)
      EB = EBE * ( 1. 5 * W0/AA/E1) ** ( 1. /3. 0)
      PH = 1. 5 * W0/( EA * EB * PAI)
      OPEN( 8 , FILE =' FILM. DAT ' ,STATUS =' UNKNOWN ')
      OPEN( 9 , FILE =' PRESS. DAT ' ,STATUS =' UNKNOWN ')
      OPEN( 10 , FILE =' TEM. DAT ' ,STATUS =' UNKNOWN ')
      WRITE( * , * )" N ,X0 ,XE ,PH ,E1 ,EDA0 ,RX ,US"
      WRITE( * , * ) N ,X0 ,XE ,PH ,E1 ,EDA0 ,RX ,US
```

```
      H00 = 0. 0
      MM = N - 1
      LMIN = ALOG( N - 1. )/ALOG( 2. ) - 1. 99
      U = EDA0 * ( US/2. ) ** FN/( E1 * RX ** FN)
      U1 = 0. 5 * ( 2. + AKC) * U
      U2 = 0. 5 * ( 2. - AKC) * U
      A1 = ALOG( EDA0) + 9. 67
      A2 = 5. 1E - 9 * PH
      A3 = 0. 59/( PH * 1. E - 9)
      B = PAI * PH * RX/E1
      W = 2. * PAI * PH/( 3. * E1) * ( B/RX) ** 2
      ALFA = Z * 5. 1E - 9 * A1
      G = ALFA * E1
      AHM = 1. 0 - EXP( - 0. 68 * 1. 03)
      AHC = 1. 0 - 0. 61 * EXP( - 0. 73 * 1. 03)
      HM0 = 3. 63 * ( RX/B) ** 2 * G ** 0. 49 * U ** 0. 68 * W ** ( - 0. 073) * AHM
      HMC = 2. 69 * ( RX/B) ** 2 * G ** 0. 53 * U ** 0. 67 * W ** ( - 0. 067) * AHC
      ENDA = 2. * U * ( 3. + FF) * 2. 0 ** ( 1. 0 + FF) * ( E1/PH) ** ( 1. 0 + FF) *
     ( RX/B) ** ( 3. 0 + FF)
      WRITE( * , * )" ENDA = " , ENDA
      UTL = EDA0 * US * RX/( B * B * 2. E7)
      W0 = 2. 0 * PAI * EA * EB * PH/3. 0
      T1 = PH * B/RX
      T2 = EDA0 * US * RX/( B * B)
      WRITE( * , * )'           Wait please'
      CALL SUBAK( MM)
      CALL MULTI( N, NZ, X0, XE, H00)
      STOP
      END
      SUBROUTINE MULTI( N, NZ, X0, XE, H00)
      DIMENSION X( 65) , Y( 65) , H( 4500) , RO( 4500) , EPS( 4500) , EDA( 4500) ,
     P( 4500) , POLD( 4500) , T( 65, 65, 5)
      COMMON /COM1/Z, ENDA, AKC, HM0, HMC, EK, EAL, EBE, AD, AD1, KK1, KK2,
     KK3, KK4, FN, FN1, FF
      COMMON /COMT/TE( 65, 65)
      DATA MK, KTK, G00/200, 1, 2. 0943951/
```

```
        G0 = G00 * EAL * EBE
        NX = N
        NY = N
        NN = ( N + 1 )/2
        DO I = 1 , N
        DO J = 1 , N
        TE( I , J ) = 1. 0
        DO K = 1 , 5
        T( I , J , K ) = 1. 0
        ENDDO
        ENDDO
        ENDDO
        CALL INITI( N , DX , X0 , XE , X , Y , P , POLD )
        CALL HREE( N , DX , H00 , G0 , X , Y , H , RO , EPS , EDA , P )
        M = 0
14      KK = 15
        CALL ITER( N , KK , DX , H00 , G0 , X , Y , H , RO , EPS , EDA , P )
        CALL ERP( N , ER , P , POLD )
        ER = ER/KK
        WRITE( * , * )' ER =' , ER
        CALL THERM( NX , NY , NZ , DX , P , H , T )
        CALL ERROM( NX , NY , NZ , T , ERM )
        M = M + 1
        IF( M. LT. MK. AND. ER. GT. 1. E - 5 )GOTO 14
        CALL OUPT( N , DX , X , Y , H , P , EDA , TMAX )
        RETURN
        END
        SUBROUTINE INITI( N , DX , X0 , XE , X , Y , P , POLD )
        DIMENSION X( N ) , Y( N ) , P( N , N ) , POLD( N , N )
        NN = ( N + 1 )/2
        DX = ( XE - X0 )/( N - 1. )
        Y0 = - 0. 5 * ( XE - X0 )
        DO 5 I = 1 , N
        X( I ) = X0 + ( I - 1 ) * DX
        Y( I ) = Y0 + ( I - 1 ) * DX
5       CONTINUE
```

```
      DO 10 I = 1,N
      D = 1. - X(I) * X(I)
      DO 10 J = 1,NN
      C = D - Y(J) * Y(J)
      IF(C. LE. 0. 0)P(I,J) = 0. 0
10    IF(C. GT. 0. 0)P(I,J) = SQRT(C)
      DO 20 I = 1,N
      DO 20 J = NN + 1,N
      JJ = N - J + 1
20    P(I,J) = P(I,JJ)
      DO I = 1,N
      DO J = 1,N
      POLD(I,J) = P(I,J)
      ENDDO
      ENDDO
      RETURN
      END
      SUBROUTINE HREE(N,DX,H00,G0,X,Y,H,RO,EPS,EDA,P)
      DIMENSION X(N),Y(N),P(N,N),H(N,N),RO(N,N),EPS(N,N),EDA(N,
N)
      DIMENSION W(150,150),P0(150,150),ROU(65,65)
      COMMON /COM1/Z,ENDA,AKC,HM0,HMC,EK,EAL,EBE,AD,AD1,KK1,KK2,
KK3,KK4,FN,FN1,FF
      COMMON /COM2/W0,E1,RX,B,PH,US,U1,U2,T1,T2,CT
      COMMON /COM3/T0,EDA0,AK,AK1,AK2,CV,CV1,CV2,RO0,RO1,RO2,S0,D0
      COMMON /COM4/A1,A2,A3,LMIN
      COMMON /COMT/TE(65,65)
      DATA KR,NW,PAI,PAI1,DELTA/0,150,3. 14159265,0. 2026423,0. 0/
      NN = (N + 1)/2
      CALL VI(NW,N,DX,P,W)
      HMIN = 1. E3
      DO 30 I = 1,N
      DO 30 J = 1,NN
      RAD = X(I) * X(I) + EK * Y(J) * Y(J)
      W1 = 0. 5 * RAD + DELTA
      ZZ = 0. 5 * AD1 * AD1 + X(I) * ATAN(AD * PAI/180. 0)
```

```
        IF( W1. LE. ZZ) W1 = ZZ
        H0 = W1 + W( I,J)
        IF( H0. LT. HMIN) HMIN = H0
30      H( I,J) = H0
        IF( KK. EQ. 0) THEN
        KG1 = 0
        H01 = − HMIN + HM0
        DH = 0. 005 ∗ HM0
        H02 = − HMIN
        H00 = 0. 5 ∗ ( H01 + H02)
        ENDIF
        W1 = 0. 0
        DO 32 I = 1, N
        DO 32 J = 1, N
32      W1 = W1 + P( I,J)
        W1 = DX ∗ DX ∗ W1/G0
        DW = 1. − W1
        IF( KK. EQ. 0) THEN
        KK = 1
        GOTO 50
        ENDIF
        IF( DW. LT. 0. 0) THEN
        KG1 = 1
        H00 = AMIN1( H01, H00 + DH)
        ENDIF
        IF( DW. GT. 0. 0) THEN
        KG2 = 2
        H00 = AMAX1( H02, H00 − DH)
        ENDIF
50      DO 60 I = 1, N
        DO 60 J = 1, NN
        H( I,J) = H00 + H( I,J)
        CT1 = ( ( TE( I,J) − 0. 455445545) /0. 544554455) ∗∗ S0
        CT2 = D0 ∗ T0 ∗ ( TE( I,J) − 1. )
        IF( P( I,J). LT. 0. 0) P( I,J) = 0. 0
        EDA1 = EXP( A1 ∗ ( −1. + ( 1. + A2 ∗ P( I,J) ) ∗∗ Z ∗ CT1) )
```

```
        EDA(I,J) = EDA1
        RO(I,J) = 1. + CT2
        EPS(I,J) = ENDA * RO(I,J) * H(I,J) ** (2. + FN1)/(EDA(I,J) ** FN1)
60      CONTINUE
        DO 70 J = NN + 1,N
        JJ = N - J + 1
        DO 70 I = 1,N
        H(I,J) = H(I,JJ)
        RO(I,J) = RO(I,JJ)
        EDA(I,J) = EDA(I,JJ)
70      EPS(I,J) = EPS(I,JJ)
        RETURN
        END
        SUBROUTINE ITER(N,KK,DX,H00,G0,X,Y,H,RO,EPS,EDA,P)
        DIMENSION X(N),Y(N),P(N,N),H(N,N),RO(N,N),EPS(N,N),EDA(N,
     N)
        DIMENSION D(70),A(350),B(210),ID(70)
        COMMON /COM1/Z,ENDA,AKC,HM0,HMC,EK,EAL,EBE,AD,AD1,KK1,KK2,
     KK3,KK4,FN,FN1,FF
        COMMON /COMAK/AK(0:65,0:65)
        DATA KG1,PAI1,C1,C2/0,0. 2026423,0. 27,0. 27/
        IF(KG1. NE. 0)GOTO 2
        KG1 = 1
        AK00 = AK(0,0)
        AK10 = AK(1,0)
        AK20 = AK(2,0)
        BK00 = AK00 - AK10
        BK10 = AK10 - 0. 25 * (AK00 + 2. * AK(1,1) + AK(2,0))
        BK20 = AK20 - 0. 25 * (AK10 + 2. * AK(2,1) + AK(3,0))
2       NN = (N + 1)/2
        MM = N - 1
        DX1 = 1. /DX
        DX2 = DX * DX
        DX3 = 1. /DX2
        DO 100 K = 1,KK
        PMAX = 0. 0
```

```
      DO 70 J = 2,NN

      J0 = J − 1

      J1 = J + 1

      IA = 1

8     MM = N − IA

      IF(P(MM,J0). GT. 1. E − 6)GOTO 20

      IF(P(MM,J). GT. 1. E − 6)GOTO 20

      IF(P(MM,J1). GT. 1. E − 6)GOTO 20

      IA = IA + 1

      IF(IA. LT. N)GOTO 8

      GOTO 70

20    IF(MM. LT. N − 1)MM = MM + 1

      DPDX1 = ABS((P(2,J) − P(1,J)) * DX1) ** (FF)

      D2 = 0. 5 * (EPS(1,J) + EPS(2,J)) * DPDX1

      DO 50 I = 2,MM

      I0 = I − 1

      I1 = I + 1

      II = 5 * I0

      DPDX2 = ABS((P(I1,J) − P(I,J)) * DX1) ** (FF)

      DPDY1 = ABS((P(I,J) − P(I,J0)) * DX1) ** (FF)

      DPDY2 = ABS((P(I,J1) − P(I,J)) * DX1) ** (FF)

      D1 = D2

      D2 = 0. 5 * (EPS(I1,J) + EPS(I,J)) * DPDX2

      D4 = 0. 5 * (EPS(I,J0) + EPS(I,J)) * DPDY1

      D5 = 0. 5 * (EPS(I,J1) + EPS(I,J)) * DPDY2

      P1 = P(I0,J)

      P2 = P(I1,J)

      P3 = P(I,J)

      P4 = P(I,J0)

      P5 = P(I,J1)

      D3 = D1 + D2 + D4 + D5

      IF(H(I,J). LE. 0. 0)THEN

      ID(I) = 0

      A(II + 1) = 0. 0

      A(II + 2) = 0. 0

      A(II + 3) = 1. 0
```

```
        A(II + 4) = 0. 0
        A(II + 5) = 1. 0
        A(II - 4) = 0. 0
        GOTO 50
        ENDIF
        ID(I) = 1
        IF(J. EQ. NN)P5 = P4
        A(II + 1) = PAI1 * (RO(I0,J) * AK10 - RO(I,J) * AK20)
        A(II + 2) = DX3 * D1 + PAI1 * (RO(I0,J) * AK00 - RO(I,J) * AK10)
        A(II + 3) = - DX3 * D3 + PAI1 * (RO(I0,J) * AK10 - RO(I,J) * AK00)
        A(II + 4) = DX3 * D2 + PAI1 * (RO(I0,J) * AK20 - RO(I,J) * AK10)
        A(II + 5) = - DX3 * (D1 * P1 + D2 * P2 + D4 * P4 + D5 * P5 - D3 * P3) + DX1 *
      (RO(I,J) * H(I,J) - RO(I0,J) * H(I0,J))
  50    CONTINUE
        CALL TRA4(MM,D,A,B)
        DO 60 I = 2,MM
        IF(ID(I). EQ. 1)P(I,J) = P(I,J) + C1 * D(I)
        IF(P(I,J). LT. 0. 0)P(I,J) = 0. 0
        IF(PMAX. LT. P(I,J))PMAX = P(I,J)
  60    CONTINUE
  70    CONTINUE
        DO 80 J = 1,NN
        JJ = N + 1 - J
        DO 80 I = 1,N
  80    P(I,JJ) = P(I,J)
        CALL HREE(N,DX,H00,G0,X,Y,H,RO,EPS,EDA,P)
 100    CONTINUE
        RETURN
        END
        SUBROUTINE TRA4(N,D,A,B)
        DIMENSION D(N),A(5,N),B(3,N)
        C = 1./A(3,N)
        B(1,N) = - A(1,N) * C
        B(2,N) = - A(2,N) * C
        B(3,N) = A(5,N) * C
        DO 10 I = 1,N - 2
```

```
        IN = N - I
        IN1 = IN + 1
        C = 1./(A(3,IN) + A(4,IN) * B(2,IN1))
        B(1,IN) = - A(1,IN) * C
        B(2,IN) = - (A(2,IN) + A(4,IN) * B(1,IN1)) * C
10      B(3,IN) = (A(5,IN) - A(4,IN) * B(3,IN1)) * C
        D(1) = 0.0
        D(2) = B(3,2)
        DO 20 I = 3,N
20      D(I) = B(1,I) * D(I - 2) + B(2,I) * D(I - 1) + B(3,I)
        RETURN
        END
        SUBROUTINE VI(NW,N,DX,P,V)
        DIMENSION P(N,N),V(NW,NW)
        COMMON /COMAK/AK(0:65,0:65)
        PAI1 = 0.2026423
        DO 40 I = 1,N
        DO 40 J = 1,N
        H0 = 0.0
        DO 30 K = 1,N
        IK = IABS(I - K)
        DO 30 L = 1,N
        JL = IABS(J - L)
30      H0 = H0 + AK(IK,JL) * P(K,L)
40      V(I,J) = H0 * DX * PAI1
        RETURN
        END
        SUBROUTINE SUBAK(MM)
        COMMON /COMAK/AK(0:65,0:65)
        S(X,Y) = X + SQRT(X ** 2 + Y ** 2)
        DO 10 I = 0,MM
        XP = I + 0.5
        XM = I - 0.5
        DO 10 J = 0,I
        YP = J + 0.5
        YM = J - 0.5
```

```fortran
      A1 = S( YP,XP)/S( YM,XP)
      A2 = S( XM,YM)/S( XP,YM)
      A3 = S( YM,XM)/S( YP,XM)
      A4 = S( XP,YP)/S( XM,YP)
      AK( I,J) = XP * ALOG ( A1 ) + YM * ALOG ( A2 ) + XM * ALOG ( A3 ) + YP
     * ALOG( A4)
  10  AK( J,I) = AK( I,J)
      RETURN
      END
      SUBROUTINE ERP( N,ER,P,POLD)
      DIMENSION P( N,N) ,POLD( N,N)
      ER = 0. 0
      SUM = 0. 0
      NN = ( N + 1)/2
      DO 10 I = 1,N
      DO 10 J = 1,NN
      ER = ER + ABS( P( I,J) – POLD( I,J) )
      SUM = SUM + P( I,J)
  10  CONTINUE
      ER = ER/SUM
      DO I = 1,N
      DO J = 1,N
      POLD( I,J) = P( I,J)
      ENDDO
      ENDDO
      RETURN
      END
      SUBROUTINE ERROM( NX,NY,NZ,T,ERM)
      DIMENSION T( NX,NY,NZ)
      COMMON /COMT/TE( 65 ,65)
      ERM = 0.
      C1 = 1. /FLOAT( NZ)
      DO 20 I = 2,NX
      DO 20 J = 2,NY
      TT = 0.
      DO 10 K = 1,NZ
```

```
10    TT = TT + T( I,J,K)
      TT = C1 * TT
      ER = ABS( ( TT - TE( I,J) )/TT)
      IF( ER. GT. ERM)ERM = ER
20    TE( I,J) = TT
      RETURN
      END
      SUBROUTINE OUPT( N,DX,X,Y,H,P,EDA,TMAX)
      DIMENSION X( N) ,Y( N) ,H( N,N) ,P( N,N) ,EDA( N,N)
      COMMON /COM1/Z,ENDA,AKC,HM0,HMC,EK,EAL,EBE,AD,AD1,KK1,KK2,
KK3,KK4,FN,FN1,FF
      COMMON /COM2/W0,E1,RX,B,PH,US,U1,U2,T1,T2,CT
      COMMON /COMT/TE( 65,65)
      A = 0. 0
      WRITE( 8,40) A,( Y( I) ,I = 1,N)
      DO I = 1,N
      WRITE( 8,40) X( I) ,( H( I,J) ,J = 1,N)
      ENDDO
      WRITE( 9,40) A,( Y( I) ,I = 1,N)
      DO I = 1,N
      WRITE( 9,40) X( I) ,( P( I,J) ,J = 1,N)
      ENDDO
40    FORMAT( 66( E12. 6,1X) )
      WRITE( 10,60) A,( Y( I) ,I = 1,N)
      TMAX = 0. 0
      DO I = 1,N
      WRITE( 10,60) X( I) ,( 273. 0 * ( TE( I,JJ) - 1. ) ,JJ = 1,N)
      DO J = 1,N
      IF( TMAX. LT. 273. 0 * ( TE( I,J) - 1. ) )TMAX = 273. * ( TE( I,J) - 1. )
      ENDDO
      ENDDO
60    FORMAT( 66( E12. 6,1X) )
      HMIN = 1. E3
      PMAX = 0. 0
      DO J = 1,N
      DO I = 2,N
```

```
      IF( H( I,J ). LT. HMIN ) HMIN = H( I,J )
      IF( P( I,J ). GT. PMAX ) PMAX = P( I,J )
      ENDDO
      ENDDO
      HMIN = HMIN * B * B/RX
      PMAX = PMAX * PH
      RETURN
      END
      SUBROUTINE THERM( NX,NY,NZ,DX,P,H,T )
      DIMENSION T( NX,NY,NZ ),T1( 21 ),TI( 21 ),U( 21 ),DU( 21 ),UU( 21 ),V( 21 ),
     DV( 21 ),VV( 21 ),W( 21 ),EDA( 21 ),RO( 21 ),EDA1( 21 ),EDA2( 21 ),ROR( 21 ),
     P( NX,NX ),H( NX,NX ),TFX( 21 ),TFY( 21 )
      COMMON /COM1/Z,ENDA,AKC,HM0,HMC,EK,EAL,EBE,AD,AD1,KK1,KK2,
     KK3,KK4,FN,FN1,FF
      IF( KK. NE. 0 ) GOTO 4
      DO 2 K = 1,NZ
      DO 1 J = 1,NY
1     T( 1,J,K ) = 1. 0
      DO 2 I = 1,NX
2     T( I,1,K ) = 1. 0
4     DO 30 I = 2,NX
      DO 30 J = 2,NY
      KG = 0
      DO 6 K = 1,NZ
      TFX( K ) = T( I - 1,J,K )
      TFY( K ) = T( I,J - 1,K )
      IF( KK. NE. 0 ) GOTO 5
      T1( K ) = T( I - 1,J,K )
      GOTO 6
5     T1( K ) = T( I,J,K )
6     TI( K ) = T1( K )
      P1 = P( I,J )
      H1 = H( I,J )
      DPX = ( P( I,J ) - P( I - 1,J ) )/DX
      DPY = ( P( I,J ) - P( I,J - 1 ) )/DX
      CALL TBOUD( NX,NY,NZ,I,J,CC1,CC2,T )
```

```
10    CALL EROEQ( NZ,T1,P1,H1,DPX,DPY,EDA,RO,EDA1,EDA2,KG)
      CALL UCAL( NZ,DX,H1,EDA,RO,ROR,EDA1,EDA2,U,UU,DU,V,VV,DV,W,
DPX,DPY)
      CALL TCAL( NZ,DX,CC1,CC2,T1,TFX,TFY,U,V,W,DU,DV,H1,DPX,DPY,
EDA,RO)
      CALL ERRO( NZ,TI,T1,ETS)
      KG = KG + 3
      IF( ETS. GT. 1. E - 4. AND. KG. LE. 50 )GOTO 10
      DO 20 K = 1,NZ
      ROR( K ) = RO( K )
      UU( K ) = U( K )
      VV( K ) = V( K )
20    T( I,J,K ) = T1( K )
30    CONTINUE
      KK = 1
      RETURN
      END
      SUBROUTINE TBOUD( NX,NY,NZ,I,J,CC1,CC2,T)
      DIMENSION T( NX,NY,NZ)
      CC1 = 0.
      CC2 = 0.
      DO 10 L = 1,I - 1
      DS = 1. /SQRT( FLOAT( I - L) )
      IF( L. EQ. I - 1 )DS = 1. 1666667
      CC1 = CC1 + DS * ( T( L,J,2 ) - T( L,J,1 ) )
10    CC2 = CC2 + DS * ( T( L,J,NZ ) - T( L,J,NZ - 1 ) )
      RETURN
      END
      SUBROUTINE ERRO( NZ,T0,T,ETS)
      DIMENSION T0( NZ) ,T( NZ)
      ETS = 0. 0
      DO 10 K = 1,NZ
      IF( T( K). LT. 1. E - 5 )ETS0 = 1.
      IF( T( K). GE. 1. E - 5 )ETS0 = ABS( ( T( K ) - T0( K ) )/T( K ) )
      IF( ETS0. GT. ETS )ETS = ETS0
10    T0( K ) = T( K )
```

```
      RETURN
      END
      SUBROUTINE EROEQ(NZ,T,P,H,DPX,DPY,EDA,RO,EDA1,EDA2,KG)
      DIMENSION T(NZ),EDA(NZ),RO(NZ),EDA1(NZ),EDA2(NZ)
      COMMON /COM1/Z,ENDA,AKC,HM0,HMC,EK,EAL,EBE,AD,AD1,KK1,KK2,
     KK3,KK4,FN,FN1,FF
      COMMON /COM2/W0,E1,RX,B,PH,US,U1,U2,T1,T2,CT
      COMMON /COM3/T0,EDA0,AK,AK1,AK2,CV,CV1,CV2,RO0,RO1,RO2,S0,D0
      COMMON /COM4/A1,A2,A3,LMIN
      DATA A4,A5/0. 455445545,0. 544554455/
      IF(KG. NE. 0)GOTO 20
      B1 = (1. + A2 * P) ** Z
      B2 = (A3 + 1. 34 * P)/(A3 + P)
20    DO 30 K = 1,NZ
      EDA3 = EXP(A1 * (-1. + B1 * ((T(K) - A4)/A5) ** S0))
      EDA(K) = EDA3
30    RO(K) = B2 + D0 * T0 * (T(K) - 1. )
      CC1 = 0. 5/(NZ - 1. )
      CC2 = 1. /(NZ - 1. )
      C1 = 0.
      C2 = 0.
      DO 40 K = 1,NZ
      IF(K. EQ. 1)GOTO 32
      C1 = C1 + 0. 5/EDA(K) + 0. 5/EDA(K - 1)
      C2 = C2 + CC1 * ((K - 1. )/EDA(K) + (K - 2. )/EDA(K - 1))
32    EDA1(K) = C1 * CC2
40    EDA2(K) = C2 * CC2
      RETURN
      END
      SUBROUTINE UCAL(NZ,DX,H,EDA,RO,ROR,EDA1,EDA2,U,UU,DU,V,VV,
     DV,W,DPX,DPY)
      DIMENSION U(NZ),UU(NZ),DU(NZ),V(NZ),VV(NZ),DV(NZ),W(NZ),
     ROR(NZ),EDA(NZ),RO(NZ),EDA1(NZ),EDA2(NZ)
      COMMON /COM1/Z,ENDA,AKC,HM0,HMC,EK,EAL,EBE,AD,AD1,KK1,KK2,
     KK3,KK4,FN,FN1,FF
      COMMON /COM2/W0,E1,R,B,PH,US,U1,U2,T1,T2,CC
```

```
        COMMON /COM3/T0,EDA0,AK,AK1,AK2,CV,CV1,CV2,RO0,RO1,RO2,S0,D0
        IF(KK. NE. 0)GOTO 20
        A1 = U1
        A2 = PH * (B/R) ** 3/E1
        A3 = U2 - U1
   20   CUA = A2 * DPX * H
        CUB = CUA * H
        CVA = A2 * DPY * H
        CVB = CVA * H
        CC3 = A3/H
        CC4 = 1. /EDA1(NZ)
        DO 30 K = 1,NZ
        U(K) = A1 + CUB * (EDA2(K) - CC4 * EDA2(NZ) * EDA1(K)) + A3 * CC4 *
   EDA1(K)
        V(K) = CVB * (EDA2(K) - CC4 * EDA2(NZ) * EDA1(K))
        DU(K) = CUA/EDA(K) * ((K - 1. )/(NZ - 1. ) - CC4 * EDA2(NZ)) + CC3 *
   CC4/EDA(K)
   30   DV(K) = CVA/EDA(K) * ((K - 1. )/(NZ - 1. ) - CC4 * EDA2(NZ))
        A4 = B/((NZ - 1) * R * DX)
        C1 = A4 * H
        IF(KK. EQ. 0)GOTO 50
        DO 40 K = 2,NZ - 1
        W(K) = (RO(K - 1) * W(K - 1) + C1 * (RO(K) * (U(K) + V(K)) -
   ROR(K) * (UU(K) + VV(K))))/RO(K)
   40   CONTINUE
   50   KK = 1
        RETURN
        END
        SUBROUTINE TCAL(NZ,DX,CC1,CC2,T,TFX,TFY,U,V,W,DU,DV,H,DPX,
   DPY,EDA,RO)
        DIMENSION T(NZ),U(NZ),DU(NZ),V(NZ),DV(NZ),W(NZ),EDA(NZ),RO
   (NZ),A(4,21),D(21),AA(2,21),TFX(NZ),TFY(NZ)
        COMMON /COM1/Z,ENDA,AKC,HM0,HMC,EK,EAL,EBE,AD,AD1,KK1,KK2,
   KK3,KK4,FN,FN1,FF
        COMMON /COM2/W0,E1,R,B,PH,US,U1,U2,T1,T2,CC
        COMMON /COM3/T0,EDA0,AK,AK1,AK2,CV,CV1,CV2,RO0,RO1,RO2,S0,D0
```

```
      DATA CC5,PAI/0. 6666667,3. 14159265/
      IF(KK. NE. 0)GOTO 5
      KK = 1
      A2 = - CV * RO0 * E1 * B ** 3/(EDA0 * AK * R)
      A3 = - E1 * PH * B ** 3 * D0/(AK * EDA0 * T0 * R)
      A4 = - (E1 * R) ** 2/(AK * EDA0 * T0)
      A5 = 0. 5 * R/B * A2
      A6 = AK * SQRT(EDA0 * R/(PAI * RO1 * CV1 * U1 * E1 * AK1 * B ** 3))
      A7 = AK * SQRT(EDA0 * R/(PAI * RO2 * CV2 * U2 * E1 * AK2 * B ** 3))
5     CC3 = A6 * SQRT(DX)
      CC4 = A7 * SQRT(DX)
      DZ = H/(NZ - 1. )
      DZ1 = 1. /DZ
      DZ2 = DZ1 * DZ1
      CC6 = A3 * DPX
      CC7 = A3 * DPY
      DO 10 K = 2,NZ - 1
      A(1,K) = DZ2 + DZ1 * A5 * RO(K) * W(K)
      A(2,K) = -2. * DZ2 + A2 * RO(K) * (U(K) + V(K))/DX + (CC6 * U(K) +
CC7 * V(K))/RO(K)
      A(3,K) = DZ2 - DZ1 * A5 * RO(K) * W(K)
10    A(4,K) = A4 * EDA(K) * (DU(K) ** 2 + DV(K) ** 2) + A2 * RO(K) *
(U(K) * TFX(K) + V(K) * TFY(K))/DX
      A(1,1) = 0.
      A(2,1) = 1. + 2. * DZ1 * CC3 * CC5
      A(3,1) = -2. * DZ1 * CC3 * CC5
      A(1,NZ) = -2. * DZ1 * CC4 * CC5
      A(2,NZ) = 1. + 2. * DZ1 * CC4 * CC5
      A(3,NZ) = 0.
      A(4,1) = 1. + CC1 * CC3 * DZ1
      A(4,NZ) = 1. - CC2 * CC4 * DZ1
      CALL TRA3(NZ,D,A,AA)
      DO 20 K = 1,NZ
      T(K) = (1. - CC) * T(K) + CC * D(K)
20    IF(T(K). LT. 1. )T(K) = 1.
30    CONTINUE
```

```
RETURN
END
SUBROUTINE TRA3(N,D,A,B)
DIMENSION D(N),A(4,N),B(2,N)
C = 1./A(2,N)
B(1,N) = - A(1,N) * C
B(2,N) = A(4,N) * C
DO 10 I = 1,N - 1
IN = N - I
IN1 = IN + 1
C = 1./(A(2,IN) + A(3,IN) * B(1,IN1))
B(1,IN) = - A(1,IN) * C
10    B(2,IN) = (A(4,IN) - A(3,IN) * B(2,IN1)) * C
D(1) = B(2,1)
DO 20 I = 2,N
20    D(I) = B(1,I) * D(I - 1) + B(2,I)
RETURN
END
```

### 3. 计算结果

按给定工况计算得到的膜厚 $H$、压力分布 $P$ 和平均温度分布 $T$ 如图 20.2 所示。

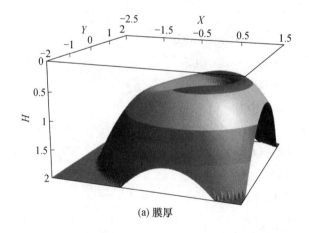

(a) 膜厚

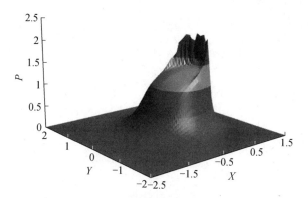

(b) 压力分布

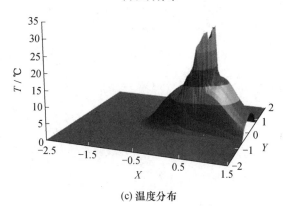

(c) 温度分布

图 20.2　热弹流椭圆接触计算结果

# 第四篇

## 工程中的润滑计算分析

# 第二十一章

# 微型电机人字沟轴承润滑计算程序

## 21.1 人字沟轴承润滑计算基本理论

### 1. 轴心位置与间隙形状

轴颈旋转将润滑油带入收敛间隙而产生流体动压，油膜压力的合力与轴颈上的载荷相平衡，其平衡位置偏于一侧，如图 21.1 所示。

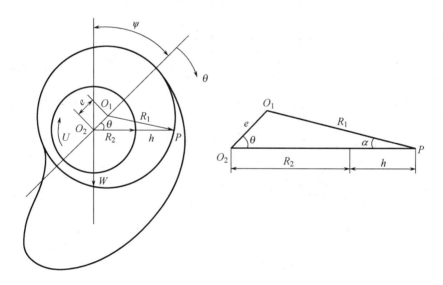

图 21.1 轴心位置

轴心 $O_2$ 的平衡位置通过两个参数可以完全确定，即偏位角 $\psi$ 和偏心率 $\varepsilon$。偏位角 $\psi$ 为轴承与轴颈的连心线 $O_1O_2$ 与载荷 $W$ 的作用线之间的夹角。

由图 21.1 可知：间隙 $h$ 是 $\theta$ 角的函数，可近似表示为

$$h = e\cos\theta + c = c(1 + \varepsilon\cos\theta) \tag{21.1}$$

式中，$e$ 为偏心距；$c$ 为半径间隙 $c = R_1 - R_2$；$\varepsilon = e/c$ 为偏心率。

式(21.1)表示的轴承的间隙形状为余弦函数，该表达式的误差仅为 0.1%。通

常，径向滑动轴承设计采用等粘度润滑计算，即假定润滑膜具有相同的粘度，同时认为间隙 $h$ 只是 $\theta$ 的函数，而不考虑安装误差和轴的弯曲变形。

**2. Reynolds 方程**

将轴承表面沿平面展开，如图 21.2 所示，并代入 $x = R\theta$，$dx = Rd\theta$，则一般形式的动载 Reynolds 方程为

$$\frac{\partial}{\partial \theta}\left( h^3 \frac{\partial p}{\partial \theta} \right) + R^2 \frac{\partial}{\partial y}\left( h^3 \frac{\partial p}{\partial y} \right) = 6\eta R^2 \left[ \left( \omega - 2\omega_L - 2\frac{d\psi}{dt} \right)\frac{dh}{d\theta} + 2c\frac{d\varepsilon}{dt}\cos\theta \right] \quad (21.2)$$

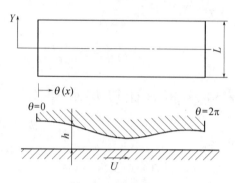

图 21.2　径向轴承展开

静态 Reynolds 方程如式(21.3)，该方程在重力远大于离心力时使用。

$$\frac{\partial}{\partial \theta}\left( h^3 \frac{\partial p}{\partial \theta} \right) + R^2 \frac{\partial}{\partial y}\left( h^3 \frac{\partial p}{\partial y} \right) = 6\eta R^2 \omega \frac{dh}{d\theta} \quad (21.3)$$

当离心力远大于电机的转子重力时，则应采用动载 Reynolds 方程，由 $\frac{d\psi}{dt} = 0$，$\frac{d\varepsilon}{dt} = 0, \omega_L = \omega$，式(21.2)变为

$$\frac{\partial}{\partial \theta}\left( h^3 \frac{\partial p}{\partial \theta} \right) + R^2 \frac{\partial}{\partial y}\left( h^3 \frac{\partial p}{\partial y} \right) = -6\eta R^2 \omega \frac{dh}{d\theta} \quad (21.4)$$

若令

$$y = \frac{YL}{2}$$

$$\alpha = \left( \frac{2R}{L} \right)^2$$

$$h = c(1 + \varepsilon\cos\theta) = Hc$$

$$p = P\frac{6U\eta R}{c^2}$$

$$U = R\omega$$

式中，$R$ 为轴承半径；$L$ 为轴承长度。

量纲一化静载 Reynolds 方程为

$$\frac{\partial}{\partial \theta}\left( H^3 \frac{\partial P}{\partial \theta} \right) + \alpha \frac{\partial}{\partial Y}\left( H^3 \frac{\partial P}{\partial Y} \right) = \frac{\mathrm{d}H}{\mathrm{d}\theta} \tag{21.5}$$

量纲一化动载 Reynolds 方程为

$$\frac{\partial}{\partial \theta}\left( H^3 \frac{\partial P}{\partial \theta} \right) + \alpha \frac{\partial}{\partial Y}\left( H^3 \frac{\partial P}{\partial Y} \right) = -\frac{\mathrm{d}H}{\mathrm{d}\theta} \tag{21.6}$$

### 3. 边界条件

1）轴向方向

在边缘 $Y = 1$ 处，$P = 0$；在中间断面 $Y = 0$ 处，$\dfrac{\partial P}{\partial Y} = 0$。

2）圆周方向

利用周期边界条件即油膜起点等于油膜终点的压力，即 $P\big|_{\theta = 0} = P\big|_{\theta = 2\pi}$。

另外，因为油膜不能承受负压，用迭代法求解代数方程组时，在每次迭代过程中，对于 $P < 0$ 的各节点令 $P = 0$。

### 4. 流量计算

最大处流量的估算值可以利用最大间隙来判断，需要指出：这是一个近似值：

$$Q_0 = \frac{1}{2}ULc(1 + \varepsilon) \tag{21.7}$$

泄露量

$$Q_L = \frac{1}{12\eta}\int_0^1 \left( h^3 \frac{\partial p}{\partial y} \right)\bigg|_{y = \pm L/2} \mathrm{d}x \tag{21.8}$$

### 5. 温度计算

轴承工作时，摩擦功耗将转变为热量，使润滑油温度升高。如果油的平均温度超过计算承载能力时所假定的数值，则轴承承载能力就要降低。因此需要计算油的温升 $\Delta t$，并将其限制在允许的范围内。

轴承运转中达到热平衡状态的条件是：单位时间内轴承摩擦所产生的热量 $H$ 等于相同时间内流动的油所带走的热量 $H_1$ 与轴承散发的热量 $H_2$ 之和，即

$$H = H_1 + H_2 \tag{21.9}$$

轴承中的热量是由摩擦损失的功转变而来的。因此，每秒钟在轴承中产生的热量 $H$ 为

$$H = fpU \tag{21.10}$$

由流出的油带走的热量 $H_1$ 为

$$H_1 = Q_L \rho c (t_o - t_i) \tag{21.11}$$

式中，$Q_L$ 为耗油量，按耗油量系数求出，单位为 $\mathrm{m}^3 \cdot \mathrm{s}^{-1}$；$\rho$ 为润滑油的密度，对矿物油为 $850 \sim 900\ \mathrm{kg} \cdot \mathrm{m}^{-3}$；$c$ 为润滑油的比热容，对矿物油为 $1675 \sim 2090\ \mathrm{J} \cdot \mathrm{kg}^{-1} \cdot \mathrm{K}^{-1}$；$t_o$ 为油的出口温度；$t_i$ 为油的入口温度，通常取为 $35 \sim 40\ ℃$。

除了润滑油带走的热量以外，还可以由轴承的金属表面通过传导和辐射把一部

分热量散发到周围介质中去。这部分热量与轴承的散热表面的面积、空气流动速度等有关，很难精确计算，因此通常采用近似计算。若以 $H_2$ 代表这部分热量，并以油的出口温度 $t_o$ 代表轴承温度，油的入口温度 $t_i$ 代表周围介质的温度，则

$$H_2 = \alpha_s \pi dB(t_o - t_i) \tag{21.12}$$

式中，$\alpha_s$ 为轴承的表面传热系数，随轴承结构的散热条件而定。对于轻型结构的轴承，或周围介质的温度高和难于散热的环境（如轧钢机轴承），取 $\alpha_s = 50$ W·$(\mathrm{m}^2 \cdot ℃)^{-1}$；中型结构或一般通风条件，取 $\alpha_s = 80$ W·$(\mathrm{m}^2 \cdot ℃)^{-1}$；在良好冷却条件下工作的重型轴承，可取 $\alpha_s = 140$ W·$(\mathrm{m}^2 \cdot ℃)^{-1}$。

热平衡时，$H = H_1 + H_2$，即

$$fpU = Q_L \rho c(t_o - t_i) + \alpha_s \pi dB(t_o - t_i) \tag{21.13}$$

于是得出，为了达到热平衡而必须使润滑油温度差 $\Delta t$ 为

$$\Delta t = t_o - t_i = \frac{\dfrac{f}{\phi}p}{c\rho\left(\dfrac{Q_L}{\phi UBd}\right) + \dfrac{\pi \alpha_s}{\phi U}} \tag{21.14}$$

式中，$\dfrac{Q_L}{\phi UBd}$ 是耗油量系数，是量纲一化数；$f$ 是摩擦系数，$f = \dfrac{\pi \eta \omega}{\psi p} + 0.55\psi\xi$，$\xi$ 是随轴承宽径比而变化的系数。对 $\dfrac{D}{L} < 1$，$\xi = \left(\dfrac{D}{L}\right)^{1.5}$，对 $\dfrac{D}{L} > 1$，$\xi = 1$；$\omega$ 是轴颈角速度，单位为 $\mathrm{rad \cdot s^{-1}}$；$p$ 是轴承的平均压力，$p = \dfrac{w}{LD}$，单位为 Pa；$\eta$ 是润滑油的动力粘度，单位为 Pa·s。

式(21.14)只是求出了平均温度差，实际上轴承上各点的温度是不相同的。润滑油从流入轴承到流出轴承，温度逐渐升高，因而在轴承中不同位置油的粘度也将不同。研究结果表明，计算轴承的承载能力时，可以采用润滑油平均温度时的粘度。润滑油的平均温度 $t_m = \dfrac{t_i + t_o}{2}$，而温升 $\Delta t = t_o - t_i$，所以润滑油的平均温度 $t_m$ 按下式计算：

$$t_m = t_i + \frac{\Delta t}{2} \tag{21.15}$$

为了保证轴承的承载能力，建议平均温度不超过 75 ℃。设计时，通常是先给定平均温度 $t_m$，按式(21.14)求出的温升 $\Delta t$ 来校核油的入口温度 $t_i$，即

$$t_i = t_m - \frac{\Delta t}{2} \tag{21.16}$$

## ■ 21.2 性能计算程序

根据轴承的尺寸参数（转速、径向负载、轴承内径、轴承间隙、轴承宽度、润滑油黏度）编制计算程序，计算轴承性能参数有：

（1）给定偏心的条件下，载荷随转速变化曲线，以及载荷随油膜厚度变化曲线（油膜－轴承负载能力）；

（2）高转速及给定偏心的条件下，人字沟轴承的油的流量与泄漏量；

（3）给定最大偏心的条件下，转子可以承受的最大载荷与偏位角；

（4）给定工况时（速度、偏心等），润滑油因剪应力作用引起的温升。

**1. 性能计算程序框图（图 21.3）**

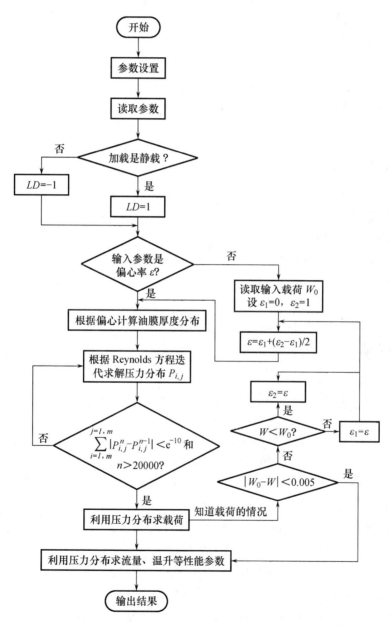

图 21.3　HBFA 程序框图

## 2. 源程序

```
PROGRAM HBFA
USE DFLOGM
INCLUDE 'RESOURCE. FD'
CALL DoDialog()
STOP
END PROGRAM
SUBROUTINE DoDialog()
USE DFLOGM
INCLUDE 'RESOURCE. FD'
INTEGER retint,LL
LOGICAL retlog
TYPE (dialog) dlg
EXTERNAL DISPLAY
EXTERNAL CLEAR
EXTERNAL CHOOSE
EXTERNAL CHOOSE1,CHOOSE2
IF (. not. DlgInit( IDD_DIALOG1, dlg ) ) THEN
WRITE ( * , * ) 'Error: dialog not found'
ELSE
  retlog = dlgset( dlg,idc_EDIT_DD,"2. 992" )
  retlog = dlgsetsub( dlg,idc_EDIT_DD,CLEAR,dlg_change )
  retlog = dlgset( dlg,idc_EDIT_D,"3. 0" )
  retlog = dlgsetsub( dlg,idc_EDIT_D,CLEAR,dlg_change )
  retlog = dlgset( dlg,idc_EDIT_AL,"2. 4" )
  retlog = dlgsetsub( dlg,idc_EDIT_AL,CLEAR,dlg_change )
  retlog = dlgset( dlg,idc_EDIT_AN,"5000" )
  retlog = dlgsetsub( dlg,idc_EDIT_AN,CLEAR,dlg_change )
  retlog = dlgset( dlg,idc_EDIT_M,"10" )
  retlog = dlgsetsub( dlg,idc_EDIT_M,CLEAR,dlg_change )
  retlog = dlgset( dlg,idc_EDIT_ALF,"30" )
  retlog = dlgsetsub( dlg,idc_EDIT_ALF,CLEAR,dlg_change )
  retlog = dlgset( dlg,idc_EDIT_RLGL,"1. 0" )
  retlog = dlgsetsub( dlg,idc_EDIT_RLGL,CLEAR,dlg_change )
  retlog = dlgset( dlg,idc_EDIT_CG,"0. 004" )
  retlog = dlgsetsub( dlg,idc_EDIT_CG,CLEAR,dlg_change )
```

```
retlog = dlgset( dlg,idc_EDIT_DEDA,"24.5")
retlog = dlgsetsub( dlg,idc_EDIT_DEDA,CLEAR,dlg_change)
retlog = dlgset( dlg,idc_EDIT_RO,"0.945")
retlog = dlgsetsub( dlg,idc_EDIT_RO,CLEAR,dlg_change)
retlog = dlgset( dlg,idc_EDIT_AS,"80")
retlog = dlgsetsub( dlg,idc_EDIT_AS,CLEAR,dlg_change)
retlog = dlgset( dlg,idc_EDIT_CO,"1800")
retlog = dlgsetsub( dlg,idc_EDIT_CO,CLEAR,dlg_change)
retlog = dlgsetsub( dlg,idc_EDIT_SUM,CLEAR,dlg_change)
retlog = dlgsetsub( dlg,idc_EDIT_EPSON,CLEAR,dlg_change)
retlog = dlgsetsub( dlg,idc_CALCULATE,DISPLAY)
retlog = dlgsetsub( dlg,idc_CLEAR,CLEAR)
retlog = dlgset( dlg,idc_EDIT_EPSON,.TRUE.)
retlog = dlgset( dlg,idc_EDIT_SUM,.FALSE.)
retlog = dlgsetsub( dlg,IDC_RADIO_EPSON,CHOOSE)
retlog = dlgsetsub( dlg,IDC_RADIO_SUM,CHOOSE)
retlog = dlgset( dlg,idc_CHECK_STATIC,.TRUE.,DLG_STATE)
retlog = dlgset( dlg,idc_CHECK_DYNAMIC,.FALSE.,DLG_STATE)
retlog = dlgsetsub( dlg,IDC_CHECK_STATIC,CHOOSE1)
retlog = dlgsetsub( dlg,IDC_CHECK_DYNAMIC,CHOOSE2)
retint = DLGMODAL( dlg)
CALL DLGUNINIT( dlg)
END IF
LL = 0
RETURN
END SUBROUTINE DoDialog
SUBROUTINE CHOOSE( dlg,control_name,calltype)
USE DFLOGM
INCLUDE 'resource.fd'
TYPE (dialog) dlg
LOGICAL retlog,PUSHED_state
retlog = DLGGET (dlg, IDC_RADIO_EPSON, pushed_state)
IF (PUSHED_STATE) THEN
retlog = dlgset( dlg,idc_EDIT_SUM,.false.,dlg_enable)
retlog = dlgset( dlg,idc_EDIT_EPSON,.TRUE.,dlg_enable)
ELSE
```

```
retlog = dlgset( dlg, idc_EDIT_EPSON ,. false. , dlg_enable )
retlog = dlgset( dlg, idc_EDIT_SUM ,. TRUE. , dlg_enable )
ENDIF
END SUBROUTINE CHOOSE
SUBROUTINE CHOOSE1( dlg, control_name, calltype )
USE DFLOGM
INCLUDE ' resource. fd '
TYPE ( dialog) dlg
LOGICAL retlog, PUSHED_state
retlog = dlgset( dlg, idc_CHECK_STATIC ,. TRUE. , DLG_STATE )
retlog = dlgset( dlg, idc_CHECK_DYNAMIC ,. FALSE. , DLG_STATE )
retlog = dlgset( dlg, idc_EDIT_SUM2 ,"    " )
retlog = dlgset( dlg, idc_EDIT_EPSON2 ,"    " )
retlog = dlgset( dlg, idc_EDIT_E ,"    " )
retlog = dlgset( dlg, idc_EDIT_Q1 ,"    " )
retlog = dlgset( dlg, idc_EDIT_Q ,"    " )
retlog = dlgset( dlg, idc_EDIT_DT ,"    " )
retlog = dlgset( dlg, idc_EDIT_AI ,"    " )
END SUBROUTINE CHOOSE1
SUBROUTINE CHOOSE2( dlg, control_name, calltype )
USE DFLOGM
INCLUDE ' resource. fd '
TYPE ( dialog) dlg
LOGICAL retlog, PUSHED_state
retlog = dlgset( dlg, idc_CHECK_DYNAMIC ,. TRUE. , DLG_STATE )
retlog = dlgset( dlg, idc_CHECK_STATIC ,. FALSE. , DLG_STATE )
retlog = dlgset( dlg, idc_EDIT_SUM2 ,"    " )
retlog = dlgset( dlg, idc_EDIT_EPSON2 ,"    " )
retlog = dlgset( dlg, idc_EDIT_E ,"    " )
retlog = dlgset( dlg, idc_EDIT_Q1 ,"    " )
retlog = dlgset( dlg, idc_EDIT_Q ,"    " )
retlog = dlgset( dlg, idc_EDIT_DT ,"    " )
retlog = dlgset( dlg, idc_EDIT_AI ,"    " )
END SUBROUTINE CHOOSE2
SUBROUTINE CLEAR( dlg, control_name, calltype )
USE DFLOGM
```

```
INCLUDE ' resource. fd '
TYPE ( dialog) dlg
LOGICAL retlog
INTEGER retint, control_name, calltype
retlog = dlgset( dlg, idc_EDIT_SUM2, "    " )
retlog = dlgset( dlg, idc_EDIT_EPSON2, "    " )
retlog = dlgset( dlg, idc_EDIT_E, "    " )
retlog = dlgset( dlg, idc_EDIT_Q1, "    " )
retlog = dlgset( dlg, idc_EDIT_Q, "    " )
retlog = dlgset( dlg, idc_EDIT_DT, "    " )
retlog = dlgset( dlg, idc_EDIT_AI, "    " )
RETURN
END SUBROUTINE CLEAR
SUBROUTINE DISPLAY ( dlg, control_name, calltype )
USE dflogm
INCLUDE ' resource. fd '
TYPE ( dialog) dlg
LOGICAL retlog
INTEGER retint, control_name, calltype
INTEGER N, N1, N2, M, K1, K2, I, J, K, I1, IK, L
REAL * 4 X( 121) , Y( 121) , H( 121, 121) , P( 121, 121) , PD( 121, 121) , HH( 121)
REAL * 4 HXY( 121, 121) , HXF( 121, 121) , HXB( 121, 121) , HYF( 121, 121) , HYB( 121, 121)
REAL * 4 PI, EPSON, U, EDA, ALD, AL, AN, DD, D, R, ALF, RLGL, CG, CCG, PI2, C, E, DX
REAL * 4 ALX, ALY, RATIO, ALFA, ALENDA, PESAI
REAL * 4 CO, RO, AS, DEDA
REAL * 4 OMIGA, TEMP, TEMP1, HMIN, SUM1, Q, Q1
REAL * 4 A, B, SUM
REAL * 4 PX, PY, AI, KEXI, PA, F, DT, C1
LOGICAL PUSHED_STATE
DATA PI/3. 14159265/
CHARACTER( 256) text, DG
OPEN( 8, FILE =' pressure. DAT ', STATUS =' UNKNOWN ')
OPEN( 9, FILE =' height. DAT ', STATUS =' UNKNOWN ')
OPEN( 13, FILE =' result. DAT ', STATUS =' UNKNOWN ')
2     FORMAT( 20X, A12, I2. 2, ':', I2. 2, ':', I2. 2, '. ', I3. 3 )
retlog = dlgget( dlg, idc_edit_DD, text)
```

```
        READ(text, *) DD
        retlog = dlgget(dlg, idc_edit_D, text)
        read(text, *) D
        retlog = dlgget(dlg, idc_edit_AL, text)
        read(text, *) AL
        retlog = dlgget(dlg, idc_edit_AN, text)
        read(text, *) AN
        retlog = dlgget(dlg, idc_edit_M, text)
        read(text, *) M
        retlog = dlgget(dlg, idc_edit_ALF, text)
        read(text, *) ALF
        retlog = dlgget(dlg, idc_edit_RLGL, text)
        read(text, *) RLGL
        retlog = dlgget(dlg, idc_edit_CG, text)
        read(text, *) CG
        retlog = dlgget(dlg, idc_EDIT_DEDA, text)
        read(text, *) DEDA
        retlog = dlgget(dlg, idc_EDIT_RO, text)
        read(text, *) RO
        retlog = dlgget(dlg, idc_EDIT_AS, text)
        read(text, *) AS
        retlog = dlgget(dlg, idc_EDIT_CO, text)
        read(text, *) CO
        retlog = DLGGET(dlg, IDC_CHECK_STATIC, pushed_state)
        IF(PUSHED_STATE) THEN
        LD = 1
        ELSE
        LD = -1
        ENDIF
!       WRITE(*, *)'LD =', LD
!       WRITE(*, *)'DD, D, AL, AN ='
!       WRITE(*, *) DD, D, AL, AN
!       WRITE(*, *)'EPSON, RLGL, ALF, CG ='
!       WRITE(*, *) EPSON, RLGL, ALF, CG
!       WRITE(*, *)'DEDA, RO, CO, AS ='
!       WRITE(*, *) DEDA, RO, CO, AS
```

```
EDA = DEDA * RO * 1. 0E - 3
RO = RO * 1. 0E3
DD = DD * 1. 0E - 3
D = D * 1. 0E - 3
AL = AL * 1. 0E - 3
CG = CG * 1. 0E - 3
N = 121
N1 = N - 1
N2 = N1/2 + 1
PI2 = 2. 0 * PI
R = D/2
ALD = AL/D
C = ( D - DD )/2
PESAI = ( D - DD )/D
ALF = ALF * PI/180. 0
K2 = 120/M
K1 = ( RLGL/( 1 + RLGL ) ) * K2
IF( ABS( K1 - ( RLGL/( 1 + RLGL ) ) * K2 ). GT. 0. 5 ) K1 = K1 + 1
CCG = CG/C
DX = 1. 0/N1
ALX = PI2 * R
ALY = AL
RATIO = ALX/ALY
ALFA = RATIO ** 2
OMIGA = AN * PI2/60. 0
U = OMIGA * R
TEMP = 1. /N1
DO I = 1 , N
X( I ) = ( I - 1 ) * TEMP
Y( I ) = - 0. 5 + X( I )
ENDDO
Y( N2 ) = 0. 0
DO I = 1 , N
DO J = 1 , N
P( I , J ) = 0. 0
ENDDO
```

```
        ENDDO
        retlog = DLGGET ( dlg, IDC_RADIO_EPSON, pushed_state )
        IF ( PUSHED_STATE ) THEN
        retlog = dlgget( dlg, idc_edit_EPSON, text )
        read( text, * ) EPSON
        WRITE( * , * ) 'EPSON =', EPSON
        CALL SUBH
        CALL SUBP
        CALL SUBM
        GO TO 70
        ELSE
        GO TO 50
        ENDIF
50      retlog = dlgget( dlg, idc_EDIT_SUM, text )
        read( text, * ) SUM
        SUM0 = SUM * ( N * N ) * C ** 2/( 6.0 * U * EDA * ALX * ALX * ALY )
        EPSON = 0.5
        EPSON1 = 0.0
        EPSON2 = 1.0
        WRITE( * , * )' LOAD =', SUM
60      CALL SUBH
        CALL SUBP
        CALL SUBM
        IF( ABS( ( SUM1 - SUM0 )/SUM0 ). LE. 0.005 ) GOTO 70
        IF( SUM1. GT. SUM0 ) THEN
        EPSON2 = EPSON
        EPSON = 0.5 * ( EPSON1 + EPSON )
        ELSE
        EPSON1 = EPSON
        EPSON = 0.5 * ( EPSON + EPSON2 )
        ENDIF
        GOTO 60
70      E = EPSON * C * 1.0E3
        HMIN = C * ( 1.0 - EPSON )
        AI = 180.0 * ATAN( PY/PX )/PI
        Q1 = 0.0
```

```
      Q = 0. 0
      DO I = 1 , N1
      Q = H( I,1) ** 3 * ( 4.0 * P( I,2) - P( I,3) ) + H( I,N) ** 3 * ( 4.0 * P( I,N -1) - P( I,N -2) )
      IF( Q. LT. 0. 0) Q = 0. 0
      Q1 = Q1 + Q
      ENDDO
      Q1 = Q1 * 0. 25 * U * ALY * C
      Q = 0. 5 * U * ALY * ( C * ( 1 + EPSON) + CG * K1/K2)
      DDT = 0. 0
      ALENDA = 6. 0 * U * EDA * ALX/C ** 2
      SUM1 = ALENDA * ALX * ALY * SUM1/( N * N)
      KEXI = 1. 0
      IF( ALD. GT. 1. 0) KEXI = ( D/ALY) ** 1. 5
      PA = SUM1/( D * ALY)
      F = PI * EDA * OMIGA/PESAI/PA + 0. 55 * PESAI * KEXI
      DT = ( F/PESAI) * PA/( CO * RO * Q/( PESAI * U * ALY * D) + PI * AS/PESAI/U)
!     WRITE( * , * ) DT,F,PA,CO,RO,AS
      WRITE( 8 ,40) Y( 1 ) , ( Y( I) , I = 1 , N)
      DO I = 1 , N
      WRITE( 8 ,40) X( I) * 360 , ( P( I,J) * ALENDA ,J = 1 , N)
      ENDDO
      WRITE( 9 ,40) Y( 1 ) , ( Y( I) , I = 1 , N)
      DO I = 1 , N
      WRITE( 9 ,40) X( I) * 360 , ( H( I,J) * C ,J = 1 , N)
      ENDDO
40    FORMAT( 122( E12. 6 ,1X) )
4     FORMAT( 10( G12. 4) )
!     WRITE( * , * )' EPSON ,E =' ,EPSON ,E
!     WRITE( * , * )' M ,CG ,AL =' ,M ,CG ,AL
!     WRITE( * , * )' SUM1 ,AI ,Q ,Q1 =' ,SUM1 ,AI ,Q ,Q1
      IF( LL. EQ. 0) WRITE( 13 , * )' ε e W ψ Flux Leakage ΔT Loading'
      LL = LL + 1
      IF( LD. EQ. 1) THEN
      TEXT =' STATIC'
      ELSE
      TEXT =' DYNAMIC'
```

```
      ENDIF
      WRITE(13,4)EPSON,E,SUM1,AI,Q,Q1,DT,TEXT
!     WRITE( * , * )'DD,D,C,PESAI =',DD,D,C,PESAI
      WRITE(TEXT,'(G12.4)') EPSON
      retlog = dlgset(dlg,idc_edit_EPSON2,trim(adjustl(TEXT)))
      WRITE(TEXT,'(G12.4)') SUM1
      retlog = dlgset(dlg,idc_edit_SUM2,trim(adjustl(TEXT)))
      write(TEXT,'(G12.4)') AI
      retlog = dlgset(dlg,idc_edit_AI,trim(adjustl(TEXT)))
      write(TEXT,'(G12.4)') Q
      retlog = dlgset(dlg,idc_EDIT_Q,trim(adjustl(text)))
      WRITE(TEXT,'(G12.4)') DT
      retlog = dlgset(dlg,idc_EDIT_DT,trim(adjustl(text)))
      WRITE(TEXT,'(G12.4)') Q1
      retlog = dlgset(dlg,idc_EDIT_Q1,trim(adjustl(text)))
      WRITE(TEXT,'(G12.4)') E
      retlog = dlgset(dlg,idc_EDIT_E,trim(adjustl(text)))
      CONTAINS
      SUBROUTINE SUBH
      DO I = 1,N
      DO J = 1,N
      H(I,J) = 1.0 + EPSON * COS(PI2 * X(I))
      ENDDO
      ENDDO
      IF(K1.EQ.0)GOTO 20
      DO I = 1,N
      HH(I) = 0.0
      ENDDO
      DO I = 1,N – K2,K2
      DO L = 1,K1
      HH(I + L – 1) = CCG
      ENDDO
      ENDDO
      HH(N) = HH(1)
      DO I = 1,N
      ENDDO
```

```
        TEMP = 1. /RATIO
        DO J = 1 , N
        DO I = 1 , N1
        I1 = I + ABS( J - N2) * ( 1. /TAN( ALF/2) ) * TEMP
        IF( I1. GT. N) THEN
        I1 = I1 - N1
        ENDIF
        H( I,J) = H( I,J) + HH( I1)
        ENDDO
        H( N,J) = H( 1 ,J)
        ENDDO
20      DO I = 1 , N
        I1 = I - 1
        I2 = I + 1
        IF( I. EQ. 1 ) I1 = N1
        IF( I. EQ. N) I2 = 2
        DO J = 2 , N1
        HXF( I,J) = ( 0. 5 * ( H( I2 ,J) + H( I,J) ) ) ** 3
        HXB( I,J) = ( 0. 5 * ( H( I1 ,J) + H( I,J) ) ) ** 3
        HYF( I,J) = ALFA * ( 0. 5 * ( H( I,J + 1) + H( I,J) ) ) ** 3
        HYB( I,J) = ALFA * ( 0. 5 * ( H( I,J - 1) + H( I,J) ) ) ** 3
        HXY( I,J) = 1. 0/( HXF( I,J) + HXB( I,J) + HYF( I,J) + HYB( I,J) )
        ENDDO
        ENDDO
        RETURN
        END SUBROUTINE SUBH
        SUBROUTINE SUBP
        DO I = 1 , N
        DO J = 1 , N
        PD( I,J) = P( I,J)
        ENDDO
        ENDDO
        IK = 0
        TEMP = 0. 5 * DX
10      C1 = 0. 0
        DO I = 1 , N1
```

```
        I1 = I – 1
        I2 = I + 1
        IF( I1. EQ. 0) I1 = N1
        IF( I2. EQ. N) I2 = 1
        DO J = 2, N1
        P( I, J) = ( HXF( I, J) * P( I2, J) + HXB( I, J) * P( I1, J) + HYF( I, J) * P( I, J + 1) +
HYB( I, J) * P( I, J – 1) – LD * TEMP * ( H( I2, J) – H( I1, J) ) ) * HXY( I, J)
        IF( P( I, J). LE. 0. 0) P( I, J) = 0. 0
        C1 = C1 + ABS( P( I, J) – PD( I, J) )
        PD( I, J) = P( I, J)
        ENDDO
        ENDDO
        DO J = 2, N1
        P( N, J) = P( 1, J)
        PD( N, J) = PD( 1, J)
        ENDDO
        IK = IK + 1
        IF( C1. GT. 1. E – 20. AND. IK. LE. 20000) GOTO 10
!       WRITE( * , * ) ' ER =', IK, C1
        RETURN
        END SUBROUTINE SUBP
        SUBROUTINE SUBM
        PX = 0. 0
        PY = 0. 0
        TEMP = PI/60. 0
        DO I = 1, N1
        AI = ( I – 1) * TEMP
        DO J = 1, N
        PX = PX – P( I, J) * COS( AI)
        PY = PY + P( I, J) * SIN( AI)
        ENDDO
        ENDDO
        SUM1 = SQRT( PX * PX + PY * PY)
        RETURN
        END SUBROUTINE SUBM
        END SUBROUTINE DISPLAY
```

## 21.3 性能计算结果

具体轴承的尺寸参数见下表：

| | |
|---|---|
| 电动机转速 | 5000 r·min$^{-1}$ |
| 载荷 $W$ | 1 N |
| 电动机轴直径 $d$ | 2.992 mm |
| 轴承内径 $D$ | 3.000 mm |
| 轴承宽度 $L$ | 2.4 mm |
| 润滑油黏度 $\eta$ | 0.02315 Pa·s |

图 21.4、图 21.5 和图 21.6 分别是按给出的参数计算的无沟槽和有沟槽静态和动态膜厚与压力分布图。

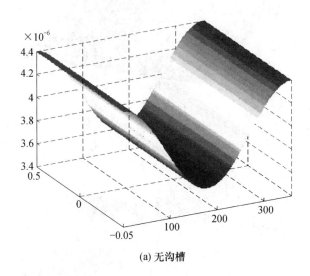

(a) 无沟槽

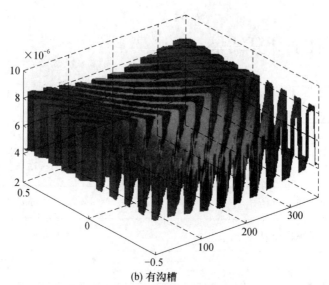

(b) 有沟槽

图 21.4　无、有沟槽的膜厚($\varepsilon = 0.1$)

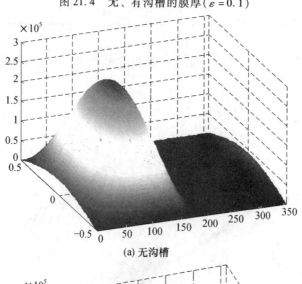

(a) 无沟槽

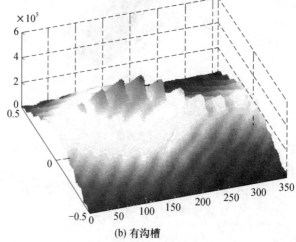

(b) 有沟槽

图 21.5　光滑与有沟槽表面静载压力分布($\varepsilon = 0.1$)

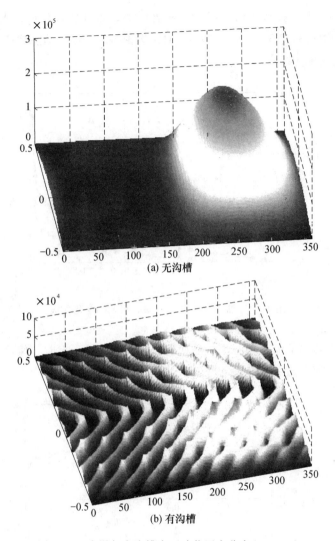

图 21.6　光滑与有沟槽表面动载压力分布($\varepsilon = 0.1$)

从上面给出的图中可以看出：

（1）光滑表面的解说明：静态和动态压力分布解是正确的，静态解的压力分布在 0～180°的区间，最大值在 80°左右的位置处；动态压力分布在 180～360°的区间，最大值在 270°左右的位置处。

（2）当考虑沟槽后，压力分布在光滑表面的基础上加入了起伏，造成了压力的波动。

当沟槽角度 $\alpha = 30°$，沟脊比 $\gamma = \dfrac{L_r}{L_g} = 1$，沟深 $C_g = 0.004$ mm 时，油膜承载能力

与偏心率 $\varepsilon = \dfrac{e}{c}$ 的变化曲线如图 21.7 所示。静态载荷略大于动态载荷，但它们随偏心变化的趋势基本一致，理论上，$\varepsilon = 0$ 时，载荷等于 0。因为是数值解，因此有计算机随机误差可能导致数据不为 0，是很小的数值。当 $\varepsilon \approx 0.1$ 时，油膜的承载能力

约为 0.8628 N。当 $\varepsilon$ 接近 1 时，载荷会显著增加，如对静态载荷，当 $\varepsilon \approx 0.99$ 时，油膜的承载能力可达到 34.7 N。当 $\varepsilon \approx 1$ 时，无论是静态或是动态载荷，油膜的承载能力理论上可无限大。

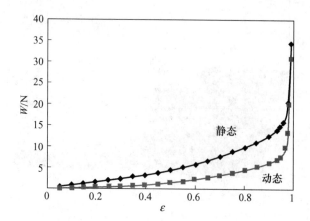

图 21.7　油膜承载能力随偏心率 $\varepsilon$ 的变化曲线

图 21.8 是偏位角 $\psi$ 随偏心率 $\varepsilon$ 的变化曲线，当 $\varepsilon$ 趋于 1 时，偏位角 $\psi$ 趋于 0°。静态偏位角大于 0，动态偏位角小于 0。

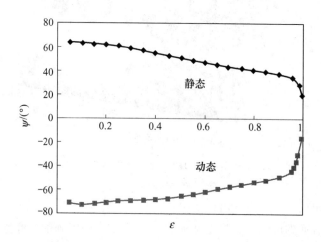

图 21.8　偏位角 $\psi$ 随偏心率 $\varepsilon$ 的变化曲线

图 21.9 是总流量 $Q_0$ 和泄露量 $Q_L$ 随偏心率 $\varepsilon$ 的变化曲线。静、动态情况的趋势是一样的。两个流量随偏心率 $\varepsilon$ 基本上是线性变化的，偏心率 $\varepsilon$ 为 0 时最小，偏心率 $\varepsilon$ 趋于 1 时最大。并且可以看出：泄露量 $Q_L$ 远小于总流量。

图 21.10 是温升 $\Delta T$ 随偏心率 $\varepsilon$ 的变化曲线，静、动态情况的趋势是一样，略有差异。动态温升略小于静态温升。$\varepsilon$ 接近 0 时，温升较大，约为 7 ℃，随着 $\varepsilon$ 趋于 1 时，温升先是不断下降，但在接近 1 时，由于油膜变薄，剪切率显著增加，会导致温升 $\Delta T$ 急剧增大。但总体温升都不是很大，在 10 ℃ 之内。

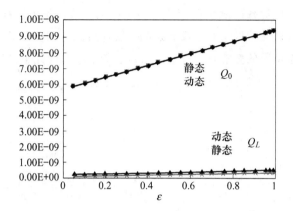

图 21.9 总流量 $Q_0$ 和泄露量 $Q_L$ 随偏心率 $\varepsilon$ 的变化曲线

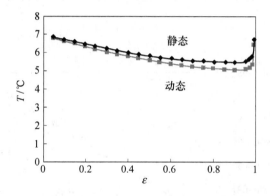

图 21.10 温升 $\Delta T$ 随偏心率 $\varepsilon$ 的变化曲线

图 21.11 ~ 图 21.14 分别是当沟槽角度 $\alpha = 30°$，沟脊比 $\gamma = \dfrac{L_r}{L_g} = 1$，偏心率 $\varepsilon = 0.1$ 时，油膜承载能力 $W$、$\psi$、$Q_0$、$Q_L$ 和 $\Delta T$ 随转速变化的曲线。转速在 1000 ~ 10000 r·min$^{-1}$ 区间，这些性能参数随转速的变化都是线性的，除偏位角不变，其他参数均线性增加。

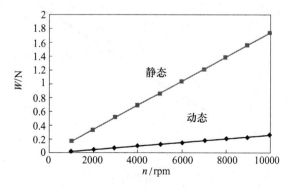

图 21.11 载荷随转速的变化

可以看出：转速对载荷成线性变化，转速越大，载荷越大。静态情况的斜率要大于动态情况。转速对偏位角几乎没有影响。转速对流量和温度的影响也是线性的，但是对静态和动态情况的影响是一样的，所以它们的趋势线几乎是重合的。

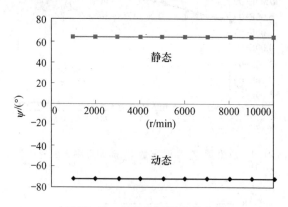

图 21.12 偏位角随转速的变化

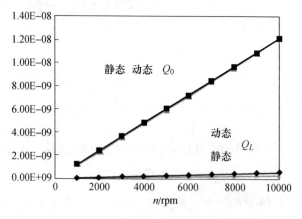

图 21.13 总流量和泄露量随转速的变化

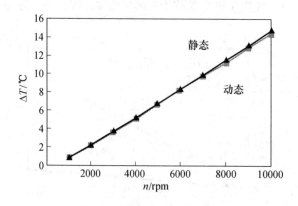

图 21.14 温升随转速的变化

## 21.4   HBFA 软件使用说明

### 1. 程序包内容

本软件程序包中的文件如表 21.1 所示。

**表 21.1   程序包中所包含的文件**

| 文件 | 文件类型 |
| --- | --- |
| HBFA. exe | 程序执行文件 |
| Resource. h | H 文件 |
| Resource. fd | Source 源文件 |
| Resource. hm | HM 文件 |
| Script1. rc | Resource template |
| HBFA. F90 | 程序源文件 |
| HBFA. dsp | Project file |
| HBFA. dsw | Project workspace |
| HBFA. PLG | PLg 文件 |
| Pressure. m 和 Height. m | Matlab 文件 |
| Bitmap3 和 Bitmap5 | 图形文件 |

程序执行后, 将产生如表 21.2 所示的文件:

**表 21.2   程序运行后所产生的文件**

| 文件 | 文件类型 |
| --- | --- |
| Height. dat | 膜厚分布数据 |
| Pressure. dat | 压力分布数据 |
| Result. dat | 计算结果 |
| HBFA. opt | OPT 文件 |
| Debug | Debug 文件包 |

**2. 程序的安装**

要运行本程序包，首先将包含有表 21.1 所示的文件包 HBFA 复制到磁盘当前目录下，再点击可执行文件 HBFA.exe。

**3. 程序的运行**

1）运行程序

点击可执行文件 HBFA.exe 将出现如图 21.15 所示界面，或者双击 yao1.dsw 文件进入 Compaq Visual Fortran 运行界面，点击 Fileview，选择 source file，双击 TAIDA8.F90，结果如图 21.16 所示，然后编译运行程序，出现图 21.15 所示的界面。

2）参数设定

由图 21.15 可以看到，程序主界面主要有七个区域："Bearing specification"、"Lube oil specification"、"Groove specification"、"Input"、"Output"、"Loading option"以及沟脊示意图等。

第一栏轴承尺寸参数区主要是对轴承的基本参数进行设定，包括电动机轴直径、轴承内径和宽度以及电动机的转速。

第二栏主要用于设定润滑油的物理性能的参数粘度、密度、比热和温升系数。

第三栏是对人字形轴承内部沟槽尺寸、形状进行设定，包括沟槽数量和角度、沟脊比及沟深。

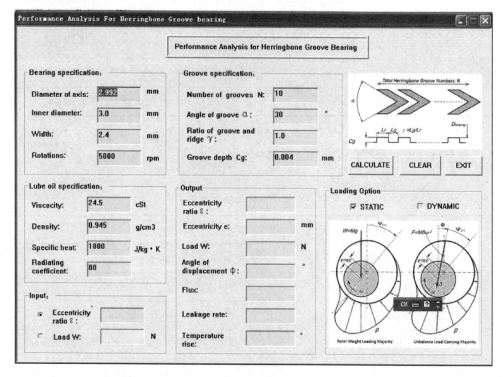

图 21.15　程序主界面

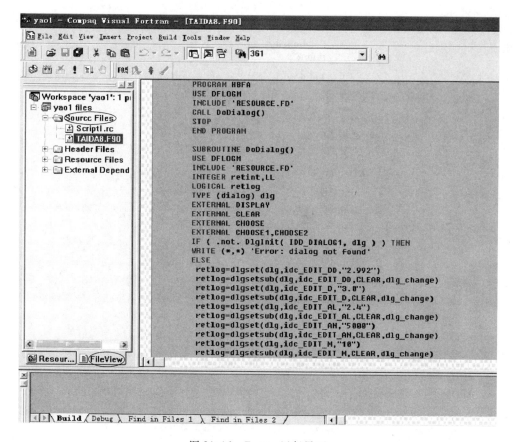

图 21.16　Fortran 运行界面

为了输入的方便，选用常用的单位，长度单位用 mm，力的单位为 N，电动机转速为 $r \cdot min^{-1}$，粘度是运动粘度，单位为 $mm^2 \cdot s^{-1}$，密度的单位是 $g \cdot cm^{-3}$。前三栏的参数用户可根据需要进行修改。

第四栏参数选择主要用于在两种情况下对人字形沟颈轴承性能进行分析，一种是知道偏心率求载荷，另一种是知道载荷求偏心率。偏心率 $\varepsilon$ 是偏心距 $e$ 与半径间隙之比，即 $\varepsilon = \dfrac{e}{c}$，其中 $c = R1 - R2$，$R1$ 为轴承半径，$R2$ 为电动机轴半径，偏心率的取值范围为 $0 \sim 1$。如果知道偏心率求载荷，点击偏心率，输入值，此状态为默认状态，如图 21.17 所示。如果知道载荷求偏心率，点击载荷，输入值结果如图 21.18 所示。

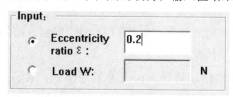

图 21.17　选择偏心率状态图

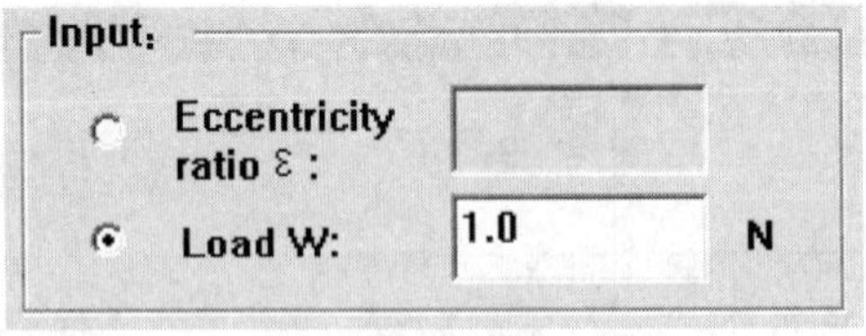

图 21.18　选择载荷状态图

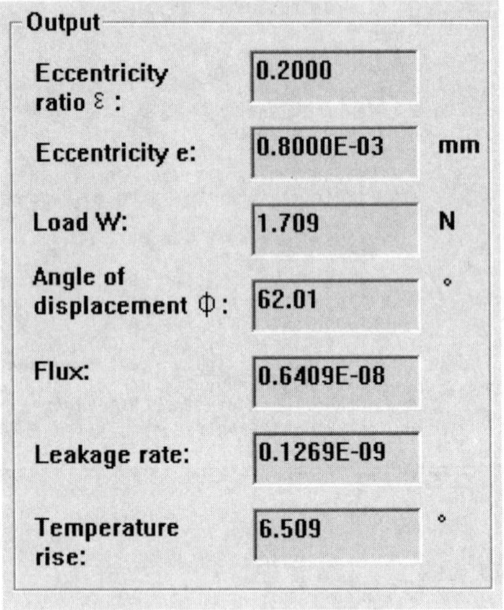

图 21.19　输出结果

在"Loading Option"栏内，示意了两种加载情况，一种是动载荷，即由转动而产生的离心力，如右边的图所示；另一种是静载荷，即在重力作用下的情况，如左边的图所示。当轴承工作主要是受重力作用时，选择"STATIC"，当轴承以动载荷为主时，选择"DYNAMIC"。

前五栏的参数设置完成后，点击图 21.15 中的"CACULATE"按钮，就进入了数值模拟计算过程。本源程序采用有限差分法和迭代法对油膜压力进行模拟计算。

在计算达到设定的收敛精度或迭代次数后，在第五栏的"结果输出"栏将输出几个重要的特征参数，包括偏心、载荷、偏位角、流量及温升。图 21.19 为一组输出结果。

当需要修改参数再次进行计算时，按"CLEAR"按钮，清除输出结果或直接修改参数，输出结果栏会自动清空。

除了界面给出的几个特征量外，在当前目录下还产生三个文本文件 height.txt、pressure.txt 和 result.txt，height.txt 和 pressure.txt 分别用于给出油膜厚度和压力分布的数据，result.txt 给出了详细特征参数的计算结果。

选择 pressure. m 文件，得到压力的分布图，如图 21.20 所示。

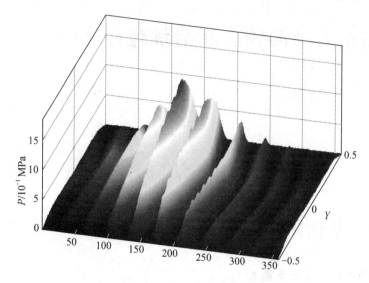

图 21.20　压力分布图

选择 height. m 文件，得到膜厚的展开图，如图 21.21 所示。

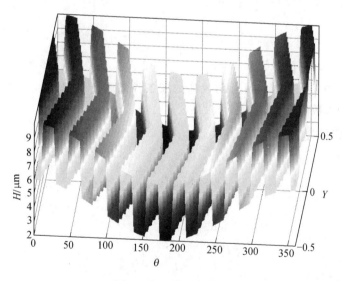

图 21.21　膜厚分布图

# 第二十二章
# 微型电机人字沟轴承润滑优化程序

## ■ 22.1 优化计算方法

### 1. 尺寸参数优化计算要求

根据给定的工况，以承载能力最大或流量最小为目标，确定人字沟轴颈轴承的下列参数最佳值：

沟槽角度 $\alpha$

沟脊比 $\dfrac{L_r}{L_g}$

特定间隙下的沟深 $C_g$

根据具体的工况参数、目标函数和约束条件编制计算程序，对轴承进行优化，求出以上三个参数的最优值。

### 2. 最优化模型

最优化模型是

$$\min f(x) \tag{22.1}$$

满足

$$\alpha_{\min} \leqslant \alpha \leqslant \alpha_{\max}$$
$$\left(\frac{L_r}{L_g}\right)_{\min} \leqslant \frac{L_r}{L_g} \leqslant \left(\frac{L_r}{L_g}\right)_{\max} \tag{22.2}$$
$$(C_g)_{\min} \leqslant C_g \leqslant (C_g)_{\max}$$

式中，$f(x)$ 可以是流量 $Q_L$，也可以是载荷 $W$。

（1）如果目标为载荷 $W$，偏心率 $\varepsilon$ 固定。

（2）对以流量为目标的优化，偏心率 $\varepsilon$ 可以固定，也可以提出：$W = W_0$。这时，偏心率 $\varepsilon$ 将不固定。

### 3. 优化方法与步骤

为了节约计算时间，减少工作量，可以采用既简便又实用的优化方法：

坐标轮换法＋区间递减法

具体步骤是：

（1）随机给定一组初始点 $\alpha$、$\dfrac{L_r}{L_g}$、$C_g$；

（2）沿某一坐标轴分十一个节点寻优；

（3）更换坐标轴，直至全部坐标完成；

（4）给出坐标轮换完成后的最优点数值和目标值；

（5）是否需要进一步计算？

（6）否，计算结束。

（7）是，在本轮最优点附近的前后、左右、上下各取原来区间 1/5 的立体空间作为下一轮的搜索区间，返回步骤 1，继续寻优。

注意：如果需要，可以选择不同初始点。

寻优过程如图 22.1 所示：

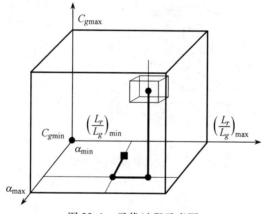

图 22.1　寻优过程示意图

## 22.2　优化计算程序

### 1. 程序框图

优化计算程序框图如图 22.2 所示。

### 2. 源程序

```
PROGRAM HBOA
USE DFLOGM
INCLUDE ' RESOURCE. FD '
CALL DoDialog( )
```

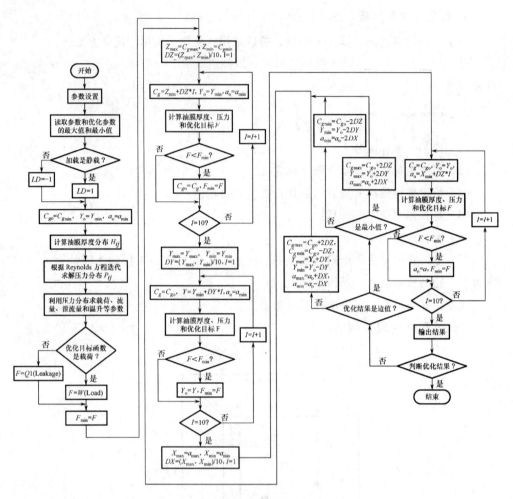

图 22.2　优化计算框图（HBOA）

```
STOP
END PROGRAM
SUBROUTINE DoDialog( )
USE DFLOGM
INCLUDE ' RESOURCE. FD '
INTEGER retint
LOGICAL retlog
TYPE（dialog）dlg
EXTERNAL DISPLAY
EXTERNAL CLEAR
EXTERNAL CHOOSE
EXTERNAL DISPLAY1
```

```
IF ( . not. DlgInit( IDD_DIALOG1 , dlg ) ) THEN
WRITE ( * , * ) ' Error: dialog not found '
ELSE
  retlog = dlgset( dlg , idc_EDIT_DD , "2. 992" )
  retlog = dlgsetsub( dlg , idc_EDIT_DD , CLEAR , dlg_change )
  retlog = dlgset( dlg , idc_EDIT_D , "3. 0" )
  retlog = dlgsetsub( dlg , idc_EDIT_D , CLEAR , dlg_change )
  retlog = dlgset( dlg , idc_EDIT_AL , "2. 4" )
  retlog = dlgsetsub( dlg , idc_EDIT_AL , CLEAR , dlg_change )
  retlog = dlgset( dlg , idc_EDIT_AN , "5000" )
  retlog = dlgsetsub( dlg , idc_EDIT_AN , CLEAR , dlg_change )
  retlog = dlgset( dlg , idc_EDIT_M , "10" )
  retlog = dlgsetsub( dlg , idc_EDIT_M , CLEAR , dlg_change )
  retlog = dlgset( dlg , idc_EDIT_MAXALF , "60" )
  retlog = dlgsetsub( dlg , idc_EDIT_MAXALF , CLEAR , dlg_change )
  retlog = dlgset( dlg , idc_EDIT_MINALF , "20" )
  retlog = dlgsetsub( dlg , idc_EDIT_MINALF , CLEAR , dlg_change )
  retlog = dlgset( dlg , idc_EDIT_MAXRLGL , "1. 3" )
  retlog = dlgsetsub( dlg , idc_EDIT_MAXRLGL , CLEAR , dlg_change )
  retlog = dlgset( dlg , idc_EDIT_MINRLGL , "0. 7" )
  retlog = dlgsetsub( dlg , idc_EDIT_MINRLGL , CLEAR , dlg_change )
  retlog = dlgset( dlg , idc_EDIT_MAXCG , "0. 01" )
  retlog = dlgsetsub( dlg , idc_EDIT_MAXCG , CLEAR , dlg_change )
  retlog = dlgset( dlg , idc_EDIT_MINCG , "0. 003" )
  retlog = dlgsetsub( dlg , idc_EDIT_MINCG , CLEAR , dlg_change )
  retlog = dlgset( dlg , idc_EDIT_DEDA , "24. 5" )
  retlog = dlgsetsub( dlg , idc_EDIT_DEDA , CLEAR , dlg_change )
  retlog = dlgset( dlg , idc_EDIT_RO , "0. 945" )
  retlog = dlgsetsub( dlg , idc_EDIT_RO , CLEAR , dlg_change )
  retlog = dlgset( dlg , idc_EDIT_AS , "80" )
  retlog = dlgsetsub( dlg , idc_EDIT_AS , CLEAR , dlg_change )
  retlog = dlgset( dlg , idc_EDIT_CO , "1800" )
  retlog = dlgsetsub( dlg , idc_EDIT_CO , CLEAR , dlg_change )
  retlog = dlgsetsub( dlg , idc_CALCULATE , DISPLAY )
  retlog = dlgsetsub( dlg , idc_continue , DISPLAY1 )
  retlog = dlgset( dlg , idc_CONTINUE , . false. , dlg_enable )
```

```
                retlog = dlgsetsub( dlg, idc_CLEAR, CLEAR )
                retlog = dlgset( dlg, idc_EDIT_EPSON, . TRUE. )
                retlog = dlgset( dlg, idc_EDIT_SUM, . FALSE. )
                retlog = dlgset( dlg, idc_RADIO_LOAD, . TRUE. )
                retlog = dlgset( dlg, idc_RADIO_FLUX, . FALSE. )
                retlog1 = dlgset( dlg, idc_RADIO_SUM, . FALSE. , dlg_enable )
                retlog = dlgsetsub( dlg, IDC_RADIO_LOAD, CHOOSE )
                retlog = dlgsetsub( dlg, IDC_RADIO_FLUX, CHOOSE )
                retlog = dlgsetsub( dlg, IDC_RADIO_SUM, CHOOSE )
                retlog = dlgsetsub( dlg, IDC_RADIO_EPSON, CHOOSE )
                retlog = dlgset( dlg, IDC_RADIO_DYNAMIC, . FALSE. , DLG_STATE )
                retlog = dlgset( dlg, IDC_RADIO_STATIC, . TRUE. , DLG_STATE )
                retint = DLGMODAL( dlg )
                CALL DLGUNINIT( dlg )
        END IF
        RETURN
        END SUBROUTINE DoDialog
        SUBROUTINE CHOOSE( dlg, control_name, calltype )
        USE DFLOGM
        INCLUDE ' resource. fd '
        TYPE ( dialog ) dlg
        INTEGER retint, LF
        LOGICAL retlog, retlog1, PUSHED_state
        retlog = dlgget( dlg, idc_RADIO_LOAD, PUSHED_state )
        IF( PUSHED_state ) THEN
        LF = 1
        retlog = dlgset( dlg, idc_RADIO_SUM, . false. , dlg_enable )
        retlog = dlgset( dlg, idc_EDIT_SUM, . false. , dlg_enable )
        retlog = dlgset( dlg, idc_EDIT_EPSON, . TRUE. , dlg_enable )
        ELSE
        LF = 0
        retlog = dlgset( dlg, idc_RADIO_SUM, . TRUE. , dlg_enable )
        ENDIF
        retlog = dlgget( dlg, idc_RADIO_EPSON, PUSHED_state )
        IF( PUSHED_STATE. AND. LF. EQ. 0 ) THEN
        retlog1 = dlgset( dlg, idc_EDIT_SUM, . FALSE. , dlg_enable )
```

```
retlog1 = dlgset(dlg,idc_EDIT_EPSON,. TRUE. ,dlg_enable)
ELSE
IF(LF. EQ. 0) THEN
retlog = dlgset(dlg,idc_EDIT_EPSON,. FALSE. ,dlg_enable)
retlog = dlgset(dlg,idc_EDIT_SUM,. TRUE. ,dlg_enable)
ELSE
retlog = dlgset(dlg,idc_RADIO_SUM,. false. ,dlg_enable)
retlog = dlgset(dlg,idc_EDIT_SUM,. false. ,dlg_enable)
retlog = dlgset(dlg,idc_EDIT_EPSON,. TRUE. ,dlg_enable)
ENDIF
ENDIF
END SUBROUTINE CHOOSE
SUBROUTINE CLEAR(dlg,control_name,calltype)
USE DFLOGM
INCLUDE 'resource. fd'
TYPE (dialog) dlg
LOGICAL retlog
INTEGER retint,control_name,calltype
retlog = dlgset(dlg,idc_EDIT_SUM2," ")
retlog = dlgset(dlg,idc_EDIT_EPSON2," ")
retlog = dlgset(dlg,idc_EDIT_E," ")
retlog = dlgset(dlg,idc_EDIT_ALF2," ")
retlog = dlgset(dlg,idc_EDIT_Q," ")
retlog = dlgset(dlg,idc_EDIT_RLGL2," ")
retlog = dlgset(dlg,idc_EDIT_CG2," ")
RETURN
END SUBROUTINE CLEAR
SUBROUTINE DISPLAY1(dlg,control_name,calltype)
USE dflogm
INCLUDE 'resource. fd'
TYPE (dialog) dlg
LOGICAL retlog, pushed_state
INTEGER retint,control_name,calltype
INTEGER LCON
retlog = dlgset(dlg,idc_EDIT_SUM2," ")
retlog = dlgset(dlg,idc_EDIT_EPSON2," ")
```

```
retlog = dlgset( dlg, idc_EDIT_E, "    " )
retlog = dlgset( dlg, idc_EDIT_ALF2, "    " )
retlog = dlgset( dlg, idc_EDIT_Q, "    " )
retlog = dlgset( dlg, idc_EDIT_RLGL2, "    " )
retlog = dlgset( dlg, idc_EDIT_CG2, "    " )
retlog = dlgset( dlg, idc_RADIO_continue, . true. )
CALL DISPLAY( dlg, control_name, calltype )
END SUBROUTINE DISPLAY1
SUBROUTINE DISPLAY( dlg, control_name, calltype )
USE dflogm
INCLUDE ' resource. fd '
TYPE ( dialog ) dlg
LOGICAL retlog, pushed_state
INTEGER retint, control_name, calltype, LLL
INTEGER LCON
CHARACTER( 256 ) text
DATA PI/3. 14159265/
OPEN( 8, FILE = ' pressure. DAT ', STATUS = ' UNKNOWN ')
OPEN( 9, FILE = ' height. DAT ', STATUS = ' UNKNOWN ')
OPEN( 14, FILE = ' result. DAT ', STATUS = ' UNKNOWN ')
OPEN( 13, FILE = ' ORESULT. DAT ', STATUS = ' UNKNOWN ')
LLL = 0
retlog = dlgget( dlg, idc_radio_continue, pushed_state )
IF( pushed_state ) GO TO 100
retlog = dlgget( dlg, idc_edit_MAXALF, text )
read( text, * ) ALFMAX
retlog = dlgget( dlg, idc_edit_MINALF, text )
read( text, * ) ALFMIN
retlog = dlgget( dlg, idc_edit_MAXRLGL, text )
read( text, * ) RLGLMAX
retlog = dlgget( dlg, idc_edit_MINRLGL, text )
read( text, * ) RLGLMIN
retlog = dlgget( dlg, idc_edit_MAXCG, text )
read( text, * ) CGMAX
retlog = dlgget( dlg, idc_edit_MINCG, text )
read( text, * ) CGMIN
```

```
retlog = dlgget( dlg, idc_edit_DD, text)
read( text, * ) DD
retlog = dlgget( dlg, idc_edit_D, text)
read( text, * ) D
retlog = dlgget( dlg, idc_edit_AL, text)
read( text, * ) AL
retlog = dlgget( dlg, idc_edit_AN, text)
read( text, * ) AN
retlog = dlgget( dlg, idc_edit_M, text)
read( text, * ) M
retlog = dlgget( dlg, idc_EDIT_DEDA, text)
read( text, * ) DEDA
retlog = dlgget( dlg, idc_EDIT_RO, text)
read( text, * ) RO
retlog = dlgget( dlg, idc_EDIT_AS, text)
read( text, * ) AS
retlog = dlgget( dlg, idc_EDIT_CO, text)
read( text, * ) CO
retlog = DLGGET ( dlg, IDC_RADIO_FLUX, pushed_state)
IF ( PUSHED_STATE) THEN
LF = 0
ELSE
LF = 1
ENDIF
retlog = DLGGET ( dlg, IDC_RADIO_EPSON, pushed_state)
IF ( PUSHED_STATE) THEN
retlog = dlgget( dlg, idc_edit_EPSON, text)
read( text, * ) EPSON
W0 = 0. 0
ME = 1
ELSE
retlog = dlgget( dlg, idc_edit_SUM, text)
read( text, * ) W0
EPSON = 0. 2
ME = 0
ENDIF
```

```
     retlog = DLGGET (dlg, IDC_RADIO_STATIC, pushed_state)
     IF(PUSHED_STATE) THEN
     LD = 1
     ELSE
     LD = -1
     END IF
!    WRITE( * , * )'LF,ME,LD =',LF,ME,LD
     Q1 = 0.0
     SUM = 0.0
     DD = DD * 1.0E - 3
     D = D * 1.0E - 3
     AL = AL * 1.0E - 3
     RO = RO * 1.0E3
     DEDA = DEDA * 1.0E - 6
     X1 = ALFMAX * PI/180
     X0 = ALFMIN * PI/180
     Y1 = RLGLMAX
     Y0 = RLGLMIN
     Z1 = CGMAX * 1.0E - 3
     Z0 = CGMIN * 1.0E - 3
10   DX = (X1 - X0)/10.0
     DY = (Y1 - Y0)/10.0
     DZ = (Z1 - Z0)/10.0
     CALL RANDOM(RVAL)
     I = IFIX(RVAL * 10) + 1
     XMIN = X0 + I * (X1 - X0)/10.0
     CALL RANDOM(RVAL)
     J = IFIX(RVAL * 10) + 1
     YMIN = Y0 + J * (Y1 - Y0)/10.0
     CALL RANDOM(RVAL)
     K = IFIX(RVAL * 10) + 1
     ZMIN = Z0 + K * (Z1 - Z0)/10.0
     WRITE( * , * )'XMIN =',XMIN,'YMIN =',YMIN,'ZMIN =',ZMIN


     FF = F(XMIN,YMIN,ZMIN,DD,D,AL,AN,RO,W0,DEDA,AS,CO,LF,ME,LD,M,
EPSON,Q1,SUM)
```

```
        FMIN = FF
        WRITE( * , * ) 'FMIN =', FMIN
        DO MM = 1 ,11
        Z = Z0 + DZ * ( MM − 1 )

    FF = F ( XMIN , YMIN , Z , DD , D , AL , AN , RO , W0 , DEDA , AS , CO , LF , ME , LD , M ,
EPSON , Q1 , SUM )
        WRITE( * , * )' XMIN , YMIN , Z , FF =', XMIN , YMIN , Z , FF
        IF( FF. LT. FMIN ) THEN
        K = MM
        ZMIN = Z
        FMIN = FF
        ENDIF
        ENDDO
        WRITE( * , * )' XMIN =', XMIN ,' YMIN =', YMIN ,' ZMIN =', ZMIN ,' FMIN =', FMIN
        DO MM = 1 ,11
        Y = Y0 + DY * ( MM − 1 )

    FF = F ( XMIN , Y , ZMIN , DD , D , AL , AN , RO , W0 , DEDA , AS , CO , LF , ME , LD , M ,
EPSON , Q1 , SUM )
        WRITE( * , * )' XMIN , Y , ZMIN , FF =', XMIN , Y , ZMIN , FF
        IF( FF. LT. FMIN ) THEN
        J = MM
        YMIN = Y
        FMIN = FF
        ENDIF
        ENDDO
        WRITE( * , * )' XMIN =', XMIN ,' YMIN =', YMIN ,' ZMIN =', ZMIN ,' FMIN =', FMIN
        DO MM = 1 ,11
        X = X0 + DX * ( MM − 1 )

    FF = F ( X , YMIN , ZMIN , DD , D , AL , AN , RO , W0 , DEDA , AS , CO , LF , ME , LD , M ,
EPSON , Q1 , SUM )
        WRITE( * , * )' X , YMIN , ZMIN , FF =', X , YMIN , ZMIN , FF
        IF( FF. LT. FMIN ) THEN
        I = MM
```

```
            XMIN = X
            FMIN = FF
          ENDIF
        ENDDO

    FMIN = F( XMIN , YMIN , ZMIN , DD , D , AL , AN , RO , W0 , DEDA , AS , CO , LF , ME , LD ,
M , EPSON , Q1 , SUM )
        WRITE( * , * )' XMIN =',XMIN,' YMIN =',YMIN,' ZMIN =',ZMIN,' FMIN =',FMIN
        retlog = dlgset( dlg , idc_continue ,. true. , dlg_enable )
        GO TO 200
100   retlog = dlgset( dlg , idc_RADIO_continue ,. false. )
        IF( I. EQ. 1 ) X1 = X0 + 2. * DX
        IF( I. EQ. 11 ) X0 = X1 - 2. * DX
        IF( I. NE. 1. AND. I. NE. 11 ) THEN
        X0 = XMIN - DX
        X1 = XMIN + DX
        ENDIF
        IF( J. EQ. 1 ) Y1 = Y0 + 2. * DY
        IF( J. EQ. 11 ) Y0 = Y1 - 2. * DY
        IF( J. NE. 1. AND. J. NE. 11 ) THEN
        Y0 = YMIN - DY
        Y1 = YMIN + DY
        ENDIF
        IF( K. EQ. 1 ) Z1 = Z0 + 2. * DZ
        IF( K. EQ. 11 ) Z0 = Z1 - 2. * DZ
        IF( K. NE. 1. AND. K. NE. 11 ) THEN
        Z0 = ZMIN - DZ
        Z1 = ZMIN + DZ
        ENDIF
        WRITE( * , * )' X , Y , Z =',X0,X1,Y0,Y1,Z0,Z1
        GOTO 10
200   WRITE( TEXT ,'( G12. 4 )') XMIN * 180/PI
        retlog = dlgset( dlg , idc_edit_ALF2 , trim( adjustl( TEXT ) ) )
        WRITE( TEXT ,'( G12. 4 )') YMIN
        retlog = dlgset( dlg , idc_edit_RLGL2 , trim( adjustl( TEXT ) ) )
```

```
      WRITE( TEXT,'( G12. 4)') ZMIN * 1. 0E3
      retlog = dlgset( dlg, idc_edit_CG2, trim( adjustl( TEXT) ) )
      WRITE( TEXT,'( G12. 4)') EPSON
      retlog = dlgset( dlg, idc_edit_EPSON2, trim( adjustl( TEXT) ) )
      IF ( LF. EQ. 1) THEN
      SUM = - FMIN
      WRITE( TEXT,'( G12. 4)')  - FMIN
      retlog = dlgset( dlg, idc_edit_SUM2, trim( adjustl( TEXT) ) )
      WRITE( TEXT,'( G12. 4)') Q1
      retlog = dlgset( dlg, idc_edit_Q, trim( adjustl( TEXT) ) )
      ELSE
      WRITE( TEXT,'( G12. 4)') FMIN
      retlog = dlgset( dlg, idc_edit_Q, trim( adjustl( TEXT) ) )
      WRITE( TEXT,'( G12. 4)') SUM
      retlog = dlgset( dlg, idc_edit_SUM2, trim( adjustl( TEXT) ) )
      ENDIF
      IF( LD. EQ. 1) THEN
      TEXT =' STATIC '
      ELSE
      TEXT =' DYNAMIC '
      ENDIF
      WRITE( 13, * )' α γ Cg ε W0 LOAD LEAKAGE LOADING '
      WRITE( 13,4) XMIN * 180/PI,YMIN,ZMIN,EPSON,W0,SUM,Q1,TEXT
4     FORMAT( 20( G12. 4) )
      END SUBROUTINE DISPLAY
      FUNCTIONF( ALF,RLGL,CG,DD,D,AL,AN,RO,W0,DEDA,AS,CO,LF,ME,LD,
M,EPSON,Q1,SUM) RESULT( FF)
      REAL * 4 X( 121),Y( 121),H( 121,121),P( 121,121),PD( 121,121),HH( 121)
      REAL  *  4  HXY ( 121, 121), HXF ( 121, 121), HXB ( 121, 121),
HYF( 121,121),HYB( 121,121)
      REAL * 4,INTENT( OUT) :: Q1,SUM,EPSON
      CHARACTER( 10) TEXT
      DATA N,N1,N2/121,120,61/
      DATA PI/3. 14159265/
!     WRITE( * , * ) ' ALF,RLGL,CG =',ALF * 180/PI,RLGL,CG
```

```
!    WRITE( * , * ) 'DD,D,AL,EPSON =',DD,D,AL,EPSON
!    WRITE( * , * ) 'LDF =',LD
     PI2 = 2. 0 * PI
     EDA = DEDA * RO
     R = D/2. 0
     ALD = AL/D
     C = ( D – DD )/2. 0
     PESAI = ( D – DD )/D
     K2 = 120/M
     DX = 1. 0/N1
     ALX = PI2 * R
     ALY = AL
     RATIO = ALX/ALY
     ALFA = RATIO ** 2
     OMIGA = AN * PI2/60. 0
     U = OMIGA * R
     AKEXI = 1. 0
     IF( ALD. GT. 1. 0 ) AKEXI = ( D/ALY ) ** 1. 5
     ALENDA = 6. 0 * U * EDA * ALX/C ** 2
     HMIN = C * ( 1. 0 – EPSON )
     TEMP = 1. /N1
     DO I = 1, N
     X( I ) = ( I – 1 ) * TEMP
     Y( I ) = – 0. 5 + X( I )
     ENDDO
     Y( N2 ) = 0. 0
     K1 = ( RLGL/( 1 + RLGL ) ) * K2
     IF( ABS( K1 – ( RLGL/( 1 + RLGL ) ) * K2 ). GT. 0. 5 ) K1 = K1 + 1
     CCG = CG/C
     DO I = 1, N
     DO J = 1, N
     P( I,J ) = 0. 0
     ENDDO
     ENDDO
     IF ( ME. EQ. 1 ) THEN
```

```
     CALL SUBH（N，N1，EPSON，X，Y，H，HH，PI2，K1，K2，CCG，RATIO，ALF，ALFA，
N2，HXF，HXB，HYF，HYB，HXY）
     CALL SUBP（N，N1，PD，P，H，DX，HXF，HXB，HYF，HYB，HXY，LD）
     CALL SUBM（N，N1，PI，P，PX，PY，SUM1）
     SUM0 = ALENDA * ALX * ALY * SUM1/（N * N）
     GO TO 30
     ELSE
     EPSON = 0. 5
     EPSON1 = 0. 0
     EPSON2 = 1. 0
     GO TO 6
     ENDIF
6    CALL SUBH（N，N1，EPSON，X，Y，H，HH，PI2，K1，K2，CCG，RATIO，ALF，ALFA，
N2，HXF，HXB，HYF，HYB，HXY）
     CALL SUBP（N，N1，PD，P，H，DX，HXF，HXB，HYF，HYB，HXY，LD）
     CALL SUBM（N，N1，PI，P，PX，PY，SUM1）
     SUM0 = ALENDA * ALX * ALY * SUM1/（N * N）
!    WRITE（ * ， * ） ME，W0，SUM0，EPSON
     IF（ABS（（SUM0 - W0）/W0）. LE. 0. 005） GOTO 30
     IF（W0. LT. SUM0）THEN
     EPSON2 = EPSON
     EPSON = 0. 5 * （EPSON1 + EPSON）
     ELSE
     EPSON1 = EPSON
     EPSON = 0. 5 * （EPSON + EPSON2）
     ENDIF
     GOTO 6
30   E = EPSON * C
     HMIN = C * （1. 0 - EPSON）
     Q1 = 0. 0
     DO I = 1，N1
     Q = H（I,1） ** 3 * （4. 0 * P（I,2） - P（I,3）） + H（I,N） ** 3 * （4. 0 * P（I,N - 1） -
P（I,N - 2））
     IF（Q. LT. 0. 0）Q = 0. 0
     Q1 = Q1 + Q
     ENDDO
```

```
        Q1 = Q1 * 0. 25 * U * ALY * C
        Q = 0. 5 * U * ALY * (C * (1 + EPSON) + CG * K1/K2)
        DDT = 0. 0
        AI = 180. 0 * ATAN(PY/PX)/PI
        PA = SUM0/(D * ALY)
        FS = PI * EDA * OMIGA/PESAI/PA + 0. 55 * PESAI * AKEXI
        DT = (FS/PESAI) * PA/(CO * RO * Q/(PESAI * U * ALY * D) + PI * AS/PESAI/U)
        IF(LD. EQ. 1) THEN
        TEXT = 'STATIC'
        ELSE
        TEXT = 'DYNAMIC'
        ENDIF
        WRITE(14, *)' α γ Cg ε e W0 LOAD FLUX LEAKAGE △T LOADING'
        WRITE(14,4) ALF * 180/PI,RLGL,CG,EPSON,E,W0,SUM0,Q,Q1,DT,TEXT
40      FORMAT(122(E12. 6,1X))
4       FORMAT(20(G12. 4))
        SUM = SUM0
!       WRITE( * , * ) 'Q1,SUM =',Q1,SUM
        IF(LF. EQ. 1) THEN
        FF = - SUM0
        ELSE
        FF = Q1
        ENDIF
!       WRITE( * , * )' FF =',FF
        RETURN
        END
        SUBROUTINE SUBH(N,N1,EPSON,X,Y,H,HH,PI2,K1,K2,CCG,RATIO,ALF,
      ALFA,N2,HXF,HXB,HYF,HYB,HXY)
        REAL * 4 X(N),Y(N),H(N,N),HH(N),HXF(N,N),HXB(N,N),HYF(N,N),
      HYB(N,N),HXY(N,N)
        DO I = 1,N
        DO J = 1,N
        H(I,J) = 1. 0 + EPSON * COS(PI2 * X(I))
        ENDDO
        ENDDO
```

```
    IF( K1. EQ. 0 ) GOTO 20
    DO I = 1 , N
    HH( I ) = 0. 0
    ENDDO
    DO I = 1 , N − K2 , K2
    DO L = 1 , K1
    HH( I + L − 1 ) = CCG
    ENDDO
    ENDDO
    HH( N ) = HH( 1 )
    TEMP = 1. /RATIO
    DO J = 1 , N
    DO I = 1 , N1
    I1 = I + ABS( J − N2 ) ∗ ( 1. /TAN( ALF/2 ) ) ∗ TEMP
    IF( I1. GT. N ) THEN
    I1 = I1 − N1
    ENDIF
    H( I , J ) = H( I , J ) + HH( I1 )
    ENDDO
    H( N , J ) = H( 1 , J )
    ENDDO
20  DO I = 1 , N
    I1 = I − 1
    I2 = I + 1
    IF( I. EQ. 1 ) I1 = N1
    IF( I. EQ. N ) I2 = 2
    DO J = 2 , N1
    HXF( I , J ) = ( 0. 5 ∗ ( H( I2 , J ) + H( I , J ) ) ) ∗∗ 3
    HXB( I , J ) = ( 0. 5 ∗ ( H( I1 , J ) + H( I , J ) ) ) ∗∗ 3
    HYF( I , J ) = ALFA ∗ ( 0. 5 ∗ ( H( I , J + 1 ) + H( I , J ) ) ) ∗∗ 3
    HYB( I , J ) = ALFA ∗ ( 0. 5 ∗ ( H( I , J − 1 ) + H( I , J ) ) ) ∗∗ 3
    HXY( I , J ) = 1. 0/( HXF( I , J ) + HXB( I , J ) + HYF( I , J ) + HYB( I , J ) )
    ENDDO
    ENDDO
    RETURN
```

```
      END SUBROUTINE SUBH
      SUBROUTINE SUBP(N,N1,PD,P,H,DX,HXF,HXB,HYF,HYB,HXY,LD)
      REAL*4 X(N),Y(N),PD(N,N),P(N,N),H(N,N),HXF(N,N),HXB(N,N),
   HYF(N,N),HYB(N,N),HXY(N,N)
      DO I=1,N
      DO J=1,N
      PD(I,J)=P(I,J)
      ENDDO
      ENDDO
      IK=0
      TEMP=0.5*DX
10    C1=0.0
      DO I=1,N1
      I1=I-1
      I2=I+1
      IF(I1.EQ.0)I1=N1
      IF(I2.EQ.N)I2=1
      DO J=2,N1
      P(I,J)=(HXF(I,J)*P(I2,J)+HXB(I,J)*P(I1,J)+HYF(I,J)*P(I,J+1)+
   HYB(I,J)*P(I,J-1)-LD*TEMP*(H(I2,J)-H(I1,J)))*HXY(I,J)
      IF(P(I,J).LE.0.0)P(I,J)=0.0
      C1=C1+ABS(P(I,J)-PD(I,J))
      PD(I,J)=P(I,J)
      ENDDO
      ENDDO
      DO J=2,N1
      P(N,J)=P(1,J)
      PD(N,J)=PD(1,J)
      ENDDO
      IK=IK+1
      IF(C1.GT.1.E-20.AND.IK.LE.20000)GOTO 10
!     WRITE(*,*)'IK,ER=',IK,C1
      RETURN
      END SUBROUTINE SUBP
      SUBROUTINE SUBM(N,N1,PI,P,PX,PY,SUM1)
```

```
DIMENSION P( N , N )

PX = 0. 0

PY = 0. 0

TEMP = PI/60. 0

DO I = 1 , N1

AI = ( I - 1 ) * TEMP

DO J = 1 , N

PX = PX - P( I , J ) * COS( AI )

PY = PY + P( I , J ) * SIN( AI )

ENDDO

ENDDO

SUM1 = SQRT( PX * PX + PY * PY )

RETURN

END        SUBROUTINE SUBM
```

### 3. 程序参数

程序中的主要参数及其意义见表 22.1。

表 22. 1　程序参数表

| 参数 | 参数说明 | 参数 | 参数说明 |
|------|----------|------|----------|
| AI | 偏位角 | DD | 电机轴直径 |
| AL | 轴承长度 | DEDA | 润滑油运动粘度 |
| ALD | AL/D | DX | $X$ 方向间隔 |
| ALENDA | 压力量纲一化系数 | DT | 温升 |
| ALF | 沟槽角度 $\alpha$ | E | 偏心 |
| ALFA | RATIO$^2$ | EDA | 动力粘度 |
| ALX | $2\pi R$ | EPSON | 偏心率 $\varepsilon$ |
| ALY | 轴承宽度 | F | 剪切力 |
| AN | 转速 | H( 121 , 121 ) | 各节点膜厚值 |
| AS | 散热系数 | HMIN | 最小膜厚值 |
| C | 半径间隙 | K1 | 沟槽所占节点数 |
| C1 | 误差 | K2 | 一个沟槽所占节点数 |
| CG | 沟深 | KEXI | $\zeta$ |
| CCG | 沟深系数 $CG/C$ | M | 沟脊总数 |
| CO | 润滑油比热 | N | 节点数 |
| D | 轴承内径 | N1 | $N-1$ |

| 参数 | 参数说明 | 参数 | 参数说明 |
|------|---------|------|---------|
| N2 | $N1/2 + 1$ | X(121) | $X$ 坐标值 |
| OMIGA | 角速度 | Y(121) | $Y$ 坐标值 |
| P(121, 121) | 各节点压力值 | | |
| PI | $\pi$ | | |
| PI2 | $2 * \pi$ | ALFMAX | 沟槽角最大值 |
| PA | 平均压力 | ALFMIN | 沟槽角最小值 |
| PX | $X$ 方向的分力 | CGMAX | 沟深最大值 |
| PY | $Y$ 方向的分力 | CGMIN | 沟深最小值 |
| PESAI | $\varphi$ | RLGLMAX | 沟脊比最大值 |
| Q | 流量 | RLGLMIN | 沟脊比最小值 |
| Q1 | 泄漏量 | XMIN | 沟槽角优化值 |
| R | 轴承半径 | YMIN | 沟脊比优化值 |
| RLGL | 沟脊比 | ZMIN | 沟深优化值 |
| RO | 润滑油密度 | FF | 目标函数值 |
| RATIO | $ALX/ALY$ | WO | 给定载荷 |
| SUM | 承载力 | SUM0 | 计算载荷 |
| SUM0 | 给定载荷 | LOADING | 加载方式 |
| U | 线速度 | | |

## ■ 22.3　优化计算算例

算例是在下面给出参数范围内进行的：

电动机转速 $n$　5000 r · min$^{-1}$

电动机轴直径 $d$　2.992 mm

轴承内径 $D$　3.000 mm

轴承宽度 $L$　2.4 mm

润滑油粘度 $\eta$　0.02315 Pa · s

$\alpha_{min}$　20°

$\alpha_{max}$　60°

$\left(\dfrac{L_r}{L_g}\right)_{min}$　0.7

$\left(\dfrac{L_r}{L_g}\right)_{max}$　1.3

$(C_g)_{min}$　0.003 mm

$(C_g)_{max}$　0.01 mm

1）算例1：静态载荷优化计算

在给定偏心率 $\varepsilon = 0.1$ 下，对静态载荷进行优化。

起始点为 $\alpha = 24°$，$\left(\dfrac{L_r}{L_g}\right) = 0.76$，$(C_g) = 0.0079$，初始载荷 $W = 0.6630$ N。

对载荷进行第一轮优化得到：

$\alpha = 44°$，$\left(\dfrac{L_r}{L_g}\right) = 0.76$，$(C_g) = 0.003$，此时，最大载荷 $W = 1.054$ N，$Q_L = 0.1457 \times 10^{-9}$ m$^3 \cdot$ s$^{-1}$。

对载荷进行第二轮优化得到：

$\alpha = 44°$，$\left(\dfrac{L_r}{L_g}\right) = 0.82$，$(C_g) = 0.003$，此时，最大载荷 $W = 1.054$ N，$Q_L = 0.1457 \times 10^{-9}$ m$^3 \cdot$ s$^{-1}$。

从结果中可以发现：两轮寻优结果 $\dfrac{L_r}{L_g}$ 不同，但是结果未变，说明 $\dfrac{L_r}{L_g}$ 对载荷没有影响，或影响不大。

2）算例2：静态流量优化计算（固定偏心）

在给定偏心 $\varepsilon = 0.2$ 下，对流量进行优化。

起始点为 $\alpha = 24°$，$\left(\dfrac{L_r}{L_g}\right) = 0.76$，$(C_g) = 0.0079$，初始流量 $Q_L = 1.5824 \times 10^{-10}$ m$^3 \cdot$ s$^{-1}$。

对流量进行第一轮优化得到：

$\alpha = 20°$，$\left(\dfrac{L_r}{L_g}\right) = 1.24$，$(C_g) = 0.003$，此时，最小流量 $Q_L = 0.9403 \times 10^{-10}$ m$^3 \cdot$ s$^{-1}$，载荷 $W = 1.334$ N。

对流量进行第二轮优化得到：

$\alpha = 20.80°$，$\left(\dfrac{L_r}{L_g}\right) = 1.3$，$(C_g) = 0.003$，此时，最小流量 $Q_L = 0.9230 \times 10^{-10}$ m$^3 \cdot$ s$^{-1}$，载荷 $W = 1.359$ N，$\varepsilon = 0.1114$。

3）算例3：静态流量优化计算（固定载荷）

在给定静态载荷 $W_0 = 1$ N 下，对流量进行优化。

起始点为 $\alpha = 24°$，$\left(\dfrac{L_r}{L_g}\right) = 0.76$，$(C_g) = 0.0079$，初始流量 $Q_L = 1.6344 \times 10^{-10}$ m$^3 \cdot$ s$^{-1}$。

对流量进行第一轮优化得到：

$\alpha = 20°$，$\left(\dfrac{L_r}{L_g}\right) = 0.88$，$(C_g) = 0.003$，此时，最小流量 $Q_L = 0.7411 \times 10^{-10}$ m$^3 \cdot$ s$^{-1}$，

载荷 $W = 0.9988$ N，$\varepsilon = 0.1230$。

对流量进行第二轮优化得到：

$$\alpha = 20°, \left(\frac{L_r}{L_g}\right) = 0.82, (C_g) = 0.003,\ 此时，最小流量\ Q_L = 0.7332 \times 10^{-10}\ \text{m}^3 \cdot \text{s}^{-1},$$

载荷 $W = 1.003$ N，$\varepsilon = 0.1113$。

4）算例 4：动态载荷优化计算

在给定偏心率 $\varepsilon = 0.1$ 下，对动态载荷进行优化。

起始点为 $\alpha = 24°$，$\left(\dfrac{L_r}{L_g}\right) = 0.76$，$(C_g) = 0.0079$，初始载荷 $W = 0.1071$ N。

对载荷进行第一轮优化得到：

$$\alpha = 20°, \left(\frac{L_r}{L_g}\right) = 0.76, (C_g) = 0.003,\ 此时，最大载荷\ W = 0.2281\ \text{N}, Q_L =$$

$0.1308 \times 10^{-9}\ \text{m}^3 \cdot \text{s}^{-1}$。

对载荷进行第二轮优化得到：

$$\alpha = 23.20°, \left(\frac{L_r}{L_g}\right) = 0.8200, (C_g) = 0.003,\ 此时，最大载荷\ W = 0.2303\ \text{N}, Q_L =$$

$0.1410 \times 10^{-9}\ \text{m}^3 \cdot \text{s}^{-1}$。

5）算例 5：动态流量优化计算（固定偏心）

在给定偏心 $\varepsilon = 0.3$ 下，对流量进行优化。

起始点为 $\alpha = 24°$，$\left(\dfrac{L_r}{L_g}\right) = 0.76$，$(C_g) = 0.0079$，初始流量 $Q_L = 4.6646 \times$

$10^{-10}\ \text{m}^3 \cdot \text{s}^{-1}$。

对流量进行第一轮优化得到：

$$\alpha = 20°, \left(\frac{L_r}{L_g}\right) = 0.76, (C_g) = 0.003,\ 此时，最小流量\ Q_L = 0.1907 \times 10^{-9}\ \text{m}^3 \cdot \text{s}^{-1},$$

载荷 $W = 1.311$ N。

对流量进行第二轮优化得到：

$$\alpha = 20.8°, \left(\frac{L_r}{L_g}\right) = 0.82, (C_g) = 0.003,\ 此时，最小流量\ Q_L = 0.1853 \times 10^{-9}\ \text{m}^3 \cdot \text{s}^{-1},$$

载荷 $W = 1.286$ N。

6）算例 6：动态流量优化计算（固定载荷）

在给定动态载荷 $W_0 = 3$ N 下，对流量进行优化。

起始点为 $\alpha = 24°$，$\left(\dfrac{L_r}{L_g}\right) = 0.76$，$(C_g) = 0.0079$，初始载荷 $Q_L = 5.4022$

$\times 10^{-10}\ \text{m}^3 \cdot \text{s}^{-1}$。

对流量进行第一轮优化得到：

$$\alpha = 20°, \left(\frac{L_r}{L_g}\right) = 0.76, (C_g) = 0.003,\ 此时，最小流量\ Q_L = 0.2608 \times 10^{-9}\ \text{m}^3 \cdot \text{s}^{-1},$$

载荷 $W = 3.002$ N，$\varepsilon = 0.5039$。

对流量进行第二轮优化得到：

$\alpha = 20.80°$，$\left(\dfrac{L_r}{L_g}\right) = 0.82$，$(C_g) = 0.003$，此时，最小流量 $Q_L = 0.2497 \times 10^{-9}$ m³·

s$^{-1}$，载荷 $W = 3.011$ N，$\varepsilon = 0.5078$。

# 22.4　HBOA 软件使用说明

1）程序包

本软件程序包中的文件如表 22.2 所示。

表 22.2　程序包中所包含的文件

| 文件 | 文件类型 |
| --- | --- |
| HBOA. exe | 程序执行文件 |
| Resource. h | H 文件 |
| Resource. fd | Source 源文件 |
| Resource. hm | HM 文件 |
| Script1. rc | Resource template |
| HBOA. F90 | 程序源文件 |
| HBOA. dsp | Project file |
| HBOA. dsw | Project workspace |

在程序执行后，将产生如表 22.3 所示的文件。

表 22.3　程序运行后所产生的文件

| 文件 | 文件类型 |
| --- | --- |
| Result. dat | 计算结果 |
| Oresult. dat | 优化结果 |
| HBOA. plg | PLG 文件 |
| Script1. asp | ASP 文件 |
| Debug | Debug 文件包 |

2）程序的运行

（1）运行程序

点击可执行文件 HBOA. exe 将出现如图 22.3 所示界面，或者双击 yao1. dsw 文件进入 Compaq Visual Fortran 运行界面，点击 Fileview，选择 source file，双击 TAIDA8. F90，结果如图 22.4 所示，然后编译运行程序，出现图 22.3 所示的界面。

（2）参数设定

由图 22.3 可以看到，主程序界面主要有六个区域："Calculation parameters"、"Optimization parameters"、"Optimization option"、"Input"、"Loading option"以及"Output"。

第一栏"Calculation parameters"主要是对轴承的基本参数、润滑油的物理性能参数以及沟槽的部分参数进行设定。

第二栏"Optimization parameters"是对优化参数的范围进行设定，包括沟槽角度、沟脊比及沟深的最大值和最小值。

为了输入的方便，选用常用单位，长度单位用 mm，力的单位为 N，电动机转速为 r・min$^{-1}$，粘度是运动粘度，单位为 mm$^2$・s$^{-1}$，密度的单位是 g・cm$^{-3}$。前两栏用户可根据需要进行修改。

第三栏"Optimization option"栏，主要是设定优化目标参数，"Load W"选项是以轴承的承载能力最大作为目标函数，"Flux"选项是以泄漏量最小作为目标函数。

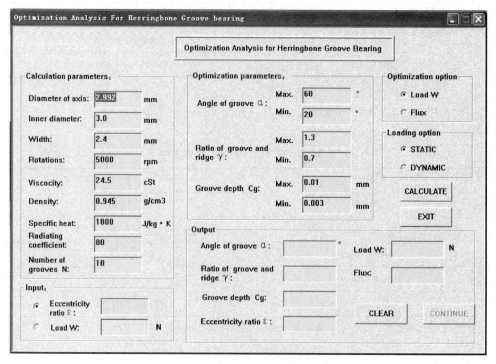

图 22.3　程序主界面

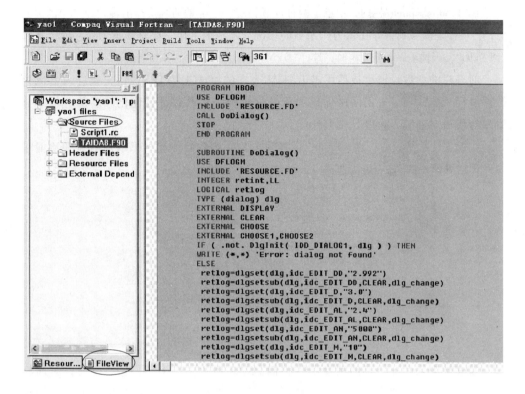

图 22.4  Fortran 运行界面

第四栏"Input"栏主要是根据实际情况需要，选择参数对目标函数进行分析，如果在第三栏中选择"Load"项，只能是在给定的偏心率下对载荷进行优化分析，此状态为默认状态。如果在第三栏中选择"Flux"项，可以在两种情况下对泄漏量进行优化分析，一种是在给定偏心率的情况下进行优化，另一种是在给定载荷的情况下进行优化。如果给定偏心率，点击偏心率，输入值，如图 22.5 所示。如果已知载荷，点击载荷，输入值结果如图 22.6 所示。

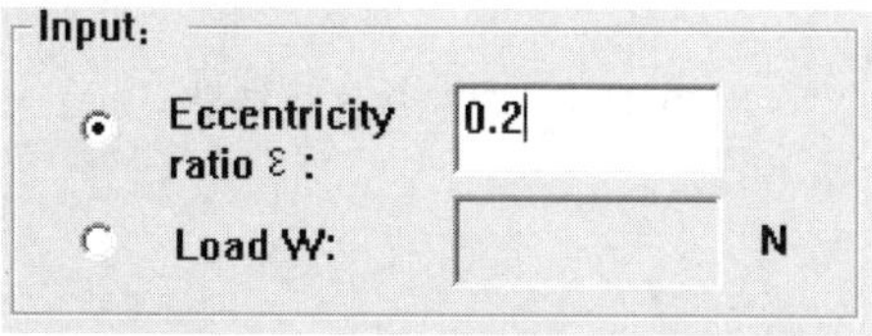

图 22.5  选择偏心率状态图

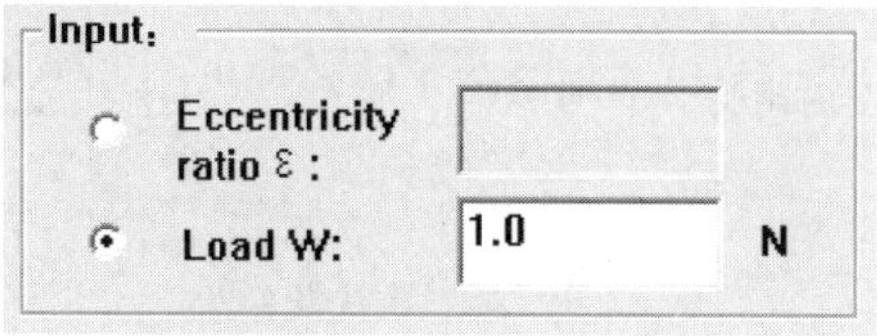

图 22.6  选择载荷状态图

在"Loading option"栏内，示意了两种加载情况，一种是动载荷即由转动而产生的离心力，另一种是静载荷，即在重力作用下的情况。当轴承工作主要是受重力作用时，选择"STATIC"，当轴承以动载为主时，选择"DYNAMIC"。

前五栏的参数设置完成后，点击图22.3中的"CACULATE"按钮，就进入了优化计算过程。本源程序采用网格优化法和坐标轮换法对参数进行优化，以及有限差分法和迭代法对油膜压力进行模拟计算。

在优化计算结束后，在"Output"栏将输出几个参数的优化结果以及载荷和泄漏量的计算结果值。图22.7是在选择"Load"选项，偏心率为0.2时的第一次优化结果。

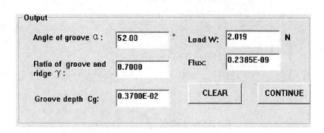

图 22.7　输出结果

如果对优化计算结果的精度不是很满意时，可以按"CONTINUE"按钮，对计算结果继续优化，直到优化结果达到精度要求。"CONTINUE"按钮在初始运行时处于未激活状态，当第一次优化计算结束后就处于激活状态。图22.8和图22.9分别为第二次和第三次优化结果。

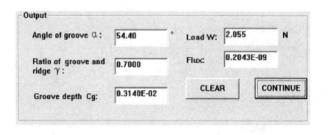

图 22.8　第二次优化结果

图 22.9　第三次优化结果

如果需要修改参数对另一种情况进行优化计算时，按"CLEAR"按钮，清除输出结果，或直接修改参数输出结果栏会自动清空。修改参数进行优化计算。

除了界面给出的几个特征量外，在当前目录下还产生 result. txt 和 Oresult. txt 文件，result. txt 给出了优化过程中数值变化情况，Oresult. txt 给出了最后优化结果。

# 第二十三章

# 磁盘磁头超薄气体润滑计算程序

## ▣ 23.1 磁盘磁头超薄气体润滑基本方程

### 1. Reynolds 方程

对于图 23.1 磁头工作系统，广义气体润滑 Reynolds 方程的稳态量纲一化形式可统一写成

$$\frac{\partial}{\partial X}\left( PH^3 Q \frac{\partial P}{\partial X} \right) + A^2 \frac{\partial}{\partial Y}\left( PH^3 Q \frac{\partial P}{\partial Y} \right) = \Lambda_x \frac{\partial (PH)}{\partial X} + A\Lambda_y \frac{\partial (PH)}{\partial Y} \quad (23.1)$$

式中，$P$ 为量纲一化压力，$P = \frac{p}{p_a}$（$p_a$ 是环境气压）；$H$ 为量纲一化膜厚，$H = \frac{h}{h_0}$（$h_0$ 为特征膜厚）；$X$，$Y$ 分别为量纲一化坐标，$X = \frac{x}{L}$ 和 $Y = \frac{y}{B}$；$A$ 为磁头长度与磁头宽度的比率，$A = \frac{L}{B}$；$\Lambda$ 为轴承数，$\Lambda_x = \frac{6\mu UL}{p_a h_0^2}$ 和 $\Lambda_y = \frac{6\mu VL}{p_a h_0^2}$（$\mu$ 为气体粘性系数，$U$、$V$ 分别为磁盘相对于磁头在 $X$ 和 $Y$ 方向的运动速度）；$Q$ 为量纲一化伯肃叶流量系数；$Q_{con}$ 为连续伯肃叶流量系数；$Q$ 为 $Q_p$ 和 $Q_{con}\left( = \frac{D}{6} \right)$ 的比率；对于微间隙气体润滑，必须考虑稀薄效应的影响。

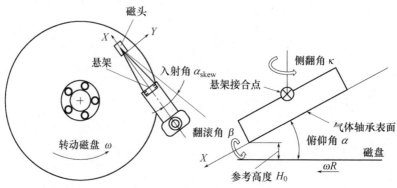

图 23.1 磁头气体润滑示意图

**2. 磁头膜厚**

磁头具有两级阶梯，两级阶梯高度分别是 114 nm 和 1.77 μm，膜厚的表达式如下

$$h(X,Y) = h_0(X,Y) + L(X_N - X)\sin(\alpha_p) + B(Y_M - Y)\sin\alpha_r + h_{\min} \quad (23.2)$$

式中，$h_0(X,Y)$ 为磁头原始高度（即阶梯高度差）；$X$、$Y$ 为量纲一化坐标；右端第 2、3 项为倾斜项；最后加上最小膜厚 $h_{\min}$ 构成了最终的膜厚；$X_N$ 和 $Y_M$ 为尾端坐标。

使用者可根据自己的情况修改膜厚，或直接读入膜厚数据。

**3. 伯肃叶流量系数**

早期研究中，研究者通过引入边界滑移速度来描述 Knudsen 层的气体流动。近半个世纪来，在磁头气体润滑不同的发展阶段，出现了多种伯肃叶流量系数计算模型。量纲一化伯肃叶流量系数 $Q$ 对应于稀薄效应，可表示为

$$Q = \frac{Q_P}{Q_{\text{con}}} \quad (23.3)$$

式中，$Q_P$ 为伯肃叶流量系数，是逆 Knudsen 数 $D$ 的函数。

伯肃叶流量系数，一般的分段表达式为

$$Q = 1 + \frac{6.0972}{D} + \frac{6.3918}{D^2} - \frac{12.8124}{D^3} \qquad (D \geqslant 5)$$

$$Q = 0.83112 + \frac{7.50522}{D} + \frac{0.93918}{D^2} - \frac{0.05814}{D^3} \qquad (0.15 \leqslant D < 5)$$

$$Q = -13.7514 + \frac{12.64038}{D} + \frac{0.09918}{D^2} - \frac{0.0004164}{D^3} \qquad (0.01 \leqslant D < 0.15)$$

$$(23.4)$$

式中，$D = D_0 PH$；$D_0 = \dfrac{p_0 h_0}{\mu \sqrt{2RT_0}}$。

通过拟合得到了如下的连续函数：

$$Q_p = \frac{D}{6} + 1.0162 + 0.40134\ln\left(1 + \frac{1.2477}{D}\right) \quad (23.5)$$

在程序中使用上式。

# ■ 23.2 方程离散与特殊处理

第 8 章对稀薄气体润滑计算作了介绍。但是对于磁头/磁盘的超薄气体润滑，除了利用式（23.1）的 Reynolds 方程考虑稀薄效应外，在求解时还会遇上大轴承数和膜厚突变问题，如果不能解决这两个问题，可能导致求解发散或误差较大等不正确的数值解。

**1. 大轴承数问题的解决**

为了求解超薄气体润滑大轴承数问题,对式(23.1)分析如下:

(1)由于所要解决的是大轴承数问题,因此含有 $\Lambda_x$ 和 $\Lambda_y$ 的剪切流项在 $h_0$ 很小的时候,其数值远远大于其他的两个压力流项。所以,如果还是按传统的润滑计算,把其作为差分的辅助项计算时,实际上是用大数修正小数,会对较小的压力带来很大的修正量,从而使得迭代过程容易出现失稳。

(2)在通常的润滑方程中,剪切流并不含有压力项,因此传统的润滑计算必须通过对压力项的差分迭代获得求解变量压力 $p$。但是方程式(23.1)中,由于气体的可压缩性,使得剪切流项内包含了求解变量压力 $p$,这为求解提供了新的可能。

由于超薄气体润滑的以上两点,采用迎风格式可以有效解决大轴承数的问题,将方程(23.1)离散得到

$$
\begin{aligned}
\Lambda_x &\frac{P_{i,j}H_{i,j} - P_{i-1,j}H_{i-1,j}}{\Delta X_i} + 2A\Lambda_y \frac{P_{i,j}H_{i,j} - P_{i,j-1}H_{i,j-1}}{\Delta Y_j} \\
&= 0.5 \frac{\left[ (QH^3)_{i+1/2,j}(P_{i+1,j}^2 - P_{i,j}^2) - (QH^3)_{i-1/2,j}(P_{i,j}^2 - P_{i-1,j}^2) \right]}{\Delta X_i^2} \\
&\quad + 0.5A^2 \frac{\left[ (QH^3)_{i,j+1/2}(P_{i,j+1}^2 - P_{i,j}^2) - (QH^3)_{i,j-1/2}(P_{i,j}^2 - P_{i,j-1}^2) \right]}{\Delta Y_j^2}
\end{aligned} \tag{23.6}
$$

整理后有

$$
\hat{P}_{i,j} = \frac{
\begin{bmatrix}
2\hat{P}_{i-1,j}\Lambda_x H_{i-1,j}/\Delta X_i + 0.5\left( (\hat{Q}H^3)_{i+1/2,j}\tilde{P}_{i+1,j}^2 + (\hat{Q}H^3)_{i-1/2,j}\hat{P}_{i-1,j}^2 \right)/\Delta X_i^2 \\
+ 2\hat{P}_{i,j-1}A\Lambda_y H_{i,j-1}/\Delta Y_j + 0.5A^2\left( (\hat{Q}H^3)_{i,j+1/2}\tilde{P}_{i,j+1}^2 + (\hat{Q}H^3)_{i,j-1/2}\hat{P}_{i,j-1}^2 \right)/\Delta Y_j^2
\end{bmatrix}
}{
\begin{bmatrix}
2\Lambda_x H_{i,j}/\Delta X_i + 2A\Lambda_y H_{i,j}/\Delta Y_j + 0.5\tilde{P}_{i,j}\left( (\hat{Q}H^3)_{i+1/2,j} + (\hat{Q}H^3)_{i-1/2,j} \right)/\Delta X_i^2 \\
+ 0.5A^2 \tilde{P}_{i,j}\left( (\hat{Q}H^3)_{i,j+1/2} + (\hat{Q}H^3)_{i,j-1/2} \right)/\Delta Y_j^2
\end{bmatrix}
}
\tag{23.7}
$$

式中,上面带 ~ 的变量为迭代前的值;带 ^ 的变量为迭代后的值。

**2. 阶梯突然变化处理**

处理突变膜厚的方法,对磁头/磁盘问题就属于这类情况,利用

$$
q_{i+1/2,j} = \frac{2q_{i+1,j}q_{i,j}}{q_{i+1,j} + q_{i,j}} \tag{23.8}
$$

式中,$q = PHQ^3$。

对 $y$ 方向的流量系数有类似式(23.8)的公式。另外需要特别指出:如果不做如上的折算处理,得到的结果可能出现较大的误差。

## 23.3 计算程序

**1. 程序框图**(图 23.2)

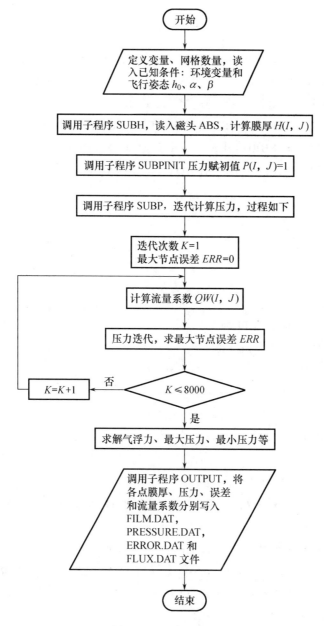

图 23.2 程序流程图

## 2. 源程序

```
PROGRAM MAGNETICHEAD
IMPLICIT REAL * 8 （A － H,O － Z）
DIMENSION P(101,101),H(101,101),X(101),Y(101),F(101,101),QW(101,101)
DATA AL,B,HM,BETA1,U,EDA,PA/1. 25E － 3,1. 0E － 3,1. 0E － 8,0. 01,25. 0,
1. 8060E － 5,1. 0135E5/
DATA
ALA,ALFA,R,T0,SKEW,PI,AROLL/63. 5E － 9,0. 95024E － 4,287. 03,293. 0,0. 0,
3. 14159265,6. 1465303E － 6/
OPEN(8,FILE ='FILM. DAT',STATUS ='UNKNOWN')
OPEN(9,FILE ='PRESSURE. DAT',STATUS ='UNKNOWN')
OPEN(10,FILE ='ERROR. DAT',STATUS ='UNKNOWN')
OPEN(11,FILE ='FLUX. DAT',STATUS ='UNKNOWN')
N = 101
M = N
N1 = N － 1
M1 = N1
N2 = N1/2 + 1
M2 = M1/2 + 1
UX = U * COS(SKEW * PI/180. )
UY = U * SIN(SKEW * PI/180. )
HC = ALA/HM
ALENDA = 6. 0 * EDA * UX * AL/(HM ** 2 * PA)
ALENDAY = 6. 0 * EDA * UY * AL/(HM ** 2 * PA)
DELTA = AL * SIN(ALFA)/HM
Q = B/AL
D0 = PA * HM/EDA/SQRT(2. 0 * R * T0)
CALL   SUBH(N,M,M2,N1,M1,DX,DY,AL,ALFA,B,AROLL,HM,DELTA1,X,
Y,H)
CALL SUBPINIT(N,M,N1,M1,HMIN,H,P,F,QW)
CALL SUBP(N,M,N1,M1,DX,DY,Q,ALENDA,ALENDAY,D0,DR,PA,AL,B,
BETA1,PI,AD,HM,ALFA,U,H,P,F,QW)
CALL OUTPUT(N,M,X,Y,H,P,F,QW)
STOP
END
SUBROUTINE SUBH （ N, M, M2, N1, M1, DX, DY, AL, ALFA, B, AROLL, HM,
```

```
DELTA1,X,Y,H)
      IMPLICIT REAL * 8 (A - H,O - Z)
      DIMENSION X(N),Y(M),H(N,M)
      DO I = 1,N
      DO J = 1,M
      H(I,J) = (1770.0 E - 9 + HM)/HM
      ENDDO
      ENDDO
      DO I = 1,0.1 * N
      DO J = 1,M
      H(I,J) = (114.0 E - 9 + HM)/HM
      ENDDO
      ENDDO
      DO I = 0.1 * N + 1,0.2 * N
      DO J = 1,M
      H(I,J) = 1.0
      ENDDO
      ENDDO
      DO I = 0.2 * N + 1,0.8 * N
      DO J = 1,0.1 * M
      H(I,J) = 1.0
      H(I,M - J) = 1.0
      ENDDO
      ENDDO
      DO I = 0.77 * N + 1,0.97 * N
      DO J = 0.4 * M,M/2 + 1
      H(I,J) = 1.0
      H(I,M - J) = 1.0
      ENDDO
      ENDDO
      DO I = 0.85 * N + 1,0.95 * N
      DO J = 0.2 * M,0.3 * M
      H(I,J) = 1.0
      H(I,M - J) = 1.0
      ENDDO
      ENDDO
```

```
      X(1) = 0.0
      DX = 1./N1
      DO I = 2,N
      X(I) = X(I - 1) + DX
      ENDDO
      Y(1) = -0.5
      DY = 1./M1
      DO J = 2,M
      Y(J) = Y(J - 1) + DY
      ENDDO
      X(N) = 1.0
      Y(M2) = 0.0
      HMIN = 10.0
      DO I = 1,N
      DO J = 1,M
      DELTA1 = (AL * (X(N) - X(I)) * SIN(ALFA) + B * (Y(M) - Y(J)) *
     SIN(AROLL))/HM
      H(I,J) = H(I,J) + DELTA1
      IF(H(I,J). LT. HMIN) THEN
      IMIN = I
      JMIN = J
      HMIN = H(I,J)
      ENDIF
      ENDDO
      ENDDO
      RETURN
      END
      SUBROUTINE SUBPINIT(N,M,N1,M1,HMIN,H,P,F,QW)
      IMPLICIT REAL * 8 (A - H,O - Z)
      DIMENSION H(N,M),P(N,M),F(N,M),QW(N,M)
      DO I = 1,N
      DO J = 1,M
      P(I,J) = 1.0
      F(I,J) = 0.0
      QW(I,J) = 1.0
      ENDDO
```

```
      ENDDO
      DO I = 2 , N1
      DO J = 2 , M1
      P( I , J ) = P( I - 1 , J ) * H( I - 1 , J )/H( I , J )
      ENDDO
      ENDDO
      RETURN
      END
      SUBROUTINE SUBP( N , M , N1 , M1 , DX , DY , Q , ALENDA , ALENDAY , D0 , DR , PA ,
   AL , B , BETA1 , PI , AD , HM , ALFA , U , H , P , F , QW )
      IMPLICIT REAL * 8 ( A - H , O - Z )
      DIMENSION H( N , M ) , P( N , M ) , F( N , M ) , QW( N , M )
      K = 0
      DX1 = 1. /DX
      DY1 = 1. /( Q * DY )
      DX2 = DX1 * DX1
      DY2 = DY1 * DY1
      CX = 2. * ALENDA * DX1
      CY = 2. * ALENDAY * DY1
 10   DO I = 1 , N
      DO J = 1 , M
      DR = D0 * P( I , J ) * H( I , J )
      QC = DR/6. 0
      QP = QC + 1. 0162 + 0. 40134 * DLOG( 1. 0 + 1. 2477/DR )
      QW( I , J ) = QP/QC
      ENDDO
      ENDDO
      ERR = 0. 0
      DO J = 2 , M1
      DO I = 2 , N1
      C0 = CX * H( I , J )
      C5 = CX * P( I - 1 , J ) * H( I - 1 , J )
      CY0 = CY * H( I , J )
      CY5 = CY * P( I , J - 1 ) * H( I , J - 1 )
      TMP1  = QW( I + 1 , J ) * H( I + 1 , J ) * H( I + 1 , J ) * H( I + 1 , J )
      TMP2  = QW( I , J ) * H( I , J ) * H( I , J ) * H( I , J )
```

```
QHP1  = 2.0 * TMP1 * TMP2/(TMP1 + TMP2)
TMP1  = QW(I-1,J) * H(I-1,J) * H(I-1,J) * H(I-1,J)
QHM1  = 2.0 * TMP1 * TMP2/(TMP1 + TMP2)
C1 = P(I,J) * (QHP1 + QHM1) * DX2
C3 = (P(I+1,J) * P(I+1,J) * QHP1 + P(I-1,J) * P(I-1,J) * QHM1) * DX2
TMP1  = QW(I,J+1) * H(I,J+1) * H(I,J+1) * H(I,J+1)
QHP1  = 2.0 * TMP1 * TMP2/(TMP1 + TMP2)
TMP1  = QW(I,J-1) * H(I,J-1) * H(I,J-1) * H(I,J-1)
QHM1  = 2.0 * TMP1 * TMP2/(TMP1 + TMP2)
C2 = P(I,J) * (QHP1 + QHM1) * DY2
C4 = (P(I,J+1) * P(I,J+1) * QHP1 + P(I,J-1) * P(I,J-1) * QHM1) * DY2
TMP = (C5 + C3 + C4 + CY5)/(C0 + C1 + C2 + CY0)
P(I,J) = P(I,J) + BETA1 * (TMP - P(I,J))
F(I,J) = P(I,J) * (C0 + C1 + C2 + CY0) - C3 - C4 - C5 - CY5
IF(ABS(F(I,J)).GT.ERR)ERR = ABS(F(I,J))
ENDDO
ENDDO
K = K + 1
WRITE( * , * )'K = , ERR =',K,ERR
IF(ERR.LT.1.E-5)GOTO 20
IF(K.GT.500)BETA1 = 0.1
IF(K.GT.2000)BETA1 = 0.5
IF(K.GT.3000)BETA1 = 0.75
IF(K.GT.5000)BETA1 = 0.95
IF(K.LE.8000) GOTO 10
20  SM = 0.0
PMAX = 0.0
PMIN = 0.0
AD = 2.0/SQRT(PI)
DO I = 1,N
DO J = 1,M
P(I,J) = P(I,J) - 1.
SM = SM + P(I,J)
IF(P(I,J).GT.PMAX)THEN
PMAX = P(I,J)
IMAX = I
```

```
      JMAX = J
      ENDIF
      IF(P(I,J). LT. PMIN)THEN
      PMIN = P(I,J)
      IMIN = I
      JMIN = J
      ENDIF
      QW(I,J) = AD * D0 * (1. + P(I,J)) * H(I,J)
      H(I,J) = HM * H(I,J)
      ENDDO
      ENDDO
      SM = SM * PA * AL * B/(N1 * M1)
      WRITE( * , * )' ALFA =',ALFA,' HM =',HM,' U =',U,' LOAD =',SM,' PMAX =',
PMAX,' PMIN =',PMIN
      RETURN
      END
      SUBROUTINE OUTPUT(N,M,X,Y,H,P,F,QW)
      IMPLICIT REAL * 8 (A - H,O - Z)
      DIMENSION X(N),Y(M),H(N,M),P(N,M),F(N,M),QW(N,M)
      WRITE(8,30)(Y(J),J = 1,M)
30    FORMAT(1X,101(E12. 6,1X))
      WRITE(8,40)(X(I),(H(I,J),J = 1,M),I = 1,N)
40    FORMAT(102(E12. 6,1X))
      WRITE(9,30)(Y(J),J = 1,M)
      WRITE(9,40)(X(I),(P(I,J),J = 1,M),I = 1,N)
      WRITE(10,30)(Y(J),J = 1,M)
      WRITE(10,40)(X(I),(F(I,J),J = 1,M),I = 1,N)
      WRITE(11,30)(Y(J),J = 1,M)
      WRITE(11,40)(X(I),(QW(I,J),J = 1,M),I = 1,N)
      RETURN
      END
```

**3. 计算结果**

1）预赋值参数

滑块长度 $AL = 1.25E - 3$ m；滑块宽度 $B = 1.0E - 3$ m；最小膜厚 $HM = 1.0E - 8$ m；速度 $U = 25.0$ m·s$^{-1}$；气体粘度 $EDA = 1.806E - 5$ Pa·s；大气压强 $PA = 1.0136E5$ Pa；气体分子平均自由程 $ALA = 63.5E - 9$ m；滑块纵倾角 $ALFA = 0.95024E - 4$ rad；气体常

数 $R = 287.03$；绝对温度 $T0 = 293.0$ K；气流入射角 $SKEW = 0.0$；翻滚角 $AROLL = 6.1465303E - 6$ rad。

预赋值参数可以根据具体情况修改，但需要重新编译和连接后方可运行。

2）输出参数

膜厚 $H(I, J)$ 对应文件 FILM. DAT

压力 $P(I, J)$ 对应文件 PRESSURE. DAT

误差 $F(I, J)$ 对应文件 ERROR. DAT

系数 $QW(I, J)$ 对应文件 FLUX. DAT

本节程序设计在 $K = 8000$ 时跳出迭代循环，如果观测发现误差尚未随机跳动，一般可以继续迭代减少误差，这时可将 $K$ 值加大，重新编译、计算。

按给定工况参数计算得到的磁头表面形状和压力分布如图 23.3 所示。

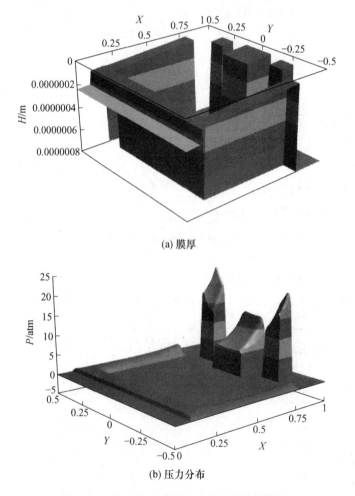

(a) 膜厚

(b) 压力分布

图 23.3　磁头表面膜厚与压力分布计算结果

# 第二十四章

# 硬盘磁头飞行姿态计算程序

## ▣ 24.1 飞行姿态寻找策略

磁头组件的工作机理是依靠悬臂和气体轴承产生的作用力相平衡保持读写线圈处(Gap位置)的物理间隙(飞行高度)的稳定性,在工作中因受到各种因素的干扰,即使磁头偏离了平衡位置造成飞行姿态改变,正常情况下,气膜作用力的变化也会使其恢复原位。

求解磁头平衡位置的策略:预先估计一组位置参数,利用第23章介绍的方法算出在该位置参数下的载荷参数(承载力、绕某点的纵向转矩和横向转矩),比较轴承载荷参数和悬臂载荷,根据其偏离值修正位置参数,利用新的位置参数重新计算轴承载荷参数,重复上述循环,直到得到的轴承载荷参数与悬臂施加的载荷之间的误差在控制范围之内时,就可以认为最后一次位置即为磁头的平衡位置。

按照上述策略,总能寻找到一组(并且只有一组)使磁头平衡的飞行姿态参数。由于压力确定的载荷参数与磁头的位置参数之间的关系并非是线性的,并且三个位置参数同时影响三个载荷参数,如何在膜厚、纵倾角和横摆角三维空间上最快寻找到平衡位置,是求解和优化磁头飞行姿态的关键问题。

在任意位置,载荷变化量同位置变化量满足下面的方程:

$$
\begin{bmatrix} \mathrm{d}W \\ \mathrm{d}M_P \\ \mathrm{d}M_R \end{bmatrix} = \begin{bmatrix} \dfrac{\partial W}{\partial h_0} & \dfrac{\partial W}{\partial \alpha} & \dfrac{\partial W}{\partial \beta} \\ \dfrac{\partial M_P}{\partial h_0} & \dfrac{\partial M_P}{\partial \alpha} & \dfrac{\partial M_P}{\partial \beta} \\ \dfrac{\partial M_R}{\partial h_0} & \dfrac{\partial M_R}{\partial \alpha} & \dfrac{\partial M_R}{\partial \beta} \end{bmatrix} \begin{bmatrix} \mathrm{d}h_0 \\ \mathrm{d}\alpha \\ \mathrm{d}\beta \end{bmatrix} \tag{24.1}
$$

式(24.1)是一个三元线性方程组,其系数矩阵,即气体轴承刚度矩阵,可以通过下面方法近似求得:在磁头的上一个位置上,分别增加三个位置参数中的一个,算出力和力矩的变化量。实际上,这样处理得到的刚度只能是该基准位置在该参数变化范围内的平均刚度,它们随着位置参数增量的不同而变化。另外,由于计算刚度的基准位置也不是真实的平衡位置，尤其是最初估计的位置偏差更大，该矩阵元素的值有很大的随意性，需要多次修正位置参数。列主元素消去法在求解上述方程时具有适应性强，计算准确的特点，本节程序选用该数值计算方法。

上述计算中所得的刚度矩阵是相对于参考点的，而不是相对于悬挂点位置。在计算平衡位置的迭代程序结束后，有必要计算磁头在平衡位置附近对于悬挂点的刚度矩阵，这对于衡量磁头抗静态干扰能力是非常重要的。事实上，由于悬挂点通常设计在 $X$ 轴上的某个位置，悬挂点向上偏移一个距离 $\Delta h_0$（或者沿 $X$ 轴转过一个 $\Delta \beta$ 角）和参考点向上偏移同样的距离 $\Delta h_0$（或者沿 $X$ 轴转过一个 $\Delta \beta$ 角）对膜厚分布的影响是相同的，因此压力变化也相同，故参考点和悬挂点只是在求解纵向转角方向的刚度时有所不同。磁头在悬挂点纵向增大 $\Delta \alpha$ 时，除了使磁头参考面转动了相同的角度，还同时使参考点的膜厚减少了。对于压力计算程序而言，这是一个双重作用。参考点膜厚减小量与悬挂点的 $x$ 坐标有关，可以计算如下：

$$\Delta h_0 = (L - x_D) \Delta \alpha \qquad (24.2)$$

## ■ 24.2 计算程序

### 1. 程序介绍

1）预赋值参数

大气压强 $PA = 1.0136E5$ Pa；空气粘度系数 $EDA = 1.806E-5$ Pa·s；气体常数 $R = 287.03$；绝对温度 $T0 = 293.0$ K；滑块长度 $AL = 1.235$ mm；滑块宽度 $B = 0.7$ mm；参考点横坐标 $XHR = 1.21$ mm；参考点纵坐标 $YHR = 0$；悬挂点横坐标 $XC = 0.6175$ mm；悬挂点纵坐标 $YC = 0$；悬臂载荷 $W0 = 1.5$ g；悬臂纵向倾覆力矩 $AM0 = 0.867$ μNm；悬臂横向摆动力矩 $BM0 = 0$；磁盘转速 $RPM = 4800$ r/min；磁道半径 $CR = 17.561$ mm；气流入射角 $SKEW = -14.923°$。

预赋值参数可以根据具体情况修改，需要重新编译和连接后方可运行。

2）轴承面文件

fort.20 是轴承面设计生成的文件，文件中包含量纲一化 $X$ 和 $Y$ 坐标以及滑块水平放置在平面上时各节点到该平面的距离信息，作为本节问题的已知条件接受程序的读入操作。其格式应满足下面语句的读取要求。

```
READ(20,3)X(1),(Y(J),J=1,161)
DO I=1,161
READ(20,3)X(I),(H0(I,J),J=1,161)
ENDDO
3    FORMAT(162(E12.6,1X))
```

3）输出参数

压力分布 $P(I, J)$ 对应文件 PRESSURE.DAT

膜厚 $H(I, J)$ 对应文件 FILM. DAT

其他参数输出到 RESULT. DAT 文件中，包括：

最大相对压力 $P$max atm

最小相对压力 $P$min atm

气浮力 $W$ g

气浮力中心位置 $X0$, $Y0$ mm

纵倾转矩 $PM$ μNm

横摆转矩 $RM$ μNm

参考点飞行高度 $H$ nm

纵向倾角 $ALFA$ μrad

横向摆角 $BETA$ μrad

气浮力刚度系数 $WH$ g·nm$^{-1}$

$WP$ g·(μrad)$^{-1}$

$WR$ g·(μrad)$^{-1}$

纵向倾矩刚度系数 $PH$ μNm·nm$^{-1}$

$PP$ Nm·rad$^{-1}$

$PR$ Nm·rad$^{-1}$

横摆转矩刚度系数 $RH$ μNm·nm$^{-1}$

$RP$ Nm·rad$^{-1}$

$RR$ Nm·rad$^{-1}$

此外，为了便于大量计算时的对比研究，Result. dat 文件还将作为已知条件的部分输入参数一并列出。

4）程序运行窗口

将某些关键参数实时显示在运行窗口中，方便对计算过程进行监控。

**2. 程序框图**

程序流程框图如图 24.1 所示。

**3. 源程序**

```
PROGRAM FH
IMPLICIT REAL * 8 (A – H, O – Z)
DIMENSION P(161,161),H(161,161),X(161),Y(161),PP0(161,161),HH0(161,161)
DIMENSION H0(161,161),QPH3(161,161),HHH(161,161),A(3,4)
REAL * 8 L21,L31,L32,M22,M23,M24
DATA BETA1/0.01/,R/287.03/,T0/293.0/,PI/3.14159265/,EDA/1.806E – 5/,
PA/1.0136E5/,ALA/63.5E – 9/
DATA B/0.7/,AL/1.235/,CR/17.561/,RPM/0.48E4/,SKEW/ – 14.923/,XHR/
1.21/,YHR/0./,H00/6.0/,ALFA0/50.0/,BETA/0./
```

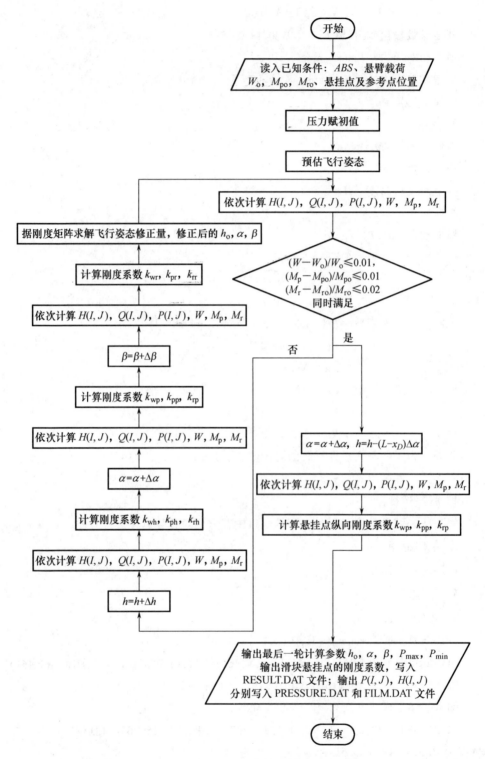

图 24.1　程序流程图

```
DATA XC/0. 6175/ ,YC/0. / ,W0/1. 5/ ,AM0/0. 867/ ,BM0/0. /
KG = 0
KL = 0
KG1 = 0
KG2 = 0
AL = AL * 1. 0E − 3
B = B * 1. 0E − 3
ALFA0 = ALFA0 * 1. 0E − 6
BETA = BETA * 1. 0E − 6
H00 = H00 * 1. 0E − 9
XCD = XC * 1. 0E − 3/AL
YCD = YC * 1. 0e − 3/B
U = 2 * PI * CR * RPM/60. E3
N1 = 161
M1 = N1
N = N1 − 1
N2 = N/2 + 1
M = M1 − 1
M2 = M/2 + 1
UX = U * COS( SKEW * PI/180. )
UY = U * SIN( SKEW * PI/180. )
Q = B/AL
AD = 2. 0/SQRT( 3. 14159265 )
DX = 1. /N
DY = DX
DX1 = 1. /DX
DY1 = 1. /( Q * DY )
DX2 = DX1 * DX1
DY2 = DY1 * DY1
SPA = PA/( EDA * SQRT( 2. 0 * R * T0 ) )
ALENDA0 = 6. 0 * EDA * AL/PA
CW = PA * AL * B/( N * M )
CM = PA * AL ** 2 * B/( N * M )
CMR = PA * B ** 2 * AL/( N * M )
READ( 20 ,3 ) X( 1 ) ,( Y( J ) ,J = 1 ,161 )
DO I = 1 ,161
```

```
        READ(20,3)X(I),(H0(I,J),J=1,161)
        ENDDO
3       FORMAT(162(E12.6,1X))
        IF(SKEW.LT.0)THEN
        UY=ABS(UY)
        BM0=-1.*BM0
        DO I=1,N1
        DO J=1,M1
        QPH3(I,J)=H0(I,162-J)
        ENDDO
        ENDDO
        DO I=1,N1
        DO J=1,M1
        H0(I,J)=QPH3(I,J)
        ENDDO
        ENDDO
        ENDIF
        X(1)=0.0
        DO I=2,N1
        X(I)=X(I-1)+DX
        ENDDO
        Y(1)=-0.5
        DO J=2,M1
        Y(J)=Y(J-1)+DY
        ENDDO
        Y(M2)=0.0
        X0=0.0
        AM=0.0
        H1=H00
        ALFA=ALFA0
        SDH=3.0E-9
        SDALFA=20.E-6
        SDBETA=5.E-6
        XHR=XHR*1.0e-3/AL
        YHR=YHR*1.0e-3/B
        DO I=1,N1
```

```
      IF( ABS( XHR/DX – I). LT. 0. 5) IXHR = I
      ENDDO
      DO J = 1 , M1
      IF( ABS( YHR – Y( J) ). LT. ( DY/2) ) JYHR = J
      ENDDO
1     IF( KG2 == 0) THEN
      K = 0
      BETA1 = 0. 01
      ENDIF
      IF( KG2 == 1) THEN
      K = 1000
      BETA1 = 0. 75
      ENDIF
      H2 = H1 * H1
      ALENDAX = ALENDA0 * UX/H2
      ALENDAY = ALENDA0 * UY/H2
      SALFA = AL * SIN( ALFA)
      SBETA = B * SIN( BETA)
      D0 = SPA * H1
      HMIN = 10. 0
      DO I = 1 , N1
      DO J = 1 , M1
      H( I , J) = ( ( H0 ( I , J) – H0 ( IXHR , JYHR) )/COS ( ALFA )/COS ( BETA ) +
( X( IXHR) – X( I) ) * SALFA + ( Y( J) – Y( JYHR) ) * SBETA)/H1 + 1. 0
      IF( H( I ,J). LT. 0. 0) THEN
      H1 = 1. 5 * H1
      ALFA = 8. E – 5
      WRITE( * , * )' H1 was forced to multiply by 1. 5 automatically To avoid negative film
thickness dots '
      GOTO 1
      ENDIF
      HHH( I ,J) = H( I ,J) * H( I ,J) * H( I ,J)
      IF( KG1. EQ. 0) THEN
      P( I ,J) = 1. 0
      ENDIF
      ENDDO
```

```
      ENDDO
      IF( KG1. EQ. 0 ) THEN
      KG1 = 1
      DO I = 2 , N
      DO J = 2 , M
      P( I , J ) = P( I - 1 , J ) * H( I - 1 , J )/H( I , J )
      ENDDO
      ENDDO
      ENDIF
10    DO I = 1 , N1
      DO J = 1 , M1
      DR = D0 * P( I , J ) * H( I , J )
      QC = DR/6. 0
      QP = 1. 720805 * DR ** ( - 0. 25953 ) + 3. 173598 * SQRT( 3. 14159265 )/2. + QC
      QPH3( I , J ) = P( I , J ) * QP * HHH( I , J )/QC
      ENDDO
      ENDDO
      ERR = 0. 0
      DO J = 2 , M
      J1 = J - 1
      J2 = J + 1
      DO I = 2 , N
      I1 = I - 1
      I2 = I + 1
      HX1 = ( H( I , J ) + H( I1 , J ) )/2.
      HX2 = ( H( I , J ) + H( I2 , J ) )/2.
      HY1 = ( H( I , J ) + H( I , J1 ) )/2.
      HY2 = ( H( I , J ) + H( I , J2 ) )/2.
      FW = ALENDAX * HX1
      FE = ALENDAX * HX2
      FN = ALENDAY * HY2/Q
      FS = ALENDAY * HY1/Q
      TMP = QPH3( I , J )
      TMP1 = QPH3( I2 , J )
      QHP1 = 2. * DX1 * TMP * TMP1/( TMP + TMP1 )
      PL1 = FE/QHP1
```

```
CE = QHP1 * MAX(0. ,(1. 0 - 0. 1 * PL1) ** 5)
TMP1 = QPH3(I1,J)
QHM1 = 2. * DX1 * TMP * TMP1/(TMP + TMP1)
PL1 = FW/QHM1
CWW = QHM1 * MAX(0. ,(1. 0 - 0. 1 * PL1) ** 5)
TMP1 = QPH3(I,J2)
QHP1 = 2. * TMP * TMP1/(TMP + TMP1)/(DY * Q ** 2)
PL1 = FN/QHP1
CN = QHP1 * MAX(0. ,(1. 0 - 0. 1 * PL1) ** 5)
TMP1 = QPH3(I,J1)
QHM1 = 2. * TMP * TMP1/(TMP + TMP1)/(DY * Q ** 2)
PL1 = FS/QHM1
CS = QHM1 * MAX(0. ,(1. 0 - 0. 1 * PL1) ** 5)
TMP1 = CE * P(I2,J) + (CWW + FW) * P(I1,J) + CN * P(I,J2) + (CS + FS) * P(I,J1)
TMP2 = CE + CWW + CN + CS + FE + FN
P(I,J) = P(I,J) + BETA1 * (TMP1/TMP2 - P(I,J))
F = P(I,J) * TMP2 - TMP1
IF(ABS(F). GT. ERR)ERR = ABS(F)
ENDDO
ENDDO
K = K + 1
IF(ERR. LT. 10. )GOTO 20
IF(K. GT. 300)BETA1 = 0. 1
IF(K. GT. 600)BETA1 = 0. 5
IF(K. GT. 1000)BETA1 = 0. 75
IF(K. GT. 1500)BETA1 = 0. 95
IF(K. GT. 2000)BETA1 = 1. 1
IF(K. GT. 2500)BETA1 = 1. 2
IF(K. GT. 3000)BETA1 = 1. 25
IF(K. GT. 15000)BETA1 = 0. 95
WRITE( * , * )'K =',K,   ' ERR =',ERR
IF(ERR. GT. 20. AND. K. LE. 18000)GOTO 10
20 W = 0. 0
AM = 0. 0
BM = 0. 0
DO I = 1,N1
```

```
        DO J = 1 , M1
        W = W + P( I , J ) - 1. 0
        AM = AM + ( P( I , J ) - 1. 0 ) * ( X( I ) - XCD )
        BM = BM + ( P( I , J ) - 1. 0 ) * ( Y( J ) - YCD )
        ENDDO
        ENDDO
        WRITE( * , * ) K , ERR
        W = W * CW
        AM = AM * CM
        BM = BM * CMR
        IF( KL. EQ. 1 ) THEN
        KL = 0
        WP = ( W - W00 ) * 1. E3/9. 80665
        PP = ( AM - AM00 ) * 1. 0E6
        RP = ( BM - BM00 ) * 1. 0E6
        W = W00
        AM = AM00
        BM = BM00
        ALFA = ALFA - 1. 0E - 6
        H1 = H1 + ( AL - XC * 1. 0E - 3 ) * 1. 0E - 6
        DO I = 1 , 161
        DO J = 1 , 161
        P( I , J ) = PP0( I , J )
        H( I , J ) = HH0( I , J )
        ENDDO
        ENDDO
        WRITE( * , * )
        WRITE( * , * )' stiffness_Matrix :'
        WRITE( * ,'( A15 ,3( A12 ,1X ) )')'      \      ',' H( nm ) ',' PITCH( urad )',' ROLL( urad )'
        WRITE( * ,21 ) ' W( g )        ', WH , WP , WR
        WRITE( * ,21 ) ' P - TORQUE( uNm )', PH , PP , PR
        WRITE( * ,21 ) ' R - TORQUE( uNm )', RH , RP , RR
        WRITE( * , * )
        GOTO 29
        ENDIF
        IF( KG2. EQ. 0 ) THEN
```

DW = W0 − W * 1. E3/9. 80665

DM = AM0 − AM * 1. E6

DMR = BM0 − BM * 1. E6

WRITE( * ,21)'H1_ALFA_BETA:',H1,ALFA,BETA

WRITE( * ,21)'DW_DM_DMR: ',DW,DM,DMR

21    FORMAT( A15,1X,3( ES13. 6,3X) )

IF( ABS( DW)/W0. LT. 0. 01. AND. ABS( DM)/AM0. LT. 0. 01. AND. ABS ( DMR).

LT. 0. 02) THEN

DO I = 1 ,161

DO J = 1 ,161

PP0( I,J) = P( I,J)

HH0( I,J) = H( I,J)

ENDDO

ENDDO

W00 = W

AM00 = AM

BM00 = BM

ALFA = ALFA + 1. 0E − 6

H1 = H1 − ( AL − XC * 1. 0E − 3) * 1. 0E − 6

KL = 1

GOTO 1

ENDIF

IF( ABS( DW). LT. 0. 5. AND. ABS( DM). LT. 1. 0. AND. ABS( DMR). LT. 0. 5)THEN

SDH = 1. 0E − 9

SDALFA = 5. 0E − 6

SDBETA = 2. 0E − 6

ENDIF

IF( ABS( DW). LT. 0. 1. AND. ABS( DM). LT. 0. 1. AND. ABS( DMR). LT. 0. 1)THEN

SDH = 1. E − 9

SDALFA = 5. 0E − 6

SDBETA = 5. 0E − 6

ENDIF

WRITE( * ,21)'SDH_AFA_BTA ',SDH,SDALFA,SDBETA

W00 = W

AM00 = AM

BM00 = BM

```
      KG2 = 1
      ENDIF
      IF( KG. EQ. 0 ) THEN
      KG = 1
      H1 = H1 + SDH
      GOTO 1
      ENDIF
      IF( KG. EQ. 1 ) THEN
      KG = 2
      WH = ( W - W00 ) * 1. E3/9. 80665/( SDH * 1. E9 )
      PH = ( AM - AM00 ) * 1. E - 3/SDH
      RH = ( BM - BM00 ) * 1. E - 3/SDH
      ALFA = ALFA + SDALFA
      H1 = H1 - SDH
      GOTO 1
      ENDIF
      IF( KG. EQ. 2 ) THEN
      KG = 3
      WP = ( W - W00 ) * 1. E - 3/9. 80665/SDALFA
      PP = ( AM - AM00 )/SDALFA
      RP = ( BM - BM00 )/SDALFA
      BETA = BETA + SDBETA
      ALFA = ALFA - SDALFA
      GOTO 1
      ENDIF
      IF( KG. EQ. 3 ) THEN
      WR = ( W - W00 ) * 1. E - 3/9. 80665/SDBETA
      PR = ( AM - AM00 )/SDBETA
      RR = ( BM - BM00 )/SDBETA
      ENDIF
      WRITE( * , * )' stiffness_Matrix :'
      WRITE( * ,'(A15,3(A12,1X))')'      \      ',' H( nm) ',' PITCH( urad)',' ROLL( urad)'
      WRITE( * ,21) 'W( g)     ',WH,WP,WR
      WRITE( * ,21) 'P - TORQUE( uNm)',PH,PP,PR
      WRITE( * ,21) 'R - TORQUE( uNm)',RH,RP,RR
      BETA = BETA - SDBETA
```

A(1,1) = MAX(WH,PH,RH)

IF(ABS(A(1,1) - WH). LT. 1.0E - 6)THEN

A(1,2) = WP

A(1,3) = WR

A(1,4) = DW

L21 = PH/WH

A(2,1) = 0.0

A(2,2) = PP - L21 * WP

A(2,3) = PR - L21 * WR

A(2,4) = DM - L21 * DW

L31 = RH/WH

A(3,1) = 0.0

A(3,2) = RP - L31 * WP

A(3,3) = RR - L31 * WR

A(3,4) = DMR - L31 * DW

ELSE IF(ABS(A(1,1) - PH). LT. 1.0E - 6)THEN

A(1,1) = PH

A(1,2) = PP

A(1,3) = PR

A(1,4) = DM

L21 = WH/PH

A(2,1) = 0.0

A(2,2) = WP - L21 * PP

A(2,3) = WR - L21 * PR

A(2,4) = DW - L21 * DM

L31 = RH/PH

A(3,1) = 0.0

A(3,2) = RP - L31 * PP

A(3,3) = RR - L31 * PR

A(3,4) = DMR - L31 * DM

ELSE

A(1,1) = RH

A(1,2) = RP

A(1,3) = RR

A(1,4) = DMR

L21 = PH/RH

```
A(2,1) = 0.0
A(2,2) = PP - L21 * RP
A(2,3) = PR - L21 * RR
A(2,4) = DM - L21 * DMR
L31 = WH/RH
A(3,1) = 0.0
A(3,2) = WP - L31 * RP
A(3,3) = WR - L31 * RR
A(3,4) = DW - L31 * DMR
ENDIF
W22 = MAX(A(2,2),A(3,2))
IF(ABS(W22 - A(2,2)).LT.1.0E - 6)THEN
L32 = A(3,2)/A(2,2)
A(3,2) = 0.0
A(3,3) = A(3,3) - L32 * A(2,3)
A(3,4) = A(3,4) - L32 * A(2,4)
ELSE
L32 = A(2,2)/A(3,2)
M22 = A(3,2)
M23 = A(3,3)
M24 = A(3,4)
A(3,2) = 0.0
A(3,3) = A(2,3) - L32 * A(3,3)
A(3,4) = A(2,4) - L32 * A(3,4)
A(2,2) = M22
A(2,3) = M23
A(2,4) = M24
ENDIF
DBETA = A(3,4)/A(3,3)
DALFA = (A(2,4) - A(2,3) * DBETA)/A(2,2)
DH = (A(1,4) - A(1,2) * DALFA - A(1,3) * DBETA)/A(1,1)
ERRDW = ABS(WH * DH + WP * DALFA + WR * DBETA - DW)
ERRDM = ABS(PH * DH + PP * DALFA + PR * DBETA - DM)
ERRDMR = ABS(RH * DH + RP * DALFA + RR * DBETA - DMR)
WRITE( * ,21)' Equation_Err:      ',ERRDW,ERRDM,ERRDMR
WRITE( * ,21)' Revise_Atti_P',DH,DALFA,DBETA
```

```
        KG = 0
        KG2 = 0
        H1 = H1 + DH * 1. 0E - 9
        IF( H1. LE. 0 ) THEN
        H1 = 1. E - 8
        WRITE( * , * )' H1 was revised from a negetive value to 10nm '
        ENDIF
        ALFA = ALFA + DALFA * 1. 0E - 6
        IF( ALFA. LE. 0 ) THEN
        ALFA = 8. E - 5
        WRITE( * , * )' ALFA was revised from a negetive value to 80urad '
        ENDIF
        BETA = BETA + DBETA * 1. 0E - 6
        WRITE( * , * )' *************'
        GOTO 1
29      X0 = AM/W + XCD * AL
        Y0 = BM/W + YCD * B
        PMAX = 0. 0
        PMIN = 0. 0
        IF( SKEW. LT. 0 ) THEN
        BM = - 1. * BM
        Y0 = - 1. * Y0
        BETA = - 1. * BETA
        RH = - 1. * RH
        RP = - 1. * RP
        WR = - 1. * WR
        PR = - 1. * PR
        DO I = 1 , N1
        DO J = 1 , M1
        QPH3( I,J ) = H( I,162 - J )
        HHH( I,J ) = P( I,162 - J )
        ENDDO
        ENDDO
        DO I = 1 , N1
        DO J = 1 , M1
        H( I,J ) = QPH3( I,J )
```

```
            P(I,J) = HHH(I,J)
            ENDDO
            ENDDO
            ENDIF
            DO I = 1,N1
            DO J = 1,M1
            P(I,J) = P(I,J) - 1.0
            IF(P(I,J). GT. PMAX)PMAX = P(I,J)
            IF(P(I,J). LT. PMIN)PMIN = P(I,J)
            H(I,J) = H1 * H(I,J)
            ENDDO
            ENDDO
            OPEN(8,FILE ='FILM. DAT',STATUS ='UNKNOWN')
            OPEN(9,FILE ='PRESSURE. DAT',STATUS ='UNKNOWN')
            WRITE(8,30)Y(1),(Y(J),J = 1,M1)
   30       FORMAT(162(E12. 6,1X))
            WRITE(8,40)(X(I),(H(I,J),J = 1,M1),I = 1,N1)
   40       FORMAT(162(E12. 6,1X))
            WRITE(9,30)Y(1),(Y(J),J = 1,M1)
            WRITE(9,40)(X(I),(P(I,J),J = 1,M1),I = 1,N1)
   50       FORMAT(161(E12. 6,1X))
            H1 = H1 * 1.0E9
            ALFA = ALFA * 1.0E6
            BETA = BETA * 1.0E6
            W = W * 1.0E3/9.80665
            AM = AM * 1.0E6
            BM = BM * 1.0E6
            X0 = X0 * 1.0E3
            Y0 = Y0 * 1.0E3
            XHR = XHR * 1.0e3 * AL
            YHR = YHR * 1.0e3 * B
   51       FORMAT(30(G12. 6,1X))
            OPEN(10,FILE ='RESULT. DAT',STATUS ='UNKNOWN')
            WRITE(10, * )RPM,CR,SKEW,U,XC,YC,W0,AM0,BM0,PMAX,PMIN,W,AM,
        BM,X0,Y0,H1,XHR,YHR,ALFA,BETA,WH,WP,WR,PH,PP,PR,RH,RP,RR
            STOP
```

END

### 4. 计算结果

由于平衡过程需要大量的迭代，因此计算时间较长，在现时的微机上，该程序执行时间约为 4 小时。按给定工况参数计算得到的刚度矩阵结果如图 24.2 所示。磁头表面形状和压力分布如图 24.3 所示，由于入射角 $SKEW(\ = -14.923°)$ 不为零，因此计算得到的压力分布呈现不对称性。

在给定载荷 1.5 g、翻滚转矩 0.867 μN·m、侧翻转矩 0 和其他的工况下，由初始给定的最小膜厚 $H00 = 6$ nm、翻滚角 $ALFA0 = 50 \times 10^{-6}$ rad 和侧翻角 $BETA = 0$ rad，最终计算到的平衡位置的膜厚 $H1 = 6.10$ nm、翻滚角为 $ALFA0 = 91.23 \times 10^{-6}$ rad 和侧翻角 $BETA = 12.26 \times 10^{-6}$ rad，平衡时的载荷为 1.500 g、翻滚转矩为 0.8655 μN·m 和侧翻转矩为 $6.687 \times 10^{-5}$ μN·m。这些数据以及平衡点坐标等结果可在输出文件 RESULT. DAT 中查得。

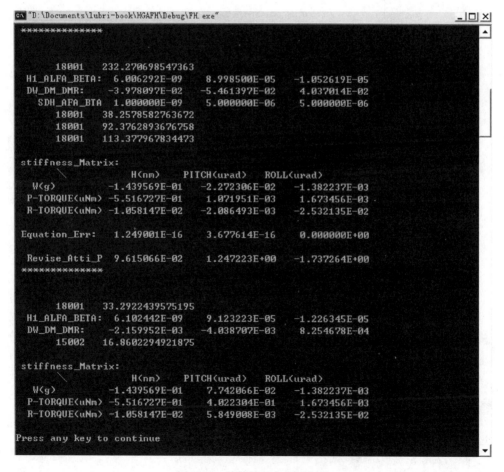

图 24.2　计算结果与刚度矩阵

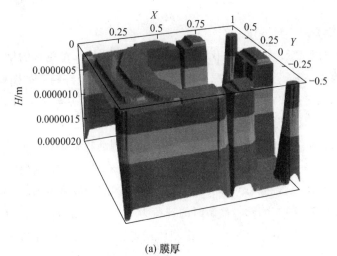

(a) 膜厚

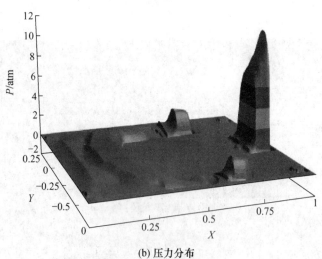

(b) 压力分布

图 24.3　磁头表面膜厚与压力分布计算结果

## 参 考 文 献

[1] 温诗铸,黄平.摩擦学原理.3 版.北京:清华大学出版社,2008.

[2] 黄平,孟永钢,徐华.摩擦学教程.北京:高等教育出版社,2008.

[3] 杨沛然.流体润滑数值分析.北京:国防工业出版社,1998.

## 郑重声明

高等教育出版社依法对本书享有专有出版权。任何未经许可的复制、销售行为均违反《中华人民共和国著作权法》，其行为人将承担相应的民事责任和行政责任；构成犯罪的，将被依法追究刑事责任。为了维护市场秩序，保护读者的合法权益，避免读者误用盗版书造成不良后果，我社将配合行政执法部门和司法机关对违法犯罪的单位和个人进行严厉打击。社会各界人士如发现上述侵权行为，希望及时举报，本社将奖励举报有功人员。

**反盗版举报电话** （010）58581897　58582371　58581879

**反盗版举报传真** （010）82086060

**反盗版举报邮箱** dd@hep.com.cn

**通信地址** 北京市西城区德外大街4号　高等教育出版社法务部

**邮政编码** 100120

策划编辑　刘占伟

责任编辑　刘占伟

封面设计　杨立新

版式设计　于　婕

插图绘制　尹　莉

责任校对　杨雪莲

责任印制　张福涛